全国职业院校课程改革/融合媒体教材

计算机网络基础与应用
（学习指南）

郑阳平　编著

電子工業出版社
Publishing House of Electronics Industry
北京·BEIJING

内容简介

为满足读者对计算机网络基础知识与网络系统集成技术学习的需要，本书注重理论联系实际，突出计算机网络技术的实用性。本书以“一懂三会”为课程教学目标，采用颗粒化的知识点组成系统的学习任务的形式进行知识内容组织与教学方式改革，以懂得计算机网络基础知识为核心，会组建简单中小型局域网、会使用网络、会简单管理网络为重点掌握技能。全书共分为12个单元，内容包括认识计算机网络、认识网络数据通信、计算机网络体系结构、网络传输介质与综合布线基础、局域网基础、组建局域网、Internet 基础、网络互联与接入 Internet、Internet 传输协议、Internet 应用、认识网络安全和认识网络新技术。

本书配套有课程标准、微课视频、教学课件、习题答案等数字化学习资源，与《计算机网络基础与应用（实验指南）》一书配套使用，更加方便读者学习，使其系统地掌握计算机网络技术和基本技能。

本书难度适中，概念简洁，知识点结构清晰，图文并茂，通俗易懂，理论结合实际，内容编排新颖，实用性强，是学习计算机网络技术基础及其应用技术的理想教材。本书可作为高职高专院校、应用型本科院校计算机相关专业的教材，也适合于非计算机专业及其他相关人员学习。

图书在版编目（CIP）数据

计算机网络基础与应用：学习指南 / 郑阳平编著. 一北京：电子工业出版社，2020.6
ISBN 978-7-121-39201-6

Ⅰ. ①计… Ⅱ. ①郑… Ⅲ. ①计算机网络 Ⅳ. ①TP393

中国版本图书馆 CIP 数据核字（2020）第 114350 号

责任编辑：祁玉芹
印　　刷：三河市良远印务有限公司
装　　订：三河市良远印务有限公司
出版发行：电子工业出版社
　　　　　北京市海淀区万寿路 173 信箱　邮编　100036
开　　本：787×1092　1/16　印张：18　字数：457 千字
版　　次：2020 年 6 月第 1 版
印　　次：2023 年 1 月第 4 次印刷
定　　价：41.00 元

凡所购买电子工业出版社图书有缺损问题，请向购买书店调换。若书店售缺，请与本社发行部联系，联系及邮购电话：（010）88254888，88258888。

质量投诉请发邮件至 zlts@phei.com.cn，盗版侵权举报请发邮件至 dbqq@phei.com.cn。

本书咨询联系方式：qiyuqin@phei.com.cn。

前　言

计算机网络基础课程是计算机类及相关专业的重要基础课程。随着计算机网络技术的飞速发展，计算机网络的课程内容也需要与时俱进，以《高等职业学校专业教学标准（计算机类）》为依据，融入新知识、新技术、新内容和新理念及时更新教材内容，突出计算机网络的实用性，强化学生实践动手能力，体现职业教育理念。本书结合计算机网络基础课程的教学改革、生源结构变化情况和教学实战经验组织编写而成。《计算机网络基础与应用（学习指南）》和《计算机网络基础与应用（实验指南）》组成“基础理论+实用技术+实践技能+习题解析”一体化新形态教材，符合教师、教材、教法“三教”改革的需要。

本书以“一懂三会”为课程教学目标，采用颗粒化的知识点组成系统的学习任务的形式进行知识内容组织与教学方式改革，以懂得计算机网络基础知识为核心，会组建简单中小型局域网、会使用网络、会简单管理网络为重点掌握技能。基础知识内容以计算机网络基本概念、数据通信基础知识、计算机网络体系结构和网络新技术为重点，按照“必需、适度、够用”的原则进行系统介绍。组网实用技术以基础知识为基石，主要内容包括传输介质、局域网技术、局域网组建、无线局域网技术和 IP 地址，注重理论联系实际，强调实践操作，突出组建中小型局域网的能力的培养。用网和管网基本内容包括网络互联、Internet 接入、传输层协议、Internet 网络应用和网络安全，以强调网络应用和实践操作为重点，注重网络应用能力和简单网络管理维护能力的培养，突出知识的实用性，并积累网络经验。

本书具有以下四个特点：

（1）本书以高职高专和应用型本科的教育教学理念为编写思路，以“应用实例巩固理论知识，淡化技术原理，强调实际应用”为原则，以基础性和实践性为重点，在介绍计算机网络基本工作原理的基础上，注重对学生实践技能的培养，全面体现和落实技术技能人才的培养目标。

（2）本书内容突出实用技术，紧跟行业技术发展，创新教材内容。在编写过程中，注重实用技术、新知识、新技术、新内容、新工艺和行业标准的融合介绍，与企业、行业密切结合，保证教材内容紧跟行业技术发展动态。学生通过计算机网络基础知识和网络应用技能的学习，懂得计算机网络基础知识，具备“组网、用网、管网”的基本技能，运用网络知识和工具软件，来诊断、分析和排除网络常见故障，积累了计算机网络技术所必需的基础经验。

（3）单元内容组织按照“导学→学习任务→知识介绍→工程实例”体系设计，将知识内容以“导学”形式宏观地展现在初学者的面前，以导学中的问题为主线，预留悬念；“学习任务”是读者的学习知识点、任务和目标。“知识介绍”按照由浅到深、由易到难的顺序，以实例形式介绍技术知识，每个小节采用知识点重组和汇聚思维方式，将知识点、提示、注意和课堂同步融为一体，符合教师教学过程设计，最后通过“工程实例”强化技能知识的应用，在实践应用中总结与提升整个体系设计，符合读者学习的认知规律。

（4）本书采用颗粒化的知识点为组织元素，系统地组成学习任务，符合教师、教材、教法的“三教”改革需要。知识点简洁明了，概念准确清晰，颗粒化的知识点架构符合认知规律的学习任务，以“任务驱动、知识点引导、知识介绍、重点提示、学习注意和课堂同步”为形式组成科学的学习体系，体现知识碎片化泛在学习，是课堂教学设计与教学成果的集中体现。

本书建议学时为60~80学时，其中理论学时为35~50学时，实践学时为25~30学时。授课时，注重与《计算机网络基础与应用（实验指南）》配套使用，理论结合实践，将“学中做”与“做中学”的思想融入教学过程中，突出课堂同步、实例和技能操作等环节在教学过程中的灵活应用。

本书由郑阳平编著和统稿，宋文津主审。本书在编写过程中，得到了学校领导和同事们的大力支持和帮助，并提出了许多宝贵的建议和意见。书籍内容借鉴了大量优秀教材、实用技术资料和华为网站上关于网络互联设备的图片、3D 展示和技术手册的部分内容，吸取了许多专家和同人的宝贵经验，在此向他们深表谢意。

由于编者水平有限，书中难免有不足与疏漏之处，敬请同行专家和广大读者批评指正。

编者

2020 年 3 月

目　录

单元 1　认识计算机网络 …………………… 1

导学 …………………… 1
学习目标 …………………… 1
1.1　计算机网络的基本概念 …………………… 2
1.1.1　计算机网络定义 …………………… 2
1.1.2　计算机网络功能 …………………… 3
1.1.3　计算机网络发展 …………………… 3
1.1.4　Internet 的产生与发展 …………………… 5
1.2　计算机网络组成 …………………… 6
1.2.1　计算机网络的硬件 …………………… 6
1.2.2　计算机网络的软件 …………………… 7
1.3　计算机网络分类 …………………… 8
1.3.1　根据网络覆盖范围分类 …………………… 8
1.3.2　根据拓扑结构分类 …………………… 9
1.3.3　根据网络组成部件的功能分类 …………………… 12
1.3.4　按网络工作模式分类 …………………… 13
1.3.5　根据传输技术分类 …………………… 14
1.4　宏观认识校园网络拓扑结构 …………………… 15
1.5　几个网络概念 …………………… 17
1.5.1　互连和互联 …………………… 17
1.5.2　计算机网络的主要性能指标 …………………… 17
思考与练习 …………………… 19

单元 2　认识网络数据通信 …………………… 21

导学 …………………… 21
学习目标 …………………… 21
2.1　数据通信的基础 …………………… 22
2.1.1　信息、数据和信号 …………………… 22
2.1.2　数据通信和数据通信系统 …………………… 23
2.2　数据通信系统的主要技术指标 …………………… 24
2.2.1　传输速率 …………………… 25
2.2.2　误码率和误比特率 …………………… 26
2.2.3　带宽和信道容量 …………………… 27
2.3　数据通信传输类型 …………………… 27
2.3.1　基带传输和频带传输 …………………… 28
2.3.2　数据通信方式 …………………… 28
2.3.3　并行通信与串行通信 …………………… 29
2.3.4　同步传输方式与异步传输方式 …………………… 30
2.4　数据交换技术 …………………… 32
2.4.1　电路交换 …………………… 32
2.4.2　报文交换 …………………… 33
2.4.3　分组交换 …………………… 33
2.5　差错控制 …………………… 37
思考与练习 …………………… 38

单元 3　计算机网络体系结构 …………………… 41

导学 …………………… 41
学习目标 …………………… 41
3.1　计算机网络体系结构及协议概念 …………………… 42
3.1.1　网络协议 …………………… 42
3.1.2　计算机网络体系结构 …………………… 43
3.2　OSI 模型 …………………… 44
3.2.1　OSI 模型 …………………… 45
3.2.2　OSI 模型中的数据通信过程 …………………… 48
3.3　TCP/IP 模型 …………………… 49
3.3.1　TCP/IP 模型 …………………… 50
3.3.2　TCP/IP 协议栈 …………………… 51
3.4　OSI 模型与 TCP/IP 模型的比较 …………………… 53
思考与练习 …………………… 55

单元 4　网络传输介质与综合布线基础 …………………… 57

导学 …………………… 57

学习目标……57
4.1 有线传输介质……58
4.1.1 双绞线……58
4.1.2 同轴电缆……61
4.1.3 光纤……63
4.2 无线传输介质……66
4.2.1 无线电……67
4.2.2 微波……67
4.2.3 红外线……69
4.3 综合布线基础……70
4.3.1 智能建筑与综合布线……70
4.3.2 综合布线系统组成……72
4.3.3 综合布线标准……73
4.3.4 综合布线产品及选型……74
4.4 工程实例……76
思考与练习……77
单元5 局域网基础……79
导学……79
学习目标……79
5.1 局域网的基本概念……80
5.1.1 局域网的基本概念与特点……80
5.1.2 局域网组成与分类……81
5.1.3 常见的局域网拓扑结构……82
5.2 以太网的概念与 IEEE 802 标准……84
5.2.1 IEEE 802 标准……84
5.2.2 以太网帧……87
5.2.3 介质访问控制方法……89
5.3 以太网家族……91
5.3.1 以太网……92
5.3.2 快速以太网……94
5.3.3 千兆以太网……95
5.3.4 万兆以太网……95
5.4 工程实例——认识组网硬件设备……96
5.4.1 服务器……97
5.4.2 工作站……97
5.4.3 网卡……98
5.4.4 中继器……99
5.4.5 集线器……99
5.4.6 网桥……100
5.4.7 交换机……100
5.4.8 路由器……103
思考与练习……104
单元6 组建局域网……107
导学……107
学习目标……107
6.1 共享式以太网和交换式以太网……108
6.1.1 共享式以太网……108
6.1.2 交换式以太网……109
6.2 交换机的基本配置……113
6.2.1 交换机管理方式……113
6.2.2 交换机基本配置命令……115
6.3 虚拟局域网技术……119
6.3.1 虚拟局域网概念……120
6.3.2 VLAN 划分方法……121
6.3.3 VLAN 的基本配置……122
6.4 无线局域网……123
6.4.1 无线局域网概述……124
6.4.2 无线局域网标准……124
6.4.3 无线局域网设备……126
6.4.4 无线局域网的两种模式……128
6.5 工程实例——组建局域网……129
思考与练习……131
单元7 Internet 基础……134
导学……134
学习目标……134
7.1 Internet 概述……135
7.2 IP 地址……136
7.2.1 分类 IP 地址……136
7.2.2 特殊 IP 地址……140
7.2.3 私有 IP 地址与公有 IP 地址……141
7.3 子网划分……142
7.3.1 子网划分方法……142

7.3.2 子网掩码 143
7.3.3 子网的规划设计 145
7.4 VLSM 和 CIDR 150
7.4.1 可变长子网掩码 VLSM 150
7.4.2 无分类域间路由 CIDR 152
7.5 IP 数据报 153
7.5.1 IP 数据报格式 153
7.5.2 IP 数据报各字段的含义 154
7.6 IPv6 协议 157
7.6.1 IPv6 概述 157
7.6.2 IPv6 地址 158
7.6.3 IPv6 数据报格式 160
7.7 工程实例——IP 地址管理与常用网络命令 162
7.7.1 IP 地址的配置 162
7.7.2 ICMP 163
7.7.3 ARP 166
思考与练习 167
单元 8 网络互联与接入 Internet 170
导学 170
学习目标 170
8.1 网络互联概述 171
8.2 路由器 172
8.2.1 路由器的基本功能 173
8.2.2 路由器的数据转发过程 174
8.2.3 路由协议简介 176
8.3 路由器基本配置 177
8.3.1 路由器基本配置命令 177
8.3.2 静态路由配置 180
8.4 广域网概述 182
8.4.1 广域网的基本概念 182
8.4.2 Internet 接入方式 183
8.5 工程实例——Internet 接入 189
思考与练习 191
单元 9 Internet 传输协议 194
导学 194
学习目标 194
9.1 传输层概述 195
9.1.1 传输层的基本概念 195
9.1.2 端口寻址 197
9.2 传输控制协议 198
9.2.1 TCP 报文段格式 198
9.2.2 TCP 连接管理 200
9.2.3 流量控制和拥塞控制 202
9.3 用户数据报协议 204
9.3.1 UDP 概述 204
9.3.2 UDP 数据报格式 205
9.4 工程实例——Netstat 应用 206
思考与练习 208
单元 10 Internet 应用 210
导学 210
学习目标 210
10.1 应用层概述 211
10.1.1 应用层的功能和协议 211
10.1.2 网络应用服务模型 212
10.2 域名系统 213
10.2.1 Internet 域名结构 213
10.2.2 域名解析系统 215
10.2.3 nslookup 命令 217
10.3 WWW 服务 217
10.3.1 万维网 218
10.3.2 超文本传输协议 219
10.3.3 统一资源定位符 220
10.3.4 超文本标记语言 221
10.3.5 搜索引擎 222
10.4 文件传输协议 223
10.4.1 FTP 的工作原理 223
10.4.2 TFTP 225
10.5 动态主机分配协议 225
10.5.1 DHCP 概述 226
10.5.2 DHCP 工作原理 227
10.5.3 DHCP 中继代理 228
10.6 电子邮件 229
10.6.1 电子邮件系统组成 229
10.6.2 基于万维网的电子邮件 232

10.7 工程实例——服务器的配置与管理 232
思考与练习 234
单元 11 认识网络安全 237
导学 237
学习目标 237
11.1 网络安全法律法规 238
11.2 网络安全概述 240
11.2.1 网络安全概念 240
11.2.2 网络安全威胁与对策 241
11.3 加密与认证 244
11.3.1 加密技术基本概念 244
11.3.2 对称加密算法 245
11.3.3 非对称加密算法 245
11.3.4 认证技术 246
11.4 防火墙技术 247
11.4.1 防火墙概述 247
11.4.2 防火墙的主要技术 249
11.5 入侵检测技术 250
11.6 计算机病毒与防范 252
11.6.1 计算机病毒的概念 252
11.6.2 计算机病毒的防范 253
11.7 云安全简介 254
思考与练习 255
单元 12 认识网络新技术 258
导学 258
学习目标 258
12.1 SDN 技术简介 259
12.2 下一代网络 NGN 简介 260
12.3 5G 技术简介 262
12.4 Wi-Fi 6 简介 264
12.5 云计算技术简介 266
12.6 大数据技术与人工智能简介 268
12.6.1 大数据技术 268
12.6.2 人工智能技术 270
12.7 物联网技术简介 270
思考与练习 271
思考与练习参考答案 273
参考文献 278

单元 1 认识计算机网络

导　学

对于大多数人来说，网络已经成为日常生活中不可或缺的一部分，它改变了人们的生活和工作方式。有时使用计算机浏览新闻、查收邮件、查阅资料、在线办公，有时使用手机或平板电脑聊天、购物、看电影、发微博、发微信等。多数人对计算机网络产生了浓厚的学习兴趣，想知道什么是计算机网络，计算机网络有哪些应用，以及如何组建计算机网络。作为初学者，首先需要了解计算机网络的发展历程，理解计算机网络的基本概念和功能，对计算机网络有一个初步的宏观认识。互联网就是计算机网络的典型代表，计算机网络互联逻辑模型如图 1-1 所示，它是将世界范围内，不同地域、不同类型的计算机或终端设备相互连接在一起形成的一个庞大网络。通过本单元的学习，让我们一起来认识计算机网络。

图 1-1　计算机网络互联逻辑模型

学习目标

【知识目标】

◇　掌握计算机网络的定义和功能。

◇　了解计算机网络的发展历程。

◇　理解计算机网络的组成和拓扑结构。

◇　理解计算机网络的主要性能指标。

【技能目标】

◇　能够认识身边的计算机网络。

◇　能够使用计算机网络学习和工作。

1.1 计算机网络的基本概念

学习任务

（1）掌握计算机网络定义。
（2）理解计算机网络功能。
（3）了解计算机网络发展。

20 世纪 90 年代，Internet 的兴起和快速发展，使越来越多的人接触到了计算机网络这个概念，越来越多的人对计算机网络产生了兴趣。计算机网络是计算机技术和现代通信技术紧密结合的产物，实现了数据通信、远程信息处理和资源共享。计算机网络被广泛地应用于各个行业，特别是“互联网+”的快速发展，如网上银行、电子商务、在线教育、远程医疗等，网络在当今世界无处不在，时时刻刻影响着我们的工作和生活。

1.1.1 计算机网络定义

知识点

（1）计算机网络定义。
（2）资源共享。

计算机网络（Computer Network），顾名思义，是由计算机组成的网络系统。就是将分布在不同地理位置的具有自主功能的多台计算机及其外部设备，利用通信设备和线路连接起来，用网络软件（网络通信协议和网络操作系统等）实现网络资源共享和信息传递的系统。

从计算机网络的定义来看，现代计算机网络有以下几个特点。

（1）资源共享是计算机网络实现的主要目的。所谓资源共享，就是连接在网络上的用户可以共享网络上的各种资源。共享内容是多方面的，可以是信息数据共享、软件共享，也可以是硬件共享。例如，可以利用计算机网络浏览信息、在线学习、网上购物、网盘存储等。由于网络的存在，这些资源好像就在用户身边一样。

（2）计算机有完善的网络软件支持，被连接的计算机自成一个完整的系统，包括各种类型具有自主功能的计算机。所谓自主功能，是指这些计算机离开网络也能独立运行和工作。在一个计算机网络中，至少包含两台以上地理位置不同且都具有自主功能的计算机。通常将具有独立功能的计算机称为“主机”（Host），在计算机网络中也称为“节点”（Node）。网络中的“节点”不仅指计算机，还可以是其他通信设备，如集线器、交换机、路由器等。

（3）计算机之间的互联通过通信设备及通信线路来实现，其通信方式多样化，通信介质也多样化，可以是双绞线、同轴电缆、光纤等有线传输介质，也可以是红外线、微波等无线传输介质。

（4）计算机之间通信必须遵循统一的标准，即网络通信协议。网络通信协议是一系列规则和约定的集合，它定义了设备间通信的标准。

课堂同步

通过对计算机网络概念的学习，请谈谈你对计算机网络的理解。

1.1.2　计算机网络功能

知识点

计算机网络功能：资源共享、数据通信、分布式处理和负载均衡、提高计算机的可靠性和可用性。

计算机网络的主要功能有以下几点。

（1）资源共享

资源共享是计算机网络提供的最重要的功能，它包括硬件资源共享、软件资源共享和信息共享。软件资源通常是指系统软件或应用软件，如数据库管理系统等；硬件资源如打印机等；信息资源如网上新闻等。

（2）数据通信

数据通信是计算机网络基本功能，为网络用户提供了通信手段，它可实现不同地理位置的计算机与计算机之间、计算机与通信设备之间的数据传输。计算机网络的其他功能都是在数据通信功能的基础上实现的，如收发电子邮件、视频会议、远程登录等。

（3）分布式处理和负载均衡

对于大型的任务或当网络中某台计算机的任务负载太重时，可将任务分散到网络中的多台计算机上进行，或由网络中比较空闲的计算机分担负荷。负载均衡，包括分布式输入、分布式计算、分布式输出三个方面。

（4）提高计算机的可靠性和可用性

有了计算机网络，计算机系统软件和硬件的可靠性都得到了提高。在计算机网络中一台计算机都可以通过网络为另一台计算机备份，以提高计算机系统的可靠性。这样，一旦网络中的某台计算机发生了故障，另一台计算机可代替其完成所承担的任务。

课堂同步

（1）请举例说明，什么是资源共享?

（2）请谈谈什么是可靠性，什么是可用性?

1.1.3　计算机网络发展

知识点

（1）计算机网络发展的 3 个阶段：具有远程通信功能的单主机系统、具有远程通信功能的多机系统、以资源共享为目的的开放标准化计算机网络。

（2）ARPANET。

计算机网络从诞生到今天，可以说“历史不长，发展很快”。从 1946 年美国宾夕法尼亚大学科研人员研制出世界上第一台数字计算机 ENIAC 开始，人类开始走向信息时代。计算机网络是计算机技术和现代通信技术紧密结合的产物，二者相互渗透、相互结合、共同发展，实现信息传递和资源共享，铸就了今天计算机网络的快速发展。计算机网络的发展过程，可以概括为以下 3 个阶段。

（1）具有远程通信功能的单主机系统

具有远程通信功能的单主机系统是计算机网络发展的第一个阶段，但是这个阶段已具备了计算机网络的雏形。这一阶段的网络系统也称为面向终端的计算机网络，如图 1-2 所示，由一台中心计算机和多个远程或本地终端连接起来组成，除中心计算机外，所有终端都不具备数据处理功能。中心计算机完成计算和通信任务，多台终端完成用户交互（输入/输出），所有终端共享中心计算机提供的资源。

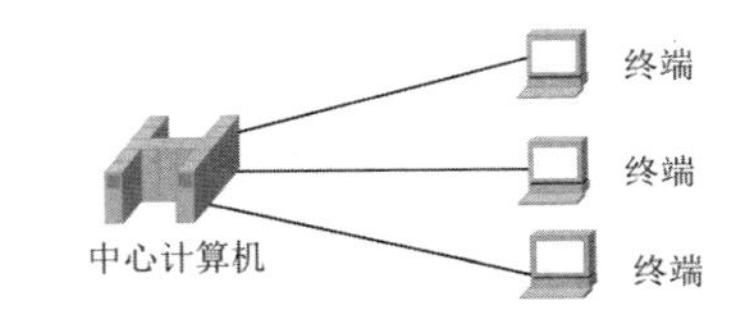

图 1-2　具有远程通信功能的单主机系统

这一阶段的典型代表是在 20 世纪 60 年代初期，美国航空公司投入使用的由一台计算机和全美国范围内 2000 多个终端组成的飞机订票系统。还有美国半自动地面防空系统（SAGE），它将雷达信号和其他信息经远程通信线路送至中央计算机处理，第一次利用计算机网络实现远程集中控制和人机对话。

（2）具有远程通信功能的多机系统

这一阶段的网络是通过通信线路将多台计算机连接起来为用户服务，即“计算机—计算机”网络，与第一阶段网络的显著区别是，多台计算机都具有独立自主的处理功能，它们之间不存在主从关系，所有计算机都可使用或处理其他主机共享的资源，呈现出“多处理中心”的特点。

这一阶段的典型代表是美国国防部高级研究计划局建立的 ARPANET，一个 4 个节点的实验性网络，它于 1969 年开始投入使用，到 20 世纪 70 年代发展到 60 多个节点，地理范围跨越了半个地球。所以，ARPANET 的诞生标志着计算机网络的兴起，是公认的第一个真正意义上的计算机网络，是现代网络和 Internet 的雏形。

（3）以资源共享为目的的开放性标准化计算机网络

这一阶段的计算机网络才是今天意义上的计算机网络。20 世纪 70 年代中期，世界上各个计算机生产商纷纷发展各自的计算机网络系统，随之而来的是网络体系结构与网络协议的标准化问题。由于没有统一的标准，不同厂商的产品之间互连非常困难，人们迫切需要一种开放性的标准化实用网络环境。这样，在 20 世纪 70 年代后期，人们认识到这个问题的严重性，开始提出发展计算机网络的国际标准化问题。许多国际组织，如国际标准化组织（ISO，International Organization for Standardization）、国际电报电话咨询委员会（CCITT，International Telegraph and Telephone Consultative Committee）、电气电子工程师协会（IEEE，Institute of Electrical and Electronics Engineers）等都成立了专门的研究机构，研究计算机系统的互联、计算机网络协议标准化等问题。1984 年，ISO 正式颁布了一个称为“开放系统互连参考模型”（OSI 或 OSI/RM，Open System Intercontinental Reference Model），即著名的国际标准 ISO 7498，OSI 参考模型。该模型被国际社会普遍接受，并认为是新一代计算机网络体系结构的基础。OSI 标准确保了各厂商生产的计算机和计算机网络产品之间的互联，推动了计算机网络技术的应用和发展。

这一阶段的典型代表是互联网（Internet，也称因特网），它是自印刷术发明以来，人类在通信方面取得的最大的成就，它给人们的日常生活带来了很大的便利，缩短了人际交往的距离，改变了人们的生活、工作、学习和交往方式。互联网的出现让世界变成了一个“地球村”。

课堂同步

单选题：20 世纪 70 年代，推动计算机网络技术快速发展的是（ ）。

A. OSI 参考模型 B. Internet

C. ARPANET D. 第一台数字计算机 ENIAC

1.1.4 Internet 的产生与发展

知识点

（1）Internet 产生与发展。

（2）Internet 在中国的发展。

（1）Internet 的产生与发展

Internet 起源于 ARPANET。1974 年，由 ARPANET 研究而产生的一项非常重要的成果就是 TCP/IP 协议，使得连接到网络上的所有计算机都能够相互交流信息。20 世纪 80 年代，美国国防部高级研究计划局（ARPA）开始了一个称为 Internet 的研究计划，研究如何把各种局域网和广域网连接起来。1981 年建立了以 ARPANET 为主干网的 Internet，1983 年 Internet 已经开始由实验型网络转变为一个实用型网络。1986 年建立的美国国家科学基金会网络 NFSnet 是 Internet 的一个里程碑。它先把美国的 5 个超级计算机中心通过 TCP/IP 协议连接起来，随后又把连接大学和学术团体的地区网络与全美国学术网络连接起来，成为全国性的学术研究和教学网络。1988 年 NSFnet 已接替原来的 ARPANET 成为 Internet 的主干网，1990 年 ARPANET 正式宣布停止运行。

Internet 的真正飞跃发展应该归功于 20 世纪 90 年代的 Internet 商业化应用。20 世纪 90 年代初，NFSnet 已经意识到单靠美国政府已经很难负担整个 Internet 的费用，于是出现了一些公司的投资，在 1992 年建立了一个传输速率为 NFSnet 30 倍的商业化的 Internet 骨干通道——ANSnet，从此 Internet 主干网络由 NFSnet 转为 ANSnet。一些公司开始利用 Internet 提供服务，收集资料和信息，发布商业广告，探索新的经营之道，接着还出现许多为个人和公司接入 Internet 提供产品和服务的公司——互联网服务提供商（ISP，Internet Service Provider）。此后，世界各地的无数企业和个人纷纷加入，终于发展成今天成熟的 Internet。

（2）Internet 在中国的发展

中国是第 71 个国家网络加入 Internet 的。1987 年 9 月 14 日，北京计算机应用技术研究所，通过 Internet 向全世界发出了第一封发自北京的电子邮件，也是中国第一封电子邮件："Across the Great Wall, we can reach every corner in the world"（越过长城，走向世界），揭开了中国人使用互联网的序幕。但是，这封邮件竟然走了 6 天。

1994 年 4 月 20 日，以"中科院、北大和清华"为核心的中国国家计算机网络设施（NCFC）正式接入 Internet，当时的速率只有 64Kb/s。同年开始建立与运行自己的域名体系。

1997 年 6 月 3 日，中国互联网信息中心（CNNIC，China Internet Network Information Center）在北京成立，并开始管理我国的 Internet 主干网。CNNIC 的主要职责是，为我国的互联网用户提供域名注册、IP 地址分配等注册服务；提供网络技术资料、政策与法规、入网方法、用户培训资料等信息服务；提供网络通信目录、主页目录及各种信息库等目录服务。

Internet 在我国发展迅速，全国已经建起了具有相当规模与技术水平的 Internet 主干网。主要有中国公用计算机互联网（CHINANET）、中国教育与科研计算机网（CERNET）、中国科技网（CSTNET）、中国金桥信息网（CHINAGBN）、中国联通网（UNINET）、中国网通网

（CNCNET）、中国国际经济贸易互联网（CIETNET）、中国移动互联网（CMNET）等。

今天，开放的 Internet，使得用户可以通过 ISP 接入 Internet，领略互联网的精彩，真正做到了“足不出户，便知天下事”。

课堂同步

请谈谈你对 Internet 的理解。

1.2 计算机网络组成

学习任务

（1）理解计算机网络系统的组成。
（2）了解组成计算机网络的软件和硬件。

根据计算机网络的定义，一个典型的计算机网络主要由计算机网络软件系统和计算机网络硬件系统两部分组成。

1.2.1 计算机网络的硬件

知识点

计算机网络硬件的组成：工作站、服务器、网络互连设备、传输介质。

网络硬件选择对网络起着决定性的作用，它们是计算机网络系统的基础设施。要组建一个计算机网络系统，首先要将计算机以及相关硬件设备与网络中的其他计算机系统连接起来。计算机网络硬件系统包括服务器、工作站、网络互联设备和传输介质。

（1）工作站是指连接到计算机网络中并通过应用程序来执行任务的个人计算机。用户主要通过工作站来使用网络资源。各工作站之间可以相互访问，也可以彼此共享资源。简单地理解，用户平时使用的计算机就是工作站。

（2）服务器是指专门提供服务的高性能计算机或专用设备，服务器是网络资源管理和共享的核心，为用户提供网络服务。服务器的主要功能是为工作站提供各种网络服务，服务器的性能对整个网络的资源共享起着决定性的影响。一个网络中可以有多台服务器，根据服务器的主要功能来分，主要有文件服务器、Web 服务器、打印服务器、数据库服务器等。

（3）网络互连设备主要有网卡（NIC，Network Interface Card）、中继器（Repeater）、集线器（Hub）、交换机（Switch）、路由器（Router）等。网络适配器又称网卡，它是计算机、服务器连接网络的必备硬件，主要负责主机与网络之间的信息传输控制。

（4）传输介质是网络通信的物理基础，通过传输介质将网络中的各种设备连接起来，构成传输数据信号的物理通道，包括有线传输介质和无线传输介质。常见传输介质包括同轴电缆、双绞线、光纤、无线电波等。

课堂同步

请上网查阅相关资料，认识计算机网络组成部件的外观结构及主要厂商。

1.2.2　计算机网络的软件

知识点

计算机网络软件组成：网络操作系统、网络协议及协议软件、网络管理软件、网络应用软件。

网络软件是实现网络功能不可缺少的软件环境。为了协调网络资源，系统需要通过软件对网络资源进行全面的管理、调度和分配，并采取一定的保密措施保证数据的安全性和合法性等。网络软件多种多样，主要包括网络操作系统、网络协议及协议软件、网络管理软件、网络应用软件。

（1）网络操作系统是最主要的网络软件，负责管理网络中各种软硬件资源。网络操作系统的基本任务就是，克服本地资源与网络资源的差异性，为用户提供基本的网络服务功能，完成网络资源管理。也就是说网络操作系统除了单机操作系统的全部功能外，还具备管理网络中的共享资源，实现用户通信及方便用户使用网络等功能，是网络的心脏和灵魂。常见的网络操作系统有 Windows、UNIX、Linux 和 Android 等。

①Windows 系列操作系统是微软公司推出的，因其界面友好，易于使用，多用户、多任务、功能强大等特点，深受用户喜欢。常见的 Windows 系列网络操作系统有 Windows NT/2000/2003/2008/2012/2016/2018 等。

②UNIX 是美国贝尔实验室开发的一种多用户、多任务的操作系统，作为网络操作系统，UNIX 安全、稳定、可靠的特点和完善的功能，被广泛应用于网络服务器、Web 服务器、数据库服务器等高端领域。UNIX 在安全性、稳定性和网络功能方面有非常出色的表现，对用户的所有数据都有非常严格的保护措施，支持所有通用的网络通信协议。但是，UNIX 的缺点是系统过于庞大、复杂，一般用户较难掌握。

③Linux 是一个“类 UNIX”的操作系统，最早是由芬兰赫尔辛基大学的一名学生开发的。Linux 是自由软件，也称为源代码开放软件，用户可以免费获得并使用 Linux 系统，主要特点是免费、较低的系统资源需求、较强的网络功能和极高的稳定性和安全性，使用较为广泛。

④Android 是一种基于 Linux 内核的开源操作系统，主要用于手机、平板电脑或移动设备端的网络操作系统。现被电视、相机、游戏机、智能手表等广泛应用。

（2）网络协议及协议软件是通过协议程序实现网络协议功能的，网络通信软件是实现网络中节点间的通信，网络协议是连入网络的计算机必须共同遵守的一组规则和标准，它可以保证数据传输与资源共享顺利完成。网络协议软件种类非常多，如 Internet 采用的最著名的 TCP/IP 协议。

（3）网络管理软件用于对网络资源进行监控、管理和维护。

（4）网络应用软件是为用户提供各种服务，解决其某方面的实际应用问题，如浏览软件（浏览器）、即时通信软件（QQ）、远程登录软件等。

课堂同步

请观察你身边的计算机网络，分析其软件和硬件组成。

1.3 计算机网络分类

学习任务

（1）理解计算机网络的分类。
（2）理解局域网、城域网和广域网的特点。
（3）理解计算机网络拓扑结构及其特点。

1.3.1 根据网络覆盖范围分类

知识点

（1）LAN。
（2）MAN。
（3）WAN。

计算机网络按照其覆盖的地理范围可分为以下 3 类。

（1）局域网

局域网（LAN，Local Area Network）的覆盖范围一般在方圆几十米到几千米。局域网是指在某一区域内由多台计算机互联在一起，在网络软件的支持下可以相互通信和资源共享的网络系统。“某一区域”指的是同一办公室、同一建筑物、同一公司和同一学校等，一般是方圆几千米以内。局域网一般为一个部门或一个单位所有，建网、维护及扩展等较容易，数据传输速率高、误码率低、可靠性高。

局域网使用的技术有以太网、令牌总线、令牌环、FDDI（光纤分布式数据接口，Fiber Distributed Data Interface）、无线局域网等。

（2）城域网

城域网（MAN，Metropolitan Area Network）的覆盖地理范围为中等区域范围。其介于局域网和广域网之间，通常是在一个城市内的网络连接。MAN 是对局域网的延伸，用来连接局域网，在传输介质和布线结构方面范围较广。城域网作为本地公共信息服务平台的组成部分，负责承载各种多媒体业务，为用户提供各种接入方式，满足政府部门、企事业单位、个人用户对基于 IP 的各种多媒体业务的需求。

（3）广域网

广域网（WAN，Wide Area Network）的覆盖地理范围为数百至数千千米，可以覆盖一个国家，甚至几个洲，形成国际性的远程网络。广域网分布距离远。著名的 Internet 就是一种广域网。

广域网使用的技术有 X.25（分组交换网）、HDLC（高级数据链路控制，High-Level Data Link Control）、PPP（点对点协议，Point to Point Protocol）、ISDN（综合业务数字网，Integrated Services Digital Network）、FR（帧中继，frame relay）、ATM（异步传输模式，Asynchronous Transfer Mode）、SDH（同步数字体系，Synchronous Digital Hierarchy）等。

广域网、城域网和局域网的连接关系如图 1-3 所示。

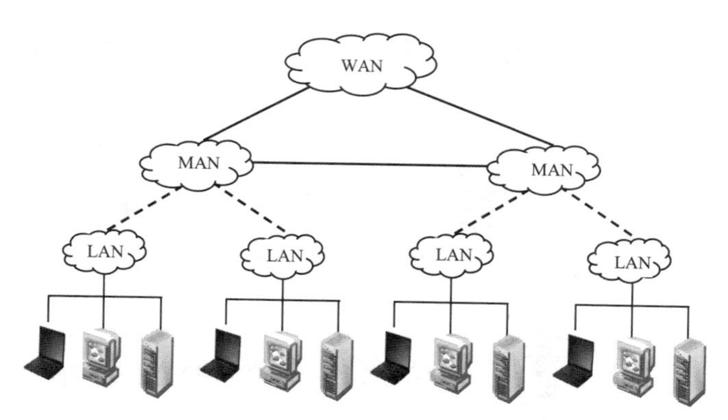

图 1-3　广域网、城域网和局域网的连接关系

提 示

按照地理范围划分网络时，分布距离并不是绝对严格的。

课堂同步

单选题：校园网属于（　　）。

A. LAN　　B. WAN

C. MAN　　D. WLAN

1.3.2　根据拓扑结构分类

知识点

（1）总线型结构。

（2）星形结构。

（3）树形结构。

（4）环形结构。

（5）网状结构。

拓扑学是几何学的一个分支。拓扑学首先把实体抽象成与其大小、形状无关的点，将连接实体的线路抽象成线，进而研究点、线、面之间的关系，即拓扑结构（Topology Structure）。在计算机网络中，抛开网络中的具体设备，把服务器、工作站等网络单元抽象为“点”或形象图形符号，把网络中的传输介质抽象为“线”。

网络拓扑是指网络形状，网络在物理上的连通性。网络拓扑结构分为物理拓扑结构和逻辑拓扑结构两类。物理拓扑结构是指用计算机、传输介质、交换机、路由器，以及其他网络设备的形象图形符号描述的网络拓扑结构。逻辑拓扑结构是指用抽象的点和线描述的拓扑结构。一般情况下，网络拓扑结构指的是物理拓扑结构。

计算机网络按照拓扑结构划分有总线型拓扑结构、星形拓扑结构、树形拓扑结构、环形拓扑结构和网状拓扑结构。

（1）总线型拓扑结构

总线型拓扑结构是将各个节点的设备用一根总线连接起来，网络中的多个节点（包括服务器、工作站和打印机等）共用一条物理传输线路，即总线，通过这条总线进行信息传输，如

图 1-4 所示。每一个节点都可以收到来自其他任何节点所发送的信息，简单、易于实现。

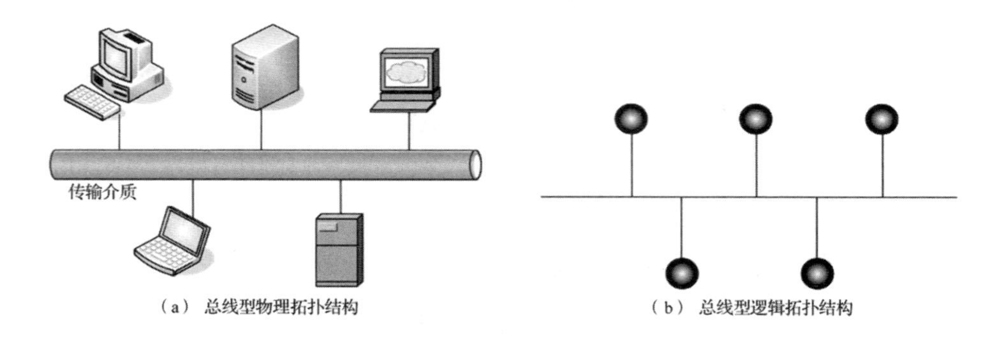

（a） 总线型物理拓扑结构　　（b） 总线型逻辑拓扑结构

图 1-4　总线型拓扑结构

总线型拓扑结构的特点如下：

1）网络结构简单、成本低，安装使用方便；

2）在同一时刻只能允许一个用户发送数据，否则会产生冲突，节点数量越多，冲突越严重，因此不适合节点较多的网络；

3）网络稳定性较差，任何一个节点故障都可能导致整个网络的瘫痪。

提 示

总线型拓扑结构在早期建成的局域网中应用非常广泛，现在这种拓扑结构的网络已经基本淘汰了。

（2）星形拓扑结构

星形拓扑结构以一台中央节点为核心，其他节点与该中央节点之间直接连接，节点之间的数据通信必须通过中央节点，如图 1-5 所示。

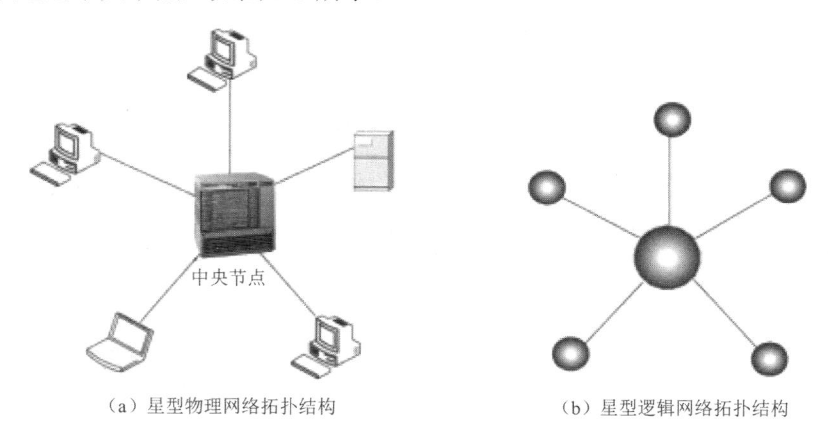

（a）星型物理网络拓扑结构　　（b）星型逻辑网络拓扑结构

图 1-5　星形拓扑结构

星形拓扑结构的特点如下：

1）结构简单，管理方便，可扩充性强，组网容易；

2）当局部线路出现故障时，不会影响网络中的其他节点；

3）中央节点可以方便地控制和管理网络，但是中央节点出现故障时，整个网络瘫痪。

提 示

星形拓扑结构是当前局域网中最常用的拓扑结构，已基本代替了早期的总线型拓扑结构。

（3）树形拓扑结构

树形拓扑是星形网络拓扑的扩展，中央星形拓扑上的节点可以看作是另一个星形拓扑的中央节点，数据流具有明显的层次性，如图 1-6 所示。任意两个节点之间都支持双向通信。

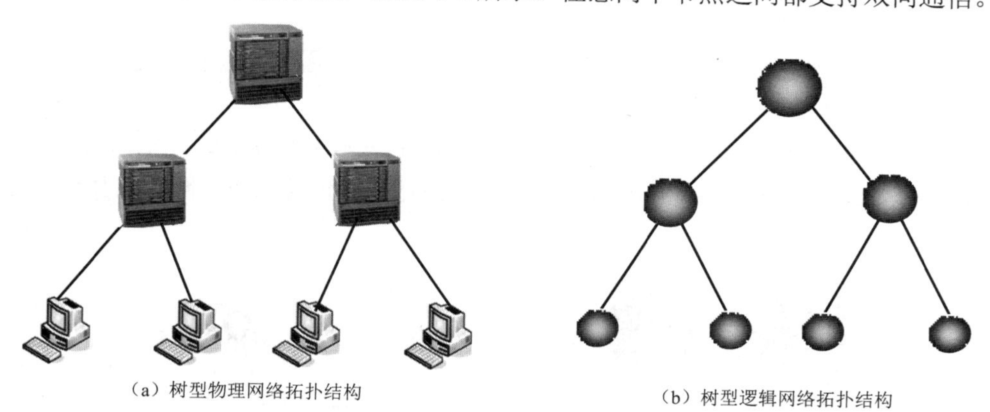

（a）树型物理网络拓扑结构　　（b）树型逻辑网络拓扑结构

图 1-6　树形拓扑结构

树形拓扑结构的特点如下：

1）除具备星形拓扑结构网络的优点之外，更富于层次性，从而可以有效地隔离某些网络流量；

2）减少了链路与设备投资，组网容易，扩展性强，维护简单。

提 示

树形拓扑又称拓展星形拓扑，是从星形拓扑结构派生而来的，层次较为分明，是一种分级管理的集中式网络。

（4）环形拓扑结构

环形拓扑结构是所有节点通过链路连成一个闭合环，每个节点只与相邻的两个节点相连，如图 1-7 所示。环中的信息沿着一个方向按顺序传递，如果下一个节点是这个信息的接收者，则它就接收这个信息，否则就把这个信息转发出去。

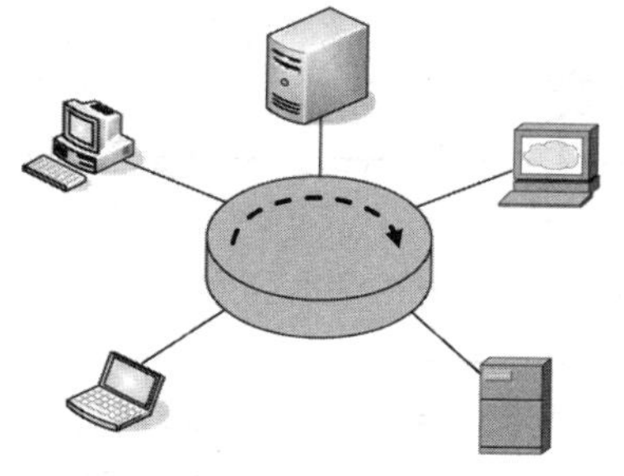

（a）环型物理网络拓扑结构

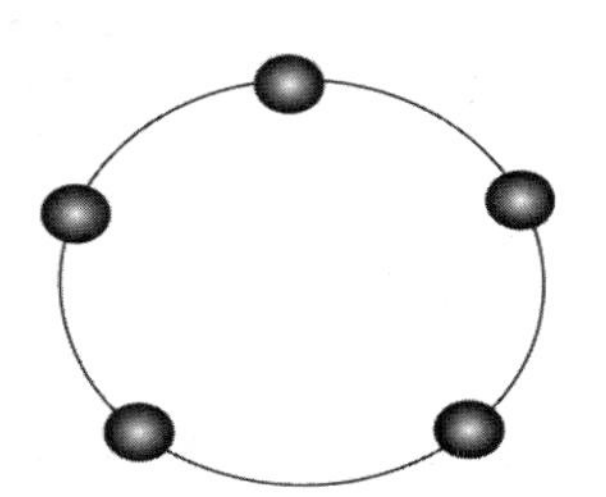

（b）环型逻辑网络拓扑结构

图 1-7　环形拓扑结构

环形拓扑结构的特点如下：

1）每个节点必须将信息转发给下一个相邻的节点；

2）环中通常会有令牌控制发送数据的节点顺序；

3）发送出去的数据在对方接收后，继续沿着环路一圈，由发送端将其回收；

4）传输延迟固定，实时性强，可靠性高，但维护与管理复杂，节点增删较为复杂。任何一个节点故障，可能导致整个网络瘫痪（因为环断开了）。

提 示

环形网络主要应用于对传输延迟要求较高，实时性较强的场合。

（5）网状拓扑结构

网状拓扑结构可靠性最高。在这种结构下，每个节点都有多条链路与网络相连，高密度的冗余链路，即使一条，甚至几条链路出现故障，网络仍然能够正常工作。网状拓扑结构如图 1-8 所示。

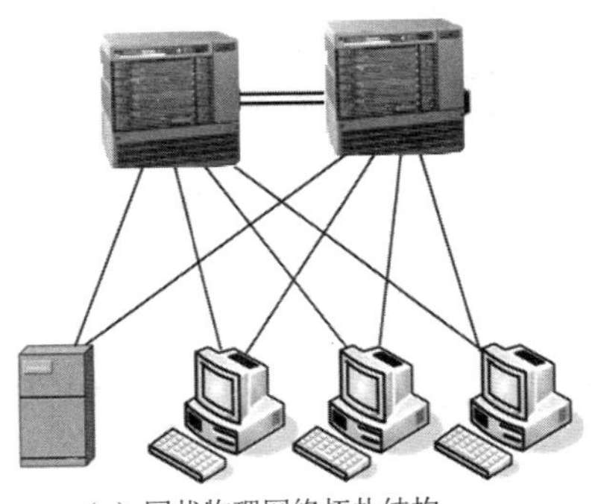

（a）网状物理网络拓扑结构

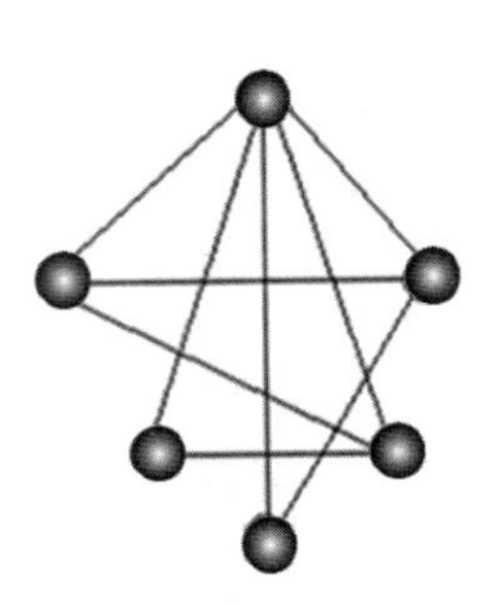

（b）网状逻辑网络拓扑结构

图 1-8　网状拓扑结构

网状拓扑结构的特点如下：

1）网络中的节点连接有链路冗余，可靠性高，局部故障不会影响整个网络的正常工作；

2）网络结构复杂，成本高，不易管理和维护，这种结构用于通信骨干网中。

课堂同步

通过对网络拓扑结构的学习，请观察你们学校网络实验室是什么网络拓扑结构，并画出其拓扑结构示意图。

1.3.3　根据网络组成部件的功能分类

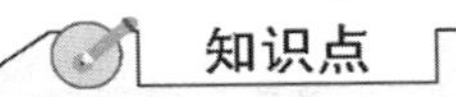

知识点

（1）通信子网。

（2）资源子网。

从计算机网络各组成部件的功能来看，各部件主要完成两种功能，即网络通信和资源共享，如图 1-9 所示。把计算机网络中实现网络通信功能的设备，以及其软件的集合称为网络的通信子网；把网络中实现资源共享的设备和软件的集合称为资源子网。

通信子网由网络节点和通信链路组成。网络节点也称为转接节点或中间节点，它们的作用是控制信息的传输和在端节点之间转发信息。网络节点一般指网络设备，如交换机、路由器等。

资源子网由主机、用户终端、网络外部设备、各种软件资源与硬件资源构成。主要负责网络数据处理业务，为用户提供网络服务和资源共享。

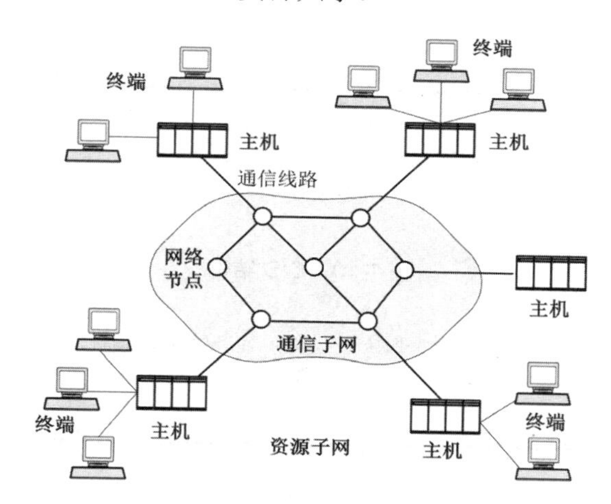

图 1-9　通信子网与资源子网

课堂同步

单选题：在计算机网络中，负责完成数据传输和转发等任务的是（　　）。

A. 通信子网　　B. 资源子网

C. 局域网　　D. 广域网

1.3.4　按网络工作模式分类

知识点

（1）C/S 网络。

（2）对等网络。

按网络工作模式分类分为基于服务器模式网络的对等网络。

（1）基于服务器网络

服务器（Server）是指专门提供服务的高性能计算机或专用设备，服务器专门为其他计算机提供服务，它所运行的软件可连接多个客户端。客户端（Client）是用户计算机通过向服务器发出请求获得相关服务。基于服务器网络也称为客户端/服务器网络，即 C/S 网络，是客户端向服务器发出请求并获得服务的一种网络形式，如图 1-10 所示。C/S 结构的网络性能，很大程度上取决于服务器的性能和客户端的数量，针对这种网络有很多优化性能的服务器称为专用服务器。

基于服务器网络的优点是具有统一文件存储，方便数据备份与维护，保密性强，网络管理方便，容易实现；缺点是需要一台服务器，成本较高，服务器管理和维护需要专门的网络管理员。

（2）对等网

对等网络（Peer to Peer）也称为工作组网络，是早期的网络形式，是最简单的网络，也是局域网中最常用的一种网络，如图 1-11 所示。和 C/S 结构的网络不同，对等网结构中的节点功能相似，地位平等，没有客户端或服务器之分，既可以为其他节点提供服务，也可以访问其他节点，各节点间能进行简单的共享访问。

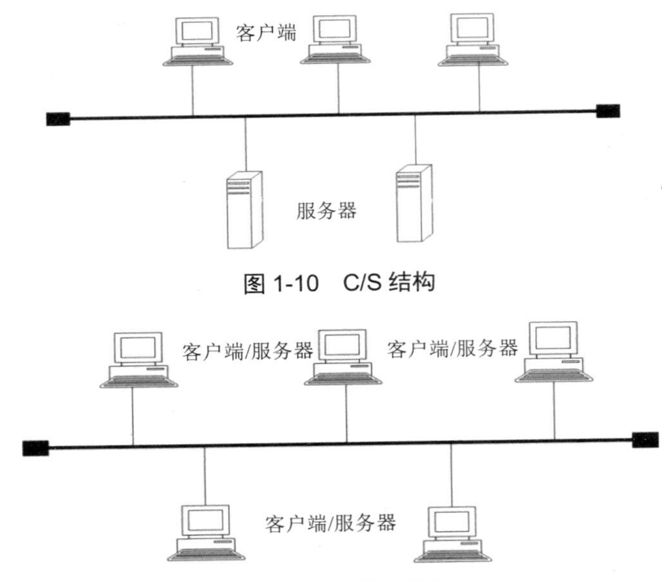

图 1-10　C/S 结构

图 1-11　对等网结构

对等网的优点是，组网方式简单灵活，不需要专门的服务器，成本低，配置简单，便于维护，使用方便；缺点是网络性能较低，较难实现数据的集中管理与监控，数据保密性差，比较适合部门内部协同工作的小型网络。

知识点

C/S 网络是常用且重要的一种网络类型，不仅适合同类型计算机联网，也适合不同类型的计算机联网，适合中大型企业组建网络，目前互联网中的大多数采用 C/S 网络；对等网注重的是网络共享功能，非常适合于家庭、小型企业选择使用。

课堂同步

请观察身边的网络，举例说明哪些是对等网络，哪些是 C/S 网络。

1.3.5　根据传输技术分类

知识点

（1）广播式网络。

（2）组播式网络。

（3）点到点网络。

网络所采用的传输技术决定了网络的主要技术特点。因此，根据网络所采用的传输技术对网络进行划分是一种很重要的分类方法。

（1）广播式网络

广播式网络（Broadcast Network）中的所有计算机都共享一个公共信道，当一台计算机利用信道发送数据时，其他所有的计算机都会收到这个数据，由于发送的数据有目的地址和源地址，如果接收到该数据的计算机的地址与目的地址相同，则接收；否则则丢弃该数据，准备接收下一个数据。广播式网络的优点是网络设备简单、维护容易、成本低；缺点是无法为每个客户的要求和时间及时提供个性化服务。

（2）组播式网络

组播式网络（Multicast Network）中的所有计算机被划分成不同的组，同一个组中的计算机发送数据，该组中的其他成员都能够接收到该数据，其他组的成员不能接收到该数据。

（3）点到点网络

点到点网络（Point-to-Point Network）中的每条物理线路或链路连接一对计算机。如果两个节点之间没有直接连接线路，那么它们只能通过中间节点接收、存储、转发，直到目标节点。

提 示

一般来说，局域性网络使用广播式网络；广域性网络使用点到点网络。

课堂同步

请观察身边的网络，举例说明哪些是广播式网络，哪些是点到点网络。

计算机网络的分类还可以按照其他标准划分，如按照使用者所有权划分，分为公用网和专用网；按照通信介质分为有线网络和无线网络；按照控制方式可以分为集中式网络与分布式网络。总之，计算机网络的分类从不同的角度有着不同的分类，正如苏轼的诗句“横看成岭侧成峰，远近高低各不同”。

1.4 宏观认识校园网络拓扑结构

学习任务

宏观认识计算机网络，并简单分析其组成部分。

随着计算机网络的快速发展，校园网的建设已覆盖各类高等院校。组建校园网就是建设一个能覆盖整个校园范围的计算机网络，将学校内的计算机、服务器和其他终端连接在一起，并接入 Internet，为广大学生和教师提供资源共享、信息交流和协同工作的计算机网络。校园网不仅使分布在不同地理位置的网络节点互联在一起组成一个局域网，将学校的各种信息资源高效地组织起来，以满足学校教学、科研、管理和信息交流等方面的需求。通常校园网的主要功能如下：

（1）WWW 服务：校园网网站系统，提供信息资源发布、管理和宣传服务。并协助学校内部的管理，如发布通知等；

（2）FTP 服务：提供文件共享和传输服务；

（3）DNS 服务：负责校园网域名解析工作；

（4）电子邮件服务：提供电子邮件系统，满足学校业务的需求；

（5）提供教务和办公自动化服务；

（6）建设电子图书馆和组建大型的分布式数据库系统；

（7）开展多媒体教学、远程教学和视频会议等。

下面以某学校校园网为例，初步认识网络拓扑结构及组成，目的是对校园网这个局域网有一个初步的感性认识，对计算机网络有一个初步的宏观轮廓了解，以便读者更好地学习计算机网络。某学校校园网络拓扑结构，如图 1-12 所示。

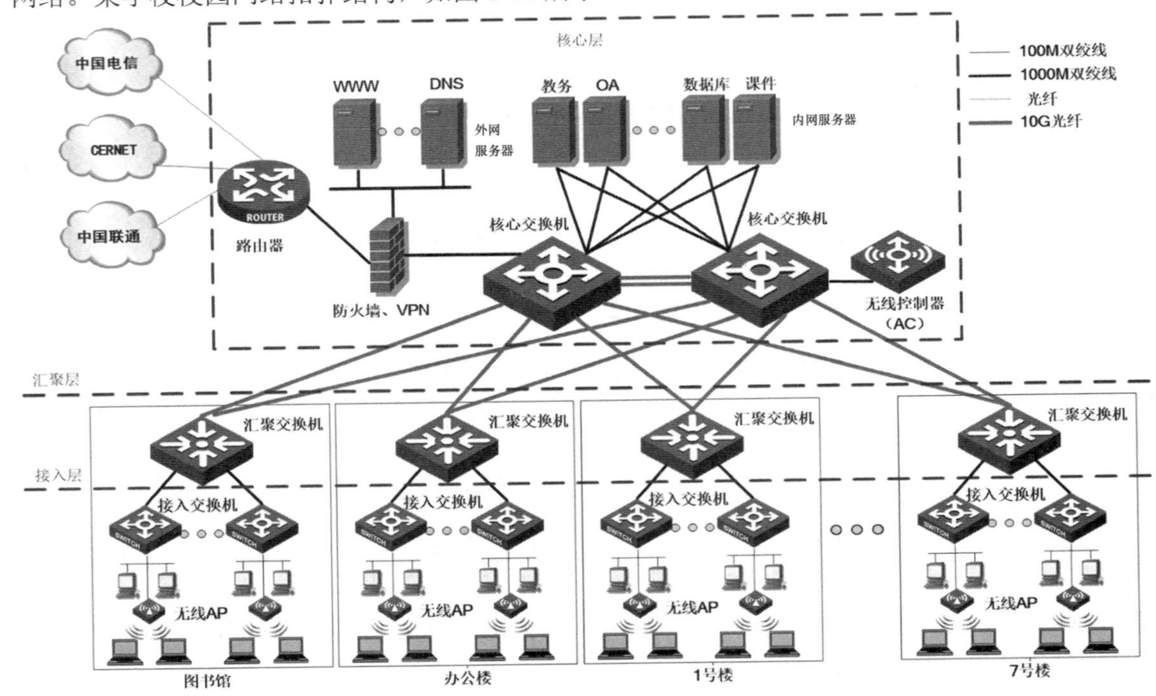

图 1-12　某学校校园网络拓扑结构

①接入层：直接连接终端用户的部分；

②汇聚层：每一个楼层都有汇聚层交换机，专门负责把接入层的交换机进行汇聚，接入核心交换机；

③核心层：是网络的核心，由核心交换机构成骨干线路，并连接网络服务器。服务器分为内网服务器和外网服务器。其中，内网服务器为校园内部提供网络服务，如教务服务器、OA 服务器、数据库服务器、课件服务器等；外网服务器主要为校外提供 WWW 和 DNS 服务，如 Web 服务器、DNS 服务器等；

④网络出口区：有路由器、防火墙、VPN 等主要设备，连接至 ISP（Internet 服务提供商），接入 Internet。

提 示

各个单位的局域网根据其实际情况，网络拓扑结构和功能需求可能存在一定的差异，但是组建计算机网络的目的是一致的，都是实现资源共享和信息传递。

课堂同步

请查阅你们学校的校园网络拓扑结构图，通过走访和实地观察，简单分析其拓扑结构和组成部件，并分享给其他同学。

1.5　几个网络概念

学习任务

（1）理解互连和互联的区别。

（2）理解计算机网络的主要性能指标（带宽、吞吐量和时延）的含义。

1.5.1　互连和互联

学习任务

（1）互连。

（2）互联。

（1）互连

互连通常指用通信介质将节点进行物理连接。“互连”强调的是物理连接，是用某种介质进行的物理连接。

（2）互联

互联通常指在物理互连的基础上，用协议及软件实现各节点的逻辑互通。“互联”强调的是软件互通，互联需要协议及软件，没有软件的联通，只有硬件的互连，达不到共享和通信的目的。

课堂同步

请分析，为什么人们称 Internet 网为互联网。

1.5.2　计算机网络的主要性能指标

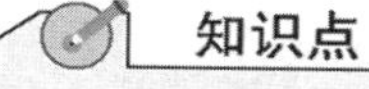

知识点

（1）带宽。

（2）时延。

（3）吞吐量。

（1）带宽

网络带宽是指单位时间内能传输的数据量，单位是赫兹（Hz）。在计算机网络中，带宽用来表示网络中某通道传送数据的能力。表示在单位时间内网络中的某信道所能通过的“最高数据率”，即带宽可以描述为每秒传送多少比特，单位就是比特每秒（bit/s 或 bps）。例如，早期，利用 56K 的调制解调器利用电话线拨号上网，其带宽是 56000bit/s；电信 ADSL 宽带上网的速率为 10Mb/s，这就意味着每秒钟能够传输 10Mbit。但在日常生活中，描述带宽也常常把“bit/s”省略。例如，我家的“宽带”是 10M，这种说法不准确，实际上宽带的带宽是 10Mb/s。

这里提到“宽带”是相对于“窄带”而言的电信术语（用于度量用户享用的业务带宽，目前国际上还没有统一的定义，一般而论，宽带是指用户接入传输速率达 2Mb/s 以上，可以提供 24 小时在线的网络基础设备和服务）。通常宽带指每秒有更多的“比特”从计算机注入线路或从线路提取比特，即提高了发送比特的频率。但要注意的是，仅仅是注入/提取比特的频率高了，但传播速率是一样的，如图 1-13 所示。

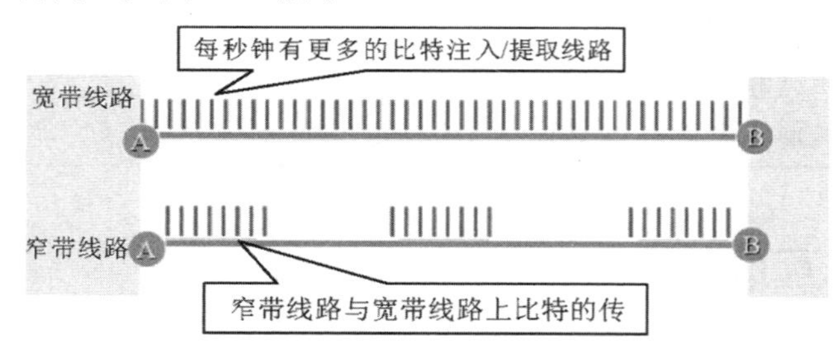

图 1-13　宽带线路和窄带线路上比特传输速率一样

有些人愿意用“汽车在公路上跑”来比喻“比特在网络上传输”，认为宽带传输得更快，好比汽车在高速公路上可以跑得更快一样。对于这种比喻一定要谨慎对待。其实，宽带线路车距缩短，即发车频率高了，如宽带线路是每 1 分钟发一趟车，窄带线路可能就是每 5 分钟发一趟车，如图 1-14 所示。

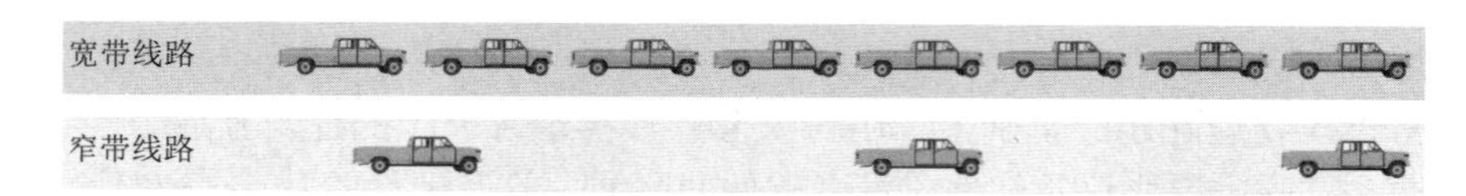

图 1-14　宽带线路和窄带线路的区别

还有一种错误概念认为“宽带”相当于“多车道”，实际上，远程通信线路是串行传输而不是并行传输的，如图 1-15 所示。

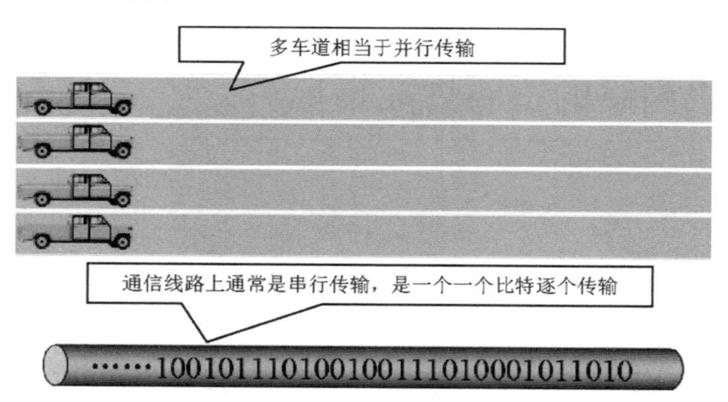

图 1-15　宽带线路通信方式正确理解

提 示

人们通常把宽带接入技术简称“宽带”，但实际上，“宽带”是相对于“窄带”而言的电信术语，用于度量用户享用的业务带宽，目前国际上还没有统一的定义。

（2）时延

时延是指一个报文或分组从计算机网络的一端传送到另一端所需要的时间。它包括发送时延、传播时延、处理时延、排队时延。一般来讲，发送时延与传播时延是主要考虑的因素。对于报文长度较大的情况，发送时延是主要矛盾；报文长度较小的情况下，传播时延是主要矛盾。

一般人们能忍受小于 250ms 的时延，若时延太长，会使通信双方不舒服。

（3）吞吐量

吞吐量表示在单位时间内通过某个网络（或信道、接口）的数据量，即规定时间、空间及数据在网络中所走路径（网络路径）的前提下，下载文件时实际获得的带宽值。由于多方面的原因，实际吞吐量往往比传输介质所标称的最大带宽小得多。吞吐量是经常用于对现实网络的一种测量指标，以便知道实际上有多少数据量能够通过网络。吞吐量受网络带宽或网络额定速率的限制。影响网络中带宽和吞吐量的主要因素有网络设备类型、网络拓扑结构、用户数量、传输数据类型、客户端/服务器和故障率。

请使用网络测试工具如宽带测速器，测试你所使用的网络带宽，并简单分析。

思考与练习

一、选择题

1. 最早的计算机网络形式是（　　）。

A. 计算机—通信线路—计算机　　B. PC—通信线路—PC
C. 终端—通信线路—终端　　D. 计算机—通信线路—终端

2. 一座大楼内的一个计算机网络系统属于（　　）。

A. LAN　　B. MAN　　C. WAM　　D. WAN

3. 计算机网络中，所有的计算机都连接到一个中心节点上，一个网络节点需要传输数据，首先传输到中心节点上，然后由中心节点转发到目标节点，这种连接结构被称为（　　）。

A. 总线型结构　　B. 环形结构　　C. 星形结构　　D. 网状结构

4. 星形、总线型、树形、环形和网状是按照（　　）分类的。

A. 网络跨度　　B. 网络拓扑　　C. 管理性质　　D. 网络功能

5. 计算机网络是一门综合技术，其主要技术是（　　）。

A. 计算机技术与多媒体技术　　B. 计算机技术与现代通信技术
C. 电子技术与通信技术　　D. 数字技术与模拟技术

6. 计算机网络中实现互联的计算机之间是（　　）进行工作的。

A. 独立自主　　B. 并行　　C. 相互制约　　D. 串行

7. 下列关于计算机网络拓扑结构叙述正确的是（　　）。

A. 网络拓扑结构是指网络节点间的分布形式
B. 目前局域网中最普遍采用的拓扑结构是总线型拓扑
C. 树形网络结构的线路复杂，网络管理也较难
D. 树形网络结构的缺点是，当需要增加新的工作站时成本较高

8. 在实际的计算机网络组建过程中，一般首先应该做（　　）。
   A. 网络拓扑结构设计　　B. 设备选型
   C. 应用程序设计　　D. 网络协议选择
9. 有关计算机网络的描述中，错误的是（　　）。
   A. 计算机资源是计算机硬件、软件和数据
   B. 计算机之间存在主从关系
   C. 互联的计算机是分布在不同地理位置的独立自主计算机
   D. 网络用户可以使用本地资源和网络资源
10. 速率为 1Gb/s 的网络，发送 1bit 数据需要的时间是（　　）。
   A. 1×10^{-6}s　　B. 1×10^{-9}s　　C. 1×10^{-10}s　　D. 1×10^{-12}s

二、填空题

1. 计算机网络最主要的功能是（　　　　　　　　　　）。
2. 计算机网络按照其覆盖的地理范围可分为（　　）、MAN 和（　　）。
3. 根据网络组成部件的功能分类，可把计算机网络划分为通信子网和（　　）。
4. 世界上第一个计算机网络是（　　　　）。

三、简答题

1. 什么是计算机网络？
2. 简述计算机网络的主要功能。
3. 什么是计算机网络拓扑结构？计算机网络拓扑结构有哪些？各有什么特点？
4. 简述计算机网络的组成。

单元 2 认识网络数据通信

导　学

通信古已有之，“鸿雁传书”“烽火戏诸侯”“八百里急报”等这些大家耳熟能详的故事就是与古代的通信技术紧密相关。今天所说的通信，一般指电报、电话、广播、电视、网络等所用的现代通信技术。计算机网络是计算机技术与现代通信技术结合的产物，数据通信是计算机网络实现数据交换的基础，也是学习计算机网络的必要前提。那么，计算机与计算机之间如何进行通信，数据的通信方式有哪些，如何进行数据交换？通过本单元学习，让我们一起来探索网络数据通信的奥秘。

学习目标

【知识目标】

◇ 掌握数据通信的基本概念和技术指标。

◇ 理解数据通信系统的基本结构。

◇ 理解数据通信传输工作过程。

◇ 掌握数据交换技术。

◇ 了解传输控制技术。

【技能目标】

◇ 能够识别身边的通信系统。

◇ 会使用网络测速工具，测试终端网速状况，应用数据通信主要技术指标进行简单分析。

2.1 数据通信的基础

学习任务

（1）掌握数据通信的基本概念。

（2）理解数据通信系统。

所谓通信就是指人与人、人与物、物与物之间通过某种媒介和行为进行信息传递与交流，通信技术的最终目的是为了帮助人们更好地沟通和互助。数据通信是通信技术和计算机技术相结合而产生的一种新的通信方式。从某种意义上讲，计算机网络是建立在数据通信系统之上的资源共享系统。计算机网络的主要功能是为了实现信息资源的共享与交换，而信息是以数据的形式来表达的。

2.1.1 信息、数据和信号

知识点

（1）信息。

（2）数据、数字数据和模拟数据。

（3）信号、模拟信号和数字信号。

（1）信息的概念

数据通信的目的就是交换信息。信息（Information）是人对现实世界事物存在方式或运动状态的某种认识，它反映了客观事物存在的形式和运动的状态。信息可以是文字、声音、图像、动画等多种形式。

（2）数据的概念

数据（Data）是指把事件的某些属性规范化后的表现形式，一般理解为“信息的数字化形式”。数据可以被识别，也可以被描述。数据是信息的载体，其分为模拟数据和数字数据两种。

1）模拟数据在时间和幅度取值上都是连续的，其电平随时间连续变化。例如，语音、温度、压力和流量都是模拟数据。

2）数字数据在时间上是离散的，在幅度上是经过量化的，一般是“0”“1”二进制代码组成的数字序列。

（3）信号的概念

信号（Signal）是数据的具体物理表现，是信息（数据）的一种电磁波编码，具有确定的物理描述，即信号是数据在传输过程中的电磁波表现形式，如电信号、光信号、脉冲信号、调制信号等。信号可以分为模拟信号和数字信号两种，如图 2-1 所示。

1）模拟信号：当通信中的数据用连续的载波表示时，就称其为模拟信号。例如，拨打电话的语音信号，电视摄像产生的连续图像信号等。这些信号使用的特征参数通常有幅度、频率和相位等。

2）数字信号：当通信中的数据用离散的电信号表示时，就称为其数字信号，通常表现为离散的脉冲形式，最简单的离散二进制数字“0”和“1”，分别表示信号的两个物理状态（如低电平和高电平）。例如，计算机中传送的是典型的数字信号，数字电话和数字电视等传输时使用的也是数字信号。

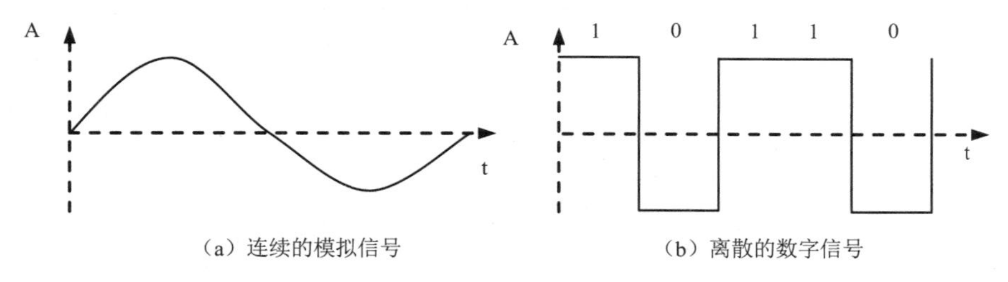

图 2-1　模拟信号和数字信号

提 示

（1）信息、数据和信号三者之间的关系：数据是信息的载体，是信息的表示形式，信息是数据的具体含义，涉及数据的内容和解释，信号则是数据在传输过程中的电磁波表示形式。

（2）虽然模拟信号和数字信号有着明显的差别，但二者在一定条件下可以相互转化。模拟信号可以通过采样、编码、量化等步骤转化为数字信号；而数字信号也可以通过解码、平滑等步骤转化为模拟信号。

课堂同步

请举例说明什么是信息？什么是模拟数据？什么是数字数据？什么是模拟信号？什么是数字信号？

2.1.2　数据通信和数据通信系统

知识点

（1）数据通信。
（2）线路和链路。
（3）数据通信系统模型。

（1）数据通信

现代通信主要借助光和电信号来传输信息。数据通信就是发送端将要发送的数据转换成电（或光）信号通过物理信道传输给接收端的过程。

信号的传输通道称为信道，一般用来表示向某一个方向传送信息的媒体。传输数字信号的通道称为数字信道。由于信号是可以离散变化的数字信号，也可以是连续变化的模拟信号，所以与之相对应的，数据通信被分为模拟数据通信和数字数据通信。模拟数据通信是指在模拟信道上以模拟信号形式来传输数据；而数字数据通信则是指利用数字信道以数字信号形式来传输数据。

（2）线路和链路

1）线路：在两个节点间承载信息流传输的信道称为线路。线路可以采用电话线、双绞线、光纤等有线信道，也可以是无线信道。

2）链路：是一条无源的点到点的物理线路段，中间没有任何其他交换节点。数据链路除了物理线路外，还必须有通信协议来控制这些数据的传输。若把实现这些协议的硬 件和软件加到链路上，就构成了数据链路。

（3）数据通信系统模型

数据通信系统比较复杂，下面通过两个计算机使用电话线进行通信这个简单的例子，说明数据通信系统模型，如图 2-2 所示。一个数据通信系统分为 3 大部分，即源系统、传输系统和目标系统。

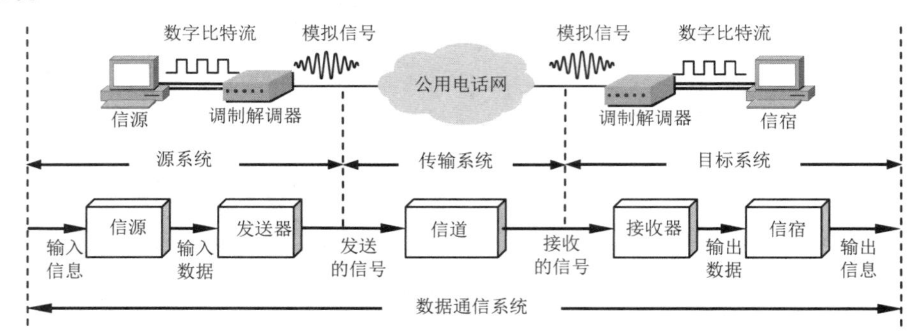

图 2-2　数据通信系统模型

源系统一般包括信源和发送器两个部分。在通信系统中发送信息的一端称为信源。通常信源生成的数字比特流需经过发送器编码后才可以在传输系统中进行传输，典型的发送器就是调制解调器（使用其调制部分）。把数字信号转换为模拟信号的过程，称为调制。

目标系统一般包括信宿和接收器两个部分。在通信系统中，接收信息的一端称为信宿。接收器负责接收传输系统传输过来的信号，并把它转换为能够被信宿识别和处理的信息，典型的接收器也是调制解调器（使用其解调部分）。把模拟信号转换为数字信号的过程，称为解调。将调制和解调功能组合在一个设备中，称为调制解调器。

信源与信宿之间通过信道实现信号传输。数据在传输过程中会受外界各种干扰信号的影响，这种干扰信号被称为噪声。

课堂同步

（1）多选题：以下哪些是数据通信的例子（　　）。

A. 使用即时通信软件（如 QQ）与好友聊天

B. 使用计算机在线观看视频

C. 从公司的邮箱中下载邮件到自己的计算机中

D. 使用传统的电话与朋友通话

（2）单选题：数据通信系统必须具备的 3 个基本要素是（　　）。

A. 终端、电缆、计算机　　B. 发送器、通信线路、接收器

C. 信源、信道、信宿　　D. 终端、通信设施、接收设备

2.2　数据通信系统的主要技术指标

学习任务

（1）理解信号传输速率和数据传输速率的关系。

（2）理解误码率和带宽的基本概念。

数据通信系统的主要技术指标包括传输速率、误码率、带宽和信道容量。

2.2.1　传输速率

知识点

（1）信号传输速率。

（2）数据传输速率。

信号传输速率和数据传输速率是衡量数据通信速度的两个指标。

（1）信号传输速率

信号传输速率又称调制速率或波特率，指的是数字信号经过调制以后的传输速率，或者是调制过程中每秒钟信号状态变化的次数，即单位时间内传输波形数（或每秒钟发送的码元数），单位为波特（baud）。

提 示

“波特”与“比特”的意义不同，波特是每秒传输的码元数，模拟信号的速率通常用“波特”来表示。

（2）数据传输速率

数据传输速率又称信息传输速率或比特率，指的是每秒钟传输的信息量，即指每秒钟传输多少位二进制数据，单位是位/秒（bit/s 或 bps）。数据传输率的高低由每个比特所占的时间决定。如果每个比特所占的时间少，即脉冲宽度窄，则数据传输率高。数字信号的速率通常用“比特”来表示。

提 示

数据传输速率单位之间的关系：

1Kb/s=1024bit/s　1Mb/s=1024Kb/s　1Gb/s=1024Mb/s　1Tbit/s=1024Gb/s

数据传输速率和信号传输速率二者存在一定的关系，这种关系可以通过码元和信息量的关系描述。数字信号由码元组成，码元是承载信息的基本信号单位。例如，使用脉冲信号表示数据时，一个单位脉冲就是一码元。一码元的信息量是由码元所能表示的数据有效状态值的个数决定的。若一码元能携带 1 个比特的信息量，则一码元有 0、1 两种有效状态值，称为两级电平，即 2^1，则信号传输速率等于数据传输速率；如果一码元能携带 2 个比特信息量，则有 00、01、10、11 四个有效状态值，称为四级电平，即 2^2，数据传输速率是信号传输速率的 2 倍，如图 2-3 所示。

一般来说，对于一码携带 M 个有效状态值（M 级电平）传输时，数据传输速率 R_b 和信号传输速率 R_B 之间的关系如下：

$$R_b=R_B\times\log_2^M$$

由于码元的传输速率受到限制，所以要提高信息的传输速率，就必须提高每个码元携带的信息量。

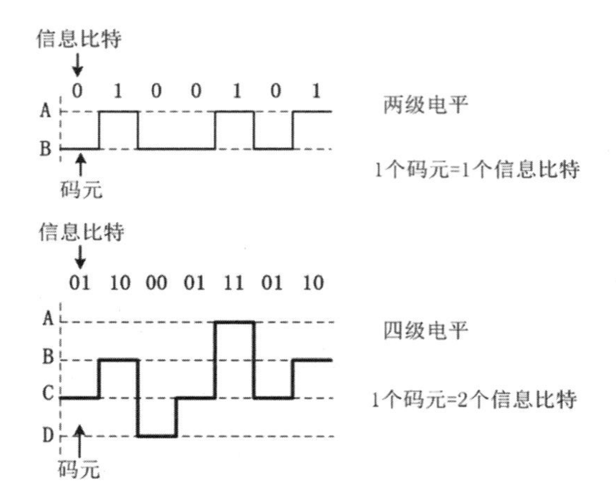

图 2-3　两级电平和四级电平

实例

如果一码元可以携带 4 个比特信息，求数据传输速率和波特率的关系。

解答：根据上述公式，可知一码元携带 2^4=16 个有效状态值，即 16 级电平。因此，数据传输速率是信号传输速率的 4 倍。

请对比分析信号传输速率和数据传输速率的关系。

2.2.2　误码率和误比特率

（1）误码率。
（2）误比特率。

误码率是在通信系统中衡量系统传输可靠性的指标。误码率是指二进制码元在数据传输系统中被传错的概率。从统计理论上讲，当所传送的数字序列无限长时，误码率 P_e 为：

$$P_e = \frac{N_e}{N}$$

其中，N 表示传输总码元数，N_e 表示传错码元数。通常要求的误码率不超过 10^{-6}，即 1000000 个码元最多允许 1 个码元出错。

误比特率是指在传输系统中出错比特的概率。从统计理论上讲，当所传送的数字序列无限长时，误比特率 P_b 为：

$$P_b = \frac{M_b}{M}$$

其中，M 表示传输总比特数，M_b 表示传错比特数。

实例

如果一码元有 4 种有效状态值传送 100 000 000 位信息，因噪声干扰导致 1 位出错，则误比特率是多少？误码率是多少？

解答：误比特率 P_b=1/100000000=10^{-8}

根据题意可知，4 种有效状态传输时一个码元携带 2 位信息，故传输 100 000 000 位信息共需要 50 000 000 个码元，1 位信息出错也就是 1 个码元出错，故误码率 P_e=1/50000000=2×10^{-8}

注意：对于一个实际的数据传输系统，不能笼统地要求误码率越低越好，要根据实际传输要求提出误码率要求；在数据传输速率确定后，误码率越低，数据传输系统设备越复杂，成本越高。

课堂同步

请对比分析误码率和误比特率的关系。

2.2.3　带宽和信道容量

知识点

（1）带宽。

（2）信道容量。

带宽又称信道带宽，是指信道中传输的信号在不失真的情况下所占用的频率范围，是信道频率上界与下界之差，是介质传输能力的度量，单位用赫兹（Hz）表示。带宽是由信道的物理特性所决定的。例如，普通电话线路的频率范围在 300～3400Hz，则它的带宽范围就是 300～3400Hz。

信道容量是衡量一个信道传输数字信号的重要参数，是指单位时间内信道上所能传输的最大值，单位为 bit/s 或 bps，即信道的最大数据传输速率。无论采用何种编码技术，传输数据的速率都不可能超越这个上限，否则信号就会产生失真。

理论分析证明，信道容量和信道带宽成正比关系，信道带宽越宽，数据传输速率就越大。

提 示

从理论上看，增加信道带宽是可以增加信道容量的，但实际上，信道带宽的无限增加并不能使信道容量无限增加，因为在一些实际情况下，信道中存在噪声或干扰，制约了信道带宽的增加。

课堂同步

请对比分析带宽和信道容量的关系。

2.3　数据通信传输类型

学习任务

（1）掌握基带传输和频带传输的概念。

（2）掌握数据通信方式的特点。

（3）理解并行通信和串行通信的工作过程。

（4）理解同步传输方式和异步传输方式的工作过程。

2.3.1 基带传输和频带传输

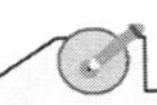

知识点

（1）基带传输。
（2）频带传输。

（1）基带传输

基带是指未经处理的原始信号所占的频率范围（固有的）。这种原始信号称为基带信号，这种不经过调制和编码的数字脉冲信号直接在信道上传输的方式称为基带传输，又称为数字传输。以太网就是典型的基带传输。

基带传输的优点是信道简单、成本低；缺点是基带传输占据信道的全部带宽，任何时候只能传输一路基带信号，信道利用率低。

（2）频带传输

频带传输又称模拟传输，利用模拟信道传输数据信号的方法称为频带传输。数据通信时，首先将数字信号调制成模拟信号后再进行发送和传输，到达接收端时再把模拟信号解调成原来的数字信号。可见，在采用频带传输方式时，要求发送端和接收端都要安装调制解调器。利用调制解调器（Modem）通过电话模拟信道传输数据就是频带传输的典型例子。

频带传输的优点是可以利于现有的模拟信道完成通信，价格便宜、容易实现；缺点是速率较低，误码率较高。

目前，模拟通信和数字通信在通信业务中得到了广泛的应用。但是，近几年来，数字通信发展非常迅猛，成为通信系统的主流。与模拟通信比较，数字通信的主要优点有以下几点：

1）抗干扰能力强；

2）便于加密，有利于保密通信；

3）易于实现集成化，使通信设备体积小，功耗低；

4）数字信号便于存储、处理和交换等。

课堂同步

对比分析基带传输和频带传输的不同。

2.3.2 数据通信方式

知识点

（1）单工通信。
（2）半双工通信。
（3）全双工通信。

（1）单工通信

单工通信又称单向通信，信息传送只能在一个固定的方向上进行，任何时候都不能改变方向，即发送端只能发送信息不能接收信息，接收端只能接收信息而不能发送信息，任何时候都不能改变信号传送的方向，如图 2-4 所示。例如，无线电广播和有线电视都属于单工通信。

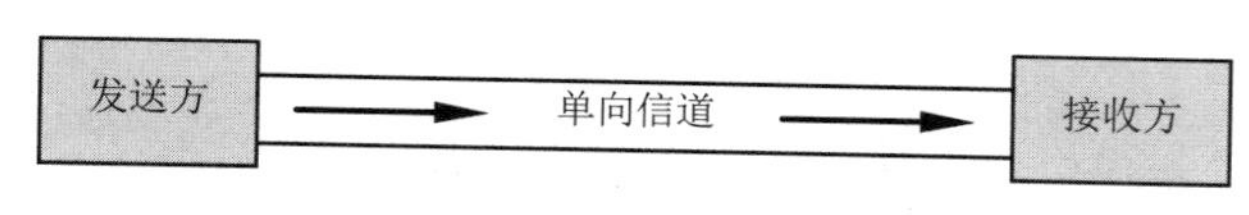

图 2-4　单工通信

（2）半双工通信

半双工通信是指信号可以沿两个方向传送，但同一时刻一个信道只允许单方向传送，即两个方向的传输只能交替进行，而不能同时进行。由于半双工通信在通信中要频繁地切换信道的方向，所以通信效率较低，但节省了传输信道，如图 2-5 所示。例如，无线对讲机和步话机之间的会话式通信都属于半双工通信。

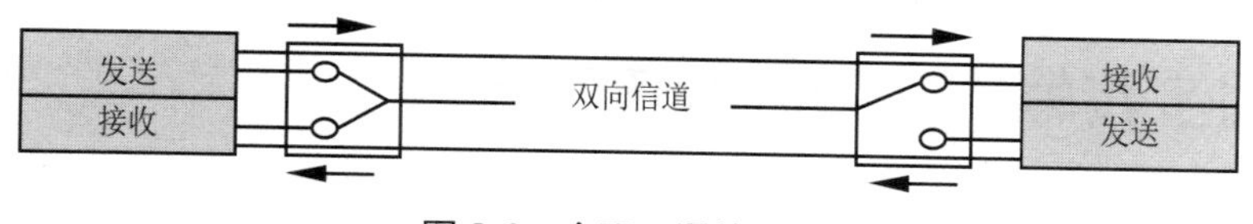

图 2-5　半双工通信

（3）全双工通信

全双工通信又称双向同时通信。信号可以同时进行双向发送，即双方可以同时发送信息与接收信息，如图 2-6 所示。这种传输方式可以提高总数据流量。例如，计算机与计算机之间的通信就是全双工通信。

图 2-6　全双工通信

课堂同步

请举例说明单工通信、半双工通信和全双工通信。

2.3.3　并行通信与串行通信

知识点

（1）并行通信。
（2）串行通信。

数据通信的基本方式可以分为并行通信和串行通信。

（1）并行通信

并行传输是指利用多条数据传输线将一个数据的多个位同时传送。特点是传输速度快，但是通信线路复杂、成本高，适用于短距离和高速率通信。如图 2-7 所示，并行通信一次传输 8 个比特，所以传输信道需要 8 根数据线。

（2）串行通信

串行通信是指数据在信道上一位一位地逐个传输。特点是传输速度较慢，但通信线路简单、成本低，适合远距离通信，如图 2-8 所示。计算机内部采用并行通信方式；计算机与计算机之间进行远距离通信时，采用串行通信方式。因此，在发送数据前，需要通过“并/串转换”，到接收端后再通过“串/并转换”，还原成原数据格式。

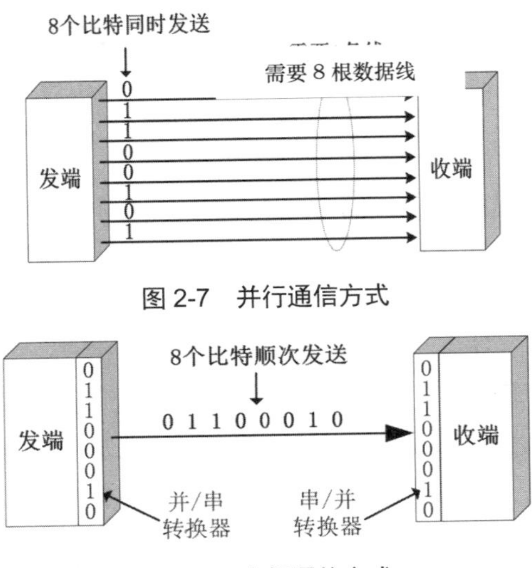

图 2-7　并行通信方式

图 2-8　串行通信方式

课堂同步

请对比分析串行通信和并行通信的特点。

2.3.4　同步传输方式与异步传输方式

知识点

（1）同步传输。

（2）异步传输。

在串行通信中，同步问题是一个十分关键的问题，是实现正确信息交换的基础条件。发送端一位一位地把信息通过介质发送到接收端，接收端必须识别信息的开始和结束，而且必须知道每一位的持续时间，只有这样，接收端才能从传输线路上正确接收被传送的数据。同步就是指接收端能够按照发送端发送的每个码元的起止时间及频率来接收数据，并校对自己的时钟，以便发送端和接收端取得一致，实现同步接收。解决同步问题的方法有同步传输方式和异步传输方式两种。

（1）同步传输方式

同步传输就是接收端要按发送端所发送的每个码元的重复频率及起止时间来接收数据。同步传输不是对每个字符单独进行同步，而是对一个较长的数据块进行同步。同步的方法不是加一位起始/停止位，而是在数据块前，加特殊的字符进行标识或联络，这串字符称为同步字符；在数据块前，加特殊的位组合进行标识或联络，这串位组合称为位同步。在发送一组字符或数据块之前先发送一个同步字符（如 SYN，代码 01101000，称为字符同步）或一个同步位组合（如 01111110，称为位同步），用于接收端进行同步检测，从而使收发双方进入同步状态。同步之后，可以连续发送任意多个字符或数据块，发送数据完毕后，再使用同步字符或位组合来结束整个发送过程，如图 2-9 所示。

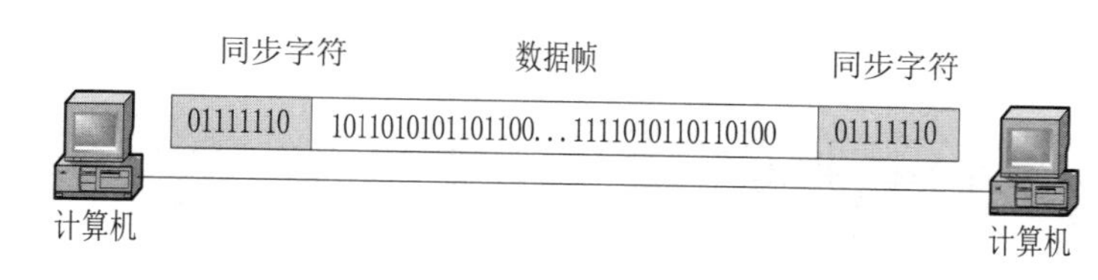

图 2-9　同步传输方式（位同步）

用于同步传输的控制规程有面向字符规程和面向比特规程。面向字符型同步控制规程，以字符作为信息单位，字符是 EBCD 码或 ASCII 码。在这种控制规程下，发送端和接收端采用交互式进行通信，现代计算机网络通信中，已经很少使用了。面向比特的同步控制规程，以二进制位作为信息传输单位。现代计算机网络通信大多采用这种。HDLC（高级数据链路控制）就属于典型的面向比特同步规程，如图 2-9 所示的位串为 01111110 作为同步字节。

注意：需要通过位填充或字符填充，确保数据块中的数据不会与同步字符或同步字节混淆，如面向比特的同步控制对策，通常采用的是零比特填充法。

（2）异步传输方式

异步传输是最早使用，也是最简单的一种方法，但是每个字符有 2～3 位的额外开销，这就降低了传输效率。用这种方法，发送端将每个字节作为一个独立传输，字节与字节之间的传输间隔任意。每次传送一个字符，在传送字符前，设置一个起始位，以示字符信息的开始，接着是字符代码，字符代码后面有一位校验位，最后设置 1～2 位的终止位，表示传送的字符结束，如图 2-10 所示。这样，每一个字符都由起始位开始，到终止位结束，所以也叫作“起止式同步”。

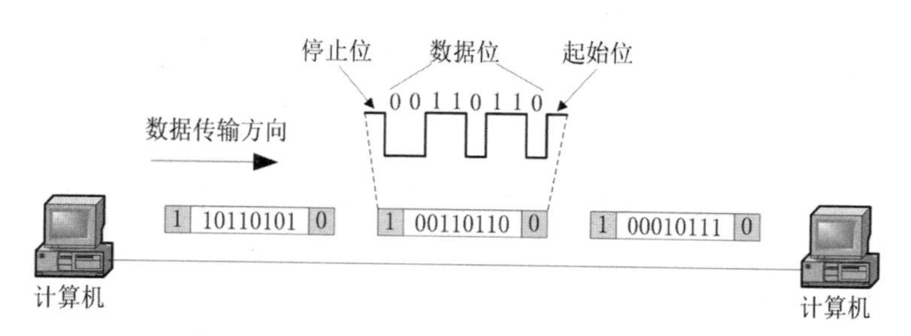

图 2-10　异步传输方式

异步传输方式的优点是实现起来简单容易，每个字符都为自己的位同步提供了时间基准（收、发双方时钟信号不需要精确同步），对线路和收发器要求较低；缺点是增加起始信号、终止信号，效率低，适用于低速数据传输，线路利用率低。

同步传输比异步传输有更多的优点：开销小，传输效率高；当所传输的数据块中出现与同步字符或同步标志位相同比特序列时，需提供解决方案；适用于高速传输。尽管同步传输方式有很多优点，但由于软硬件费用过高，故更多用户采用异步传输方式。

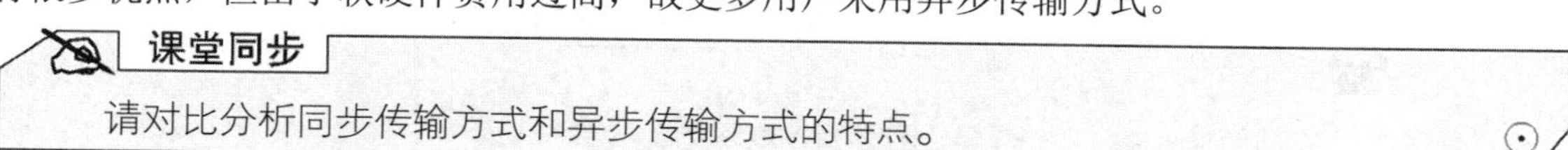

课堂同步

请对比分析同步传输方式和异步传输方式的特点。

2.4 数据交换技术

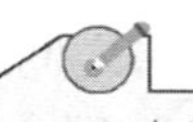

学习任务

（1）掌握电路交换技术。

（2）掌握报文交换技术。

（3）掌握分组交换技术。

通信子网由传输线路和中间节点组成，当信源和信宿间没有线路直接相连时，信源发出的数据先到达与之相连的中间节点，再从该中间节点传到下一个中间节点，直至信宿，这个过程称为交换。数据交换方式可以分为电路交换、报文交换和分组交换。

2.4.1 电路交换

知识点

电路交换。

电路交换（Circuit Switching）也称为线路交换，是一种直接的交换方式，它要求在通信的双方之间建立起一条实际的物理信道，并且在整个传输过程中，这条信道被独占，直到通信结束才释放。类似于传统的电话交换方式，如图 2-11 所示，A 和 D 通话所建立的电路。电路交换实现数据通信需经过建立连接、数据传输、释放连接 3 个步骤。

（1）建立连接

通过源节点请求完成交换网中相应节点的连接，建立起一条由源节点到目标节点的传输信道。

（2）数据传输

临时电路建立完成后，就可以在这条临时专用电路上传输数据，通常为全双工传输。

（3）释放连接

在完成数据传输后，发出释放请求信息，请求终止通信。若接收端接受释放请求，则发回释放应答信息，释放电路占用的资源。

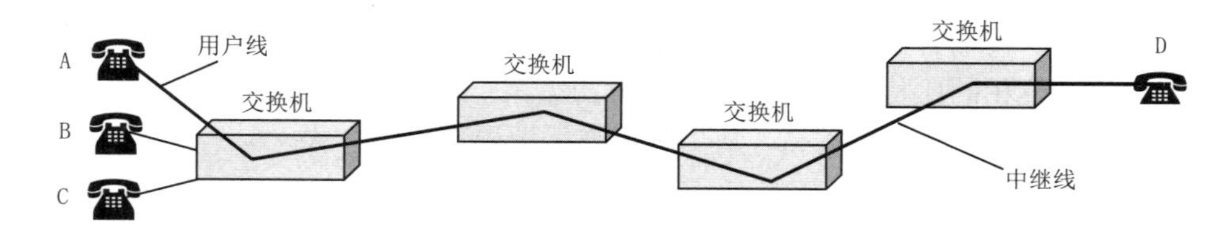

图 2-11 电路交换

电路交换的优点是实时性强、传输延迟小，通信一旦接通，不会发生冲突，而且保证信息传输顺序。电路交换的缺点是一旦建立连接，独占线路，造成信道浪费；建立和释放电路所花费的开销较大，适用于系统间要求高质量的大量数据的传输。

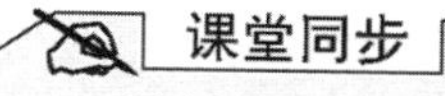

请结合传统电话交换，简述电路交换的工作过程。

2.4.2　报文交换

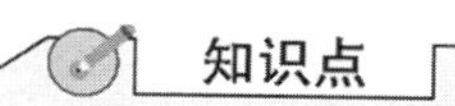

（1）报文交换。
（2）存储转发。

报文交换（Message Switching）方式传输数据时，每次要发送一个完整的报文，长度无限制。报文交换采取存储转发的原理，每份报文中含有目的地址，每个中间节点为根据报文中的目的地址选择合适的路径，最终到达目的地。报文交换与电路交换的工作原理不同，每个报文传送时，不需要建立连接和释放连接。报文交换克服了电路交换的缺点，通信多方共享一条传输信道，大大提高了信道利用率。

存储转发就是将待发送的数据先存入网络设备的缓存区并排队，再由网络设备按顺序转发出去，接着交换器把收到的报文信息存入缓冲区并输送进队列等候处理。交换器依次对输送进队列排队等候的报文信息作适当处理以后，根据报文的目标地址，选择合适的链路输出，最终报文送至计算机。

报文交换方式优点是信道利用率高，信道可被多个报文传输所共享。缺点是网络传输时延大，并且占用了大量的存储空间，不适用于要求系统安全性高的实时通信或交互通信。

课堂同步

对比分析电路交换和报文交换的特点。

2.4.3　分组交换

知识点

（1）分组交换。
（2）数据报和虚电路。
（3）面向无连接服务和面向连接服务。

分组交换（Packet Switching）采用了报文分组和存储转发技术，是计算机网络时代最常用的方式。它是综合了电路交换和报文交换两者优点的一种交换方式。发送数据时，发送端先将数据划分为一个个等长的单位，每个单位前面加上首部构成分组（也被称为包），依次把各个分组发送到接收端，在接收端再去掉首部，恢复为原来发送的报文，如图2-12所示。

在计算机网络中，绝大多数通信子网均采用分组交换技术。根据通信子网的内部机制不同，又可以把分组交换分为两类：面向连接的虚电路（Virtual Circuit）和面向无连接的数据报（Datagram）。

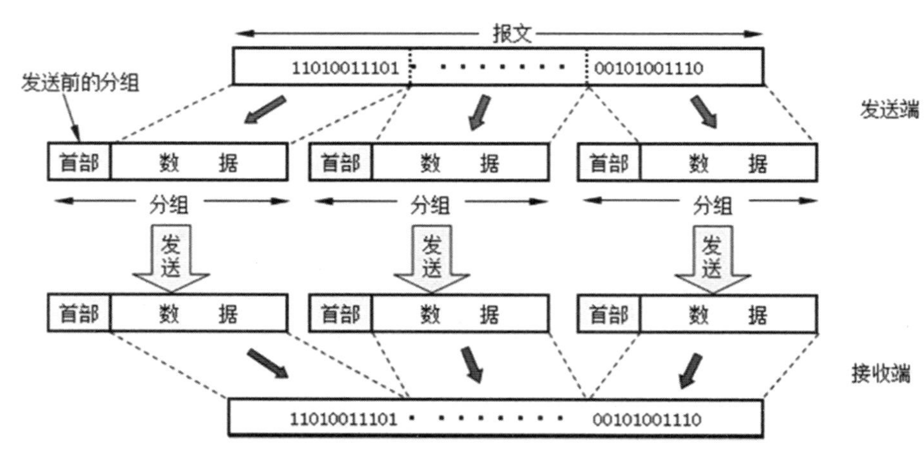

图 2-12 分组交换

（1）面向无连接和面向连接

1）面向无连接

面向无连接是指通信双方不需要事先建立一条通信线路，而是把每个带有目的地址的数据包或分组送到通信线路上，由系统自主选定路线进行传输。邮政系统是一个无连接的模式，天罗地网式的选择路线，天女散花式的传播形式。面向无连接提供的是一种不可靠的服务。这种服务常被描述为“尽最大努力交付”或“尽力而为”，实际上“尽最大努力交付”的服务属于“没有质量保证”的服务。

2）面向连接

面向连接就是通信双方在通信时，要事先建立一条通信线路，其过程有建立连接、使用连接和释放连接三个过程。面向连接服务提供的是可靠的服务，保证数据信息从源端到目的端有序地传输，避免分组丢失、重复和乱序，适合对数据传输要求比较高的数据传输。

（2）数据报和虚电路

1）数据报

数据报就是面向无连接服务。用数据报方式传送数据时，是将每一个分组作为一个独立的报文进行传送。每个分组是被单独处理的，每个分组称为一个数据报，每个数据报都携带地址信息。通信双方不需要事先建立连接。

如图 2-13 所示，若主机 H1 要将数据发送给主机 H5，发送端发送前，将数据分成 3 个分组，并加上首部，按顺序依次将分组发送到节点 A，节点 A 再对每个数据报作出路径选择。分组 1 选择的路径是 H1→A→B→E→H5，分组 2 选择的路径是 H1→A→B→D→E→H5，分组 3 选择的路径是 H1→A→C→E→H5。分组 3 有可能抢在分组 2 之前到达主机 H5。数据报方式具有以下几个特点：

① 同一个报文的不同分组可以经过不同传输路径通过通信子网；

② 同一个报文的不同分组到达目标节点时可能会出现乱序、重复和丢失现象；

③ 每个分组在传输过程中都必须带有目的地址和源地址，因此开销较大；

④ 数据报方式的传输延迟较大，适用于突发性通信，不适用于长报文、会话式通信。

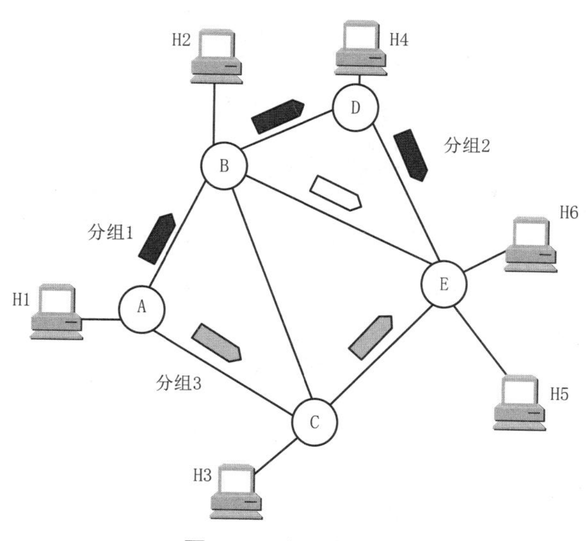

图 2-13　数据报方式

课堂同步

单选题：下列关于数据报交换方式的描述中，错误的是（　　）。

A. 提供的是可靠的，面向连接的服务

B. 同一报文的不同分组可以经过不同路径进行传输

C. 同一报文的每个分组中都需要有源地址和目的地址

D. 同一报文的不同分组可能不按顺序到达目标节点

2）虚电路

虚电路就是面向连接服务。这种分组交换的方式是利用统计复用的原理，将一条数据链路复用成多个逻辑信道。数据通信时，呼叫建立一条逻辑信道，数据信息沿着这条逻辑信道进行通信。由于这种通路是由逻辑信道构成的，并非实体的电路，所以叫作“虚电路”。

如图 2-14 所示，主机 H1 向主机 H5 发送数据。主机 H1 呼叫就建立虚电路 H1→A→B→E→H5， Hl 向 H5 传送的所有分组都必须沿着这条虚电路传输。与此同时，主机 H2 和主机 H6 通信通过呼叫建立虚电路 H2→B→E→H6。它们共用了 B-E 之间的链路。在数据传送完毕后，还要释放这条虚电路。虚电路方式主要有以下几个特点：

① 在分组传输之前，需要在源主机与目标主机之间建立一条虚电路；

② 一次通信的所有分组都通过虚电路顺序发送，每个分组不必带目的地址、源地址等信息；

③ 分组到达目标节点时不会出现丢失、重复与乱序的现象；

④ 分组通过虚电路上的每个节点时，节点只需要进行差错校验，不需要进行路由选择；

⑤ 通信子网中的每个节点可以与任何节点建立多条虚电路连接，即共享物理链路。

虚电路与数据报的主要区别，如表 2-1 所示。

数据交换方式比较，如图 2-15 所示，A 为信源，D 为信宿，B 和 C 为中间节点，P_1～P_4为四个分组。从图中可以看出，若要连续传送大量的数据，则电路交换传输效率较快。报文交换和分组交换无须预先分配传输带宽，在传送突发数据时可提高整个网络的信道利用率。分组交换比报文交换的时延小，也具有更好的灵活性。

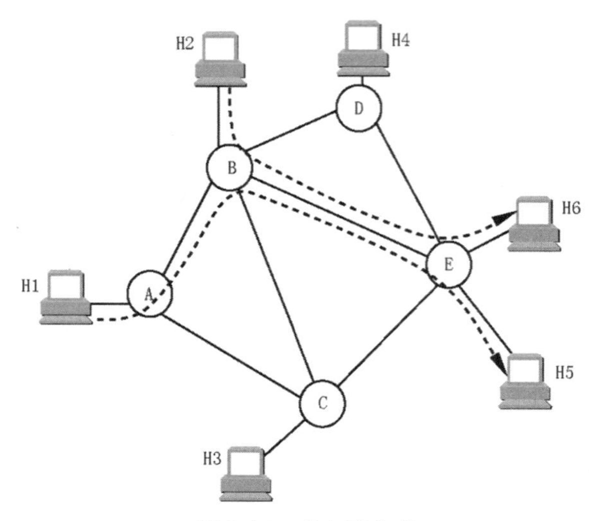

图 2-14　虚电路方式

表 2-1 虚电路与数据报的对比

项　目	数　据　报	虚　电　路
可靠性	面向无连接的“尽力而为”服务	面向连接的可靠服务
寻址方式	每个分组都有源端和目的端的地址	在连接建立阶段使用目的端地址，分组使用短的虚电路号
路由选择	每个分组独立选择路由	在虚电路建立好时进行，所有分组均按同一路由传输
节点失败的影响	出故障的节点可能会丢失分组，一些路由可能会发生变化	所有经过出故障的节点的虚电路均不能工作
分组的顺序	不一定按发送顺序到达目标节点	总是按发送顺序到达目标节点
端到端的差错处理	由主机负责	由通信子网负责
端到端的流量控制	由主机负责	由通信子网负责

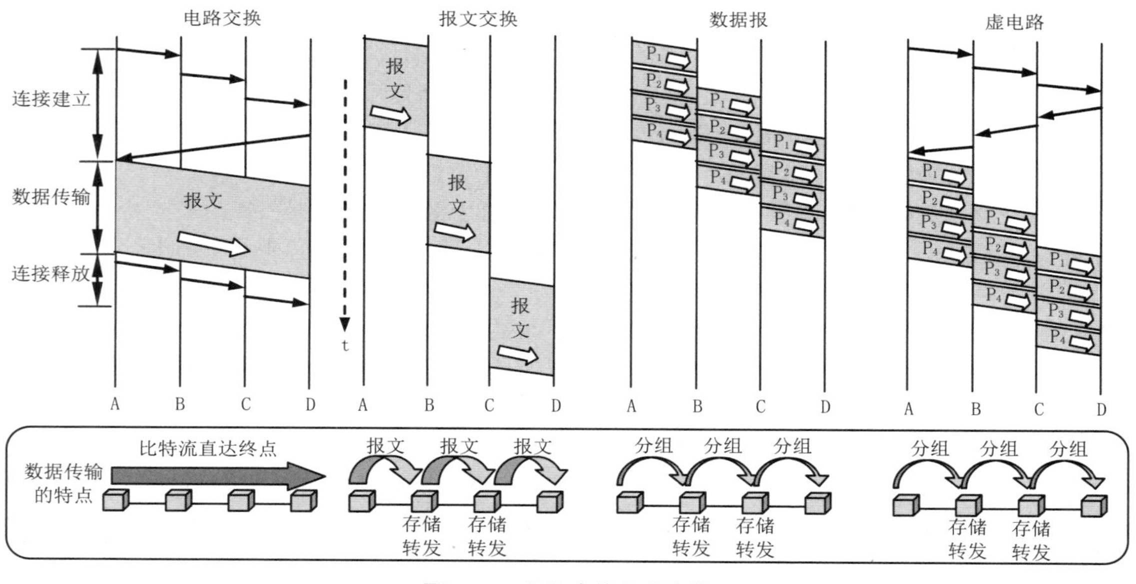

图 2-15　数据交换方式比较

提 示

从数据交换原理上来看，电路交换基于电路传输，属于同步传输方式；而报文交换、分组交换则是采用存储/转发模式，属于异步传输方式。

课堂同步

单选题：下列关于虚电路的描述中，错误的是（　　）。

A. 分组到达目标节点时，不会出现丢失、重复和乱序现象

B. 一个节点只能有一条虚电路

C. 虚电路在传输分组时需建立逻辑连接

D. 分组经过虚电路的节点时，节点不需要进行路由选择

2.5 差错控制

学习任务

了解差错控制技术。

数据传输控制技术主要包括差错控制、流量控制和拥塞控制，本单元介绍差错控制技术。有关流量控制和拥塞控制，请参考单元九中的“9.2.3 流量控制和拥塞控制”。

知识点

（1）差错控制和差错校验。

（2）检错码和纠错码。

（3）奇偶校验和循环冗余校验。

根据数据通信系统的模型，当数据从信源发出经过信道传输时，由于信道总存在着一定的噪声，数据到达信宿后，接收的信号可能存在数据信号和噪声信号的叠加。如果噪声对信号的影响非常大，就会造成数据传输错误。差错控制通过发现传输中的错误，来采取相应的措施。差错控制的核心是对传送的数据信息加上与其满足一定关系的冗余码，形成一个加强的、符合一定规律的发送序列。

差错校验，又称差错检测，是指采用特定手段发现并纠正传输错误，发现差错甚至能纠正差错的常用方法是，对被传送的信息进行适当的编码，给信息码元加上冗余码元，并使冗余码元与信息码元之间具备某种关系，然后将信息码元和冗余码元一起通过信道传输。接收端接收到这两种码元后，检验它们之间的关系是否符合发送端建立的关系，这样就可以检验传输中的差错，甚至可以纠错。加入的冗余码称为校验码。

校验码的分为检错码和纠错码。能校验差错的编码称为检错码，可以纠错的编码称为纠错码。检错码用来发现传输中的错误，但不能自动纠正所发现的错误。对应的差错控制措施为反馈重发纠错。常见的检错码有，奇偶校验码和循环冗余校验码（CRC，Cyclic Redundancy Check）。

可以纠错的编码称为纠错码，纠错码不仅能发现传输中的错误，还能利用纠错码中的信息

自动纠正错误。对应的差错控制措施为自动向前纠错。汉明码（Hamming code)为典型的纠错码，具有很高的纠错能力。差错控制采用得最广泛的方法是“反馈重发纠错”，发送端将检错码随同信息一起发送，接收端按发送端的方式进行计算，若发现错误，及时反馈给发送端，要求重发信息。计算机网络中，常用的差错校验有奇偶校验、循环冗余校验等。其中，循环冗余校验是数据链路层经常采用的技术。

（1）奇偶校验码

奇偶校验是一种通过增加冗余位使得码字中的“1”的个数为奇数或偶数的编码方法，它是一个检错码。采用奇偶校验码时，在每个字符的数据位（字符代码）传输之前，先检测并计算出数据位中“1”的个数（奇数或偶数），并根据使用的是奇校验还是偶校验来确定奇偶校验位是“0”还是“1”，然后将其附加在数据位之后进行传输。当接收端接收到数据后，重新计算数据位中包含“1”的个数，再通过奇偶校验位就可以判断出数据是否出错。

例如，假如某数据信息的部分二进制代码为1011011，其中有奇数个“1”，则：

奇校验方法：10110110 ，在信息码的后面，即校验位上加一个“0”变为奇数个“1”；

偶校验方法：10110111 ，在信息码的后面，即校验位上加一个“1”变为偶数个“1”。

奇偶校验的优点是简单、易实现，在位数不长的情况下常采用，但奇偶校验检错能力有限。奇偶校验只能用于面向字符的通信协议中，而且只能检测出奇数个比特位错。

（2）循环冗余码

循环冗余码是一种较为复杂的校验方法，它先将要发送的信息数据与通信双方共同约定的“生成多项式”进行算术运算，根据余数得出一个校验码，然后将这个校验码附加在信息数据帧之后发送出去。接收端在接收数据后，将包括校验码在内的数据帧再与约定的生成多项式进行除法运算，若余数为“0”，则表示接收的数据正确，若余数不为“0”，则表明数据在传输的过程中出错。校验码一般是16位或者32位的位串。CRC校验的关键是如何计算校验码。

课堂同步

感兴趣的读者，可以查阅相关资料，了解循环冗余校验的计算过程。

思考与练习

一、选择题

1. 下列数据为数字数据的是（　　）。
   A. 电话中的声音　　B. 电视节目
   C. 计算机中的数据　　D. 电压变化
2. 误码率是指二进制码元在数据传输系统中被传错的（　　）。
   A. 比特数　　B. 字节数
   C. 概率　　D. 速度
3. 在同一信道上的同一时刻，能够进行双向数据传输的通信方式是（　　）。
   A. 单工　　B. 半双工
   C. 全双工　　D. 以上三种均不是

4. 信号传输方式分为频带传输和（　　）。
A. 基带传输
B. 基本传输
C. 快速传输
D. 双向传输

5. 波特率单位为（　　）。
A. bit/s
B. Baud/s
C. 字节/秒
D. 以上都不对

6. 下列不属于存储转发方式的是（　　）。
A. 电路交换
B. 报文交换
C. 分组交换
D. 虚电路

7. FM 广播电台发出的信号是（　　）。
A. 数字信号
B. 模拟信号
C. 电信号
D. 混合信号

8. 关于异步通信和同步通信说法不正确的是（　　）。
A. 异步通信，开销大、效率低、适合低速传输
B. 异步通信控制简单，若传输有错，只需要重传出错的字符
C. 同步通信，开销大、效率低，适用于高速传输
D. 同步通信控制较复杂，一次传输出错，需重传整个数据块

9. 两台安装网卡的计算机利用电话线路传输数据时，需要的下列设备是（　　）。
A. 集线器
B. 调制解调器
C. 中继器
D. 放大器

10. 以下各项中，不是数据报特点的是（　　）。
A. 每个分组自身携带有足够的信息，它的传送是被单独处理的
B. 在整个传送过程中，不需要建立虚电路
C. 使所有分组按顺序到达目的端系统
D. 网络节点要为每个分组做出路由选择

11. 常用的数据传输速率单位有 Kb/s、Mb/s 和 Gb/s 等，如果局域网的数据传输速率为 100Mb/s，那么发送 1bit 需要的时间是（　　）。
A. 1×10^{-6}s
B. 1×10^{-7}s
C. 1×10^{-8}s
D. 1×10^{-9}s

12. 网络中数据传输出现差错具有（　　）。
A. 随机性
B. 确定性
C. 一致性
D. 连续性

二、填空题

1. 衡量数据通信速度的两个指标是（　　　　）和（　　　　）。

2. 串行通信分为（　　）和异步传输模式。

3. 数字信号利用 4 种有效状态传输 10,000,000 位信息位，因噪声导致 1 位出错，则误比特率是（　　），误码率是（　　）。

4. 分组交换技术可以分为（　　）方式和虚电路方式。

5. ARPANET 属于（　　）交换网。

三、名词解释

1. 数据　2. 信息　3. 信号　4. 数据通信　5. 基带传输
6. 频带传输　7. 波特率　8. 比特率　9. 信道容量　10. 信道带宽

四、简答题

1. 波特率和比特率的关系如何确定？
2. 什么是误码率？什么是误比特率？
3. 简单说明数据通信中单工、半双工和全双工通信方式的区别。
4. 数据交换技术包括哪些？各有什么特点？
5. 简述数据报和虚电路的区别。

单元 3 计算机网络体系结构

导　学

20 世纪 70 年代，世界上各个计算机生产商纷纷发展各自的计算机网络系统，网络体系结构多种多样，网络产品互不兼容，缺乏统一标准，影响了计算机网络的发展。但是，我们看到今天的计算机网络，呈现出 “历史不长，发展迅速”的开放标准化网络。这主要归功于计算机网络体系结构，它主要研究计算机系统的互联、计算机网络协议标准化等问题，是一个层次化模型。那么，什么是计算机网络体系结构，有哪些著名的网络体系结构，各层次的网络协议有哪些？通过本单元学习，让我们一起来认识计算机网络体系结构。

学习目标

【知识目标】

◇ 掌握计算机网络协议。

◇ 理解网络分层模型。

◇ 掌握 OSI 参考模型及各层功能。

◇ 掌握 TCP/IP 模型。

【技能目标】

◇ 能够使用模拟软件观察数据的封装和拆封过程。

◇ 能够理解 TCP/IP 模型在计算机网络中的应用。

3.1 计算机网络体系结构及协议概念

学习任务

（1）掌握协议的三要素。
（2）掌握计算机网络体系结构。

通过前面的学习，我们对数据通信有了一些了解。但事实上，仅仅有了数据通信，网络仍不能正常运行，还必须依靠网络协议。例如，如何进行数据封装和拆封，网络寻址等一系列问题，都需要通过协议来实现。而这些复杂的网络协议，采用分层结构设计思想，不但相互独立、灵活性好，而且便于实现。

3.1.1 网络协议

知识点

（1）协议。
（2）国际标准化组织：ISO、IEEE、IETF、ITU。

网络协议（Network Protocol）简称协议，是指诸如计算机、交换机、路由器等网络设备为了实现通信而必须遵从的、事先定义好的一系列规则、标准和约定。任何一个协议都需要解决三方面的问题，才算比较完整地构成了数据通信的语言。因此，语法、语义和时序又称为协议的三要素。

（1）语法（如何讲）。语法规定了进行通信的数据与控制信息的结构和格式，即对通信双方采用的数据格式、控制信息结构等进行定义。例如，报文中的内容的组织形式等。

（2）语义（讲什么）。语义主要解决通信中对报文每个部分的含义解释问题。例如，对发出的请求、执行的动作及对方应答等作出解释。

（3）时序（讲话次序）。时序用于解决何时进行通信，通信的先后顺序及适配速率等问题。

实例

网络协议是计算机网络通信不可缺少的组成部分。经常使用的网络通信协议有 HTTP（Hyper Text Transfer Protocol，超文本传输协议）、FTP（File Transfer Protocol，文件传输协议）、TCP（Transfer Control Protocol，传输控制协议）、IP（Internet Protocol，网际互联协议）、IEEE 802.3（以太网协议）等。

专门整理、研究、制定和发布开放性标准化协议的组织称为标准机构，如表 3-1 所示。

表 3-1 知名的国际化标准组织

标准机构	说　明	主要贡献
国际标准化组织（ISO，International Organization for Standardization）	ISO 是世界上最大的非政府性标准化专门机构，是国际标准化领域中一个非常重要的组织。ISO 的任务是促进全球范围内的标准化及其有关活动，以利于国际间产品与服务交流。由美国国家标准组织（ANSI），以及其他各国的国家标准组织的代表组成	开放系统互联参考模型（OSI 参考模型）

（续表）

标准机构	说　明	主要贡献
电气电子工程师协会（IEEE，Institute of Electrical and Electronics Engineers）	IEEE 是世界上最大的专业性技术组织之一。成立的目的在于，为电气电子方面的科学家、工程师、制造商提供国际联络交流的场合，并为他们提供专业教育、提高专业能力服务。由 IEEE 802 各委员会组成	IEEE 802 协议进行定义，如 IEEE 802.3（以太网使用的协议），IEEE 802.5（令牌环网使用的协议）
互联网工程任务组（IETF，Internet Engineering Task Force）	IETF 是全球互联网最权威的技术标准化组织，其主要任务是负责互联网相关技术规范的研发和制定	目前，绝大多数互联网技术标准都出自 IETF。著名 RFC（Request For Comments）标准体系制定与发布
国际电信联盟（ITU，International Telecommunications Union）	ITU 是主管信息通信技术事务的联合国的一个机构，也称“国际电联”。国际电联总部设于瑞士日内瓦，其成员包括 193 个成员国和 700 多个部门成员及部门准成员和学术成员。每年的 5 月 17 日是“世界电信日”	国际电联的《组织法》和《无线电规则》等

提 示

在网络通信领域中，“协议”“标准”“规范”等这些词是经常混用的。譬如，IEEE 802.3 协议、IEEE 802.3 标准、IEEE 802.3 协议规范、IEEE 802.3 协议标准、IEEE 802.3 标准协议、IEEE 802.3 标准规范、IEEE 802.3 技术规范等，说的都是一回事。

课堂同步

单选题：下列关于网络协议描述中，错误的是（　　）。

A. 为网络数据交换制定的规程和标准

B. 由语法、语义和时序三个要素组成

C. 采用层次模型结构

D. 语法是对通信事件实现顺序的详细说明

3.1.2　计算机网络体系结构

知识点

（1）分层模型。

（2）计算机网络体系结构。

计算机网络为人们提供了丰富的功能，是一个非常复杂的网络系统。为了减少计算机网络的复杂程度，通常人们采用“分而治之”的思路来解决问题，也就是将复杂的系统划分为若干个容易处理的子系统，通过分析和设计各个子系统，最终实现整个系统的功能。这种思想应用在计算机网络中，就是层次模型。

计算机网络体系结构通常指网络的层次结构及其协议的集合。体系结构就是这个计算机网络及其部件所应完成的功能的精确定义。实现是遵循这种体系结构的前提下用何种硬件或软件完成这些功能的问题。具体来说，分层的网络体系结构将计算机网络通信过程抽象为若干个有明确定义且易管理的层次，每层的功能及其提供的服务是明确的，每一层都使用下一层提供的服务，为上一层提供服务，各层次之间相互独立。使用层次结构的优点有：

（1）各层功能简单，便于实现与维护。把网络通信系统分解为若干个容易解决的子系统，降低了整个系统的复杂性，易于实现和维护；

（2）各层相对独立。每层不需要了解上层和下层的具体内容，只需要通过层间的接口了解其服务。只要层间接口不变，那么任何一层的变化都不会影响其上下层；

（3）各层关联不大，相对灵活。每一层都聚焦自己所在层的主要功能，不至于使问题发散，有助于制定相应的协议和标准。某一层协议的增加、减少、更新或变化，不至于影响其他层面协议的工作；

（4）更易于标准化，可以使用不同厂商的产品；

（5）更易于学习和理解。对学习和研究网络的人员来说，分层模型可以使整个网络工作机制及众多的网络协议之间的关系更加清楚明晰，易于学习和理解。

但是，有些功能会在不同的层次中重复出现，因而产生了额外开销。

提 示

（1）体系结构是抽象的，而实现则是具体的，是真正在运行的计算机硬件和软件。网络体系结构是计算机网络的一种抽象的、层次化的功能模型，不涉及具体的实现细节。网络体系结构仅告诉网络工作者应“做什么”。

（2）第一个网络体系结构是 IBM 公司 1974 年提出的 SNA（System Network Architecture），是早期最著名的网络体系结构。

课堂同步

单选题：通常将网络层次结构和各层协议统称为（　　）。

A. 网络拓扑结构　　B. 网络体系结构

C. 协议集　　D. 网络工程

3.2　OSI 模型

学习任务

（1）掌握 OSI 模型及各层功能。

（2）理解数据在通信终端中的封装与拆封过程。

早期网络体系结构多种多样，网络产品互不兼容，缺乏统一标准，影响了计算机网络的发展。开放式系统互连参考模型 OSI/RM（Open System Interconnection/Reference Model），简称 OSI 参考模型，是 ISO 于 1984 年为了解决网络之间的兼容性问题，实现网络设备间的相互通信而提出的标准框架。OSI 参考模型的出现，使世界范围内的计算机都能够按照统一的标准进行通信，极大地推动了网络技术的发展。

3.2.1　OSI 模型

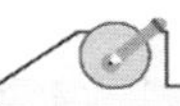

知识点

（1）OSI 模型。

（2）物理层、数据链路层、网络层、传输层、会话层、表示层和应用层。

OSI 模型采用层次结构，将整个网络的通信功能划分为 7 个层次，如图 3-1 所示，由下向上分别是物理层（Physical Layer）、数据链路层（Data Link Layer）、网络层（Network Layer）、传输层（Transport Layer）、会话层（Session Layer）、表示层（Presentation Layer）和应用层（Application Layer），每一层都负责完成某些特定的通信任务。

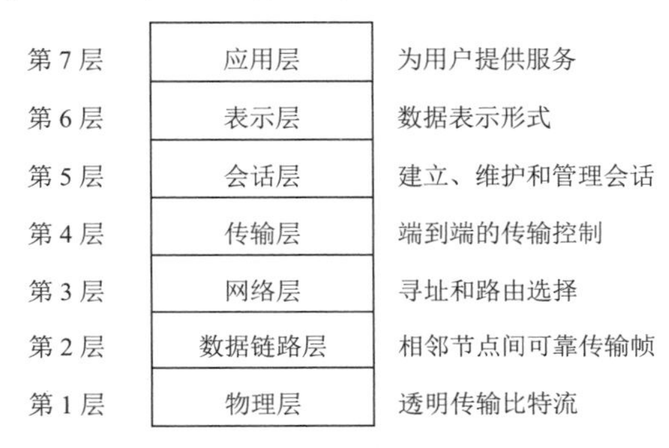

图 3-1　OSI 参考模型及其功能

（1）物理层

物理层处于 OSI 模型的最底层，向下直接与物理信道相连接，其功能是利用物理介质，为上一层提供物理连接，在终端设备之间透明传输比特流，即“0”和“1”组成的比特流，对上层数据链路层来说屏蔽了物理传输介质的差异。所以，物理层协议关心的典型问题是，使用什么样的物理信号来表示数据“1”和“0”；一比特的持续时间多长；是否可以同时在两个方向上进行数据传输；初始的物理连接如何建立及完成通信后如何终止；物理层与传输介质的连接接口（插头和插座）有多少引脚及各引脚的功能和动作时序等。物理层协议定义了通信传输介质的物理特性，主要包括机械特性、电气特性、功能特性和规程特性。

①机械特性：规定了物理连接时所需接线器的形状和尺寸、引脚数量和排列方式等。例如，EIA RS-232C 标准规定的 D 型 25 针接口——DB-25，其简化版本为 D 型 9 针——DB-9。

②电气特性：规定了物理连接上的导线的电压、电流范围等电气连接及有关电路特性。例如，EIA RS-232C 最大传输速率为 19.2Kb/s，最大传输距离不超过 15m。

③功能特性：规定了某条线路上出现某一电平的电压表示何种意义。

④规程特性：指明不同功能的各种可能事件的出现顺序

物理层传输的单位是比特，只负责传输比特流，并不知道比特流的具体含义。常见的物理层传输介质有同轴电缆、双绞线、光纤、电磁波等。

（2）数据链路层

数据链路层的主要功能是如何在不可靠的物理线路上，进行数据的可靠传输。数据链路层完成的是网络中两个相邻节点之间可靠的数据通信。为了保证可靠的数据通信，发送端把数据封装成帧（Frame），在网络节点间的线路上通过检测、流量控制和重发等手段，无差错地传送以帧为单位的数据。数据链路层关注的主要问题是拓扑结构、物理地址、寻址、数据帧有序传输和流量控制等。数据链路层的功能主要包括以下6项内容：

1）链路管理。当网络双方需要通信时，必须建立一条数据链路，在保证数据链路安全的条件下进行传输。通信过程中，维持数据链路状态，通信结束后释放数据链路，即建立、维持与释放数据链路。

2）帧同步。在数据链路层，数据以帧为单位进行传输。发送端要将比特流编组成帧，接收端需要识别帧开始与结束的位置，也就是帧同步。关于数据成帧的格式，请查阅单元5“5.2.2 以太网帧”。

3）寻址。数据链路层协议应该能标识介质上的所有节点，而且能够根据数据帧中携带的目的物理地址找到目标节点，以便将数据发送到正确目的地。

4）流量控制。为了确保数据的正常收发，防止数据过快发送引起接收端的缓冲区溢出及网络拥塞，必须控制发送端发送数据的速率。数据链路层控制的是相邻两个节点之间数据链路上的流量，如停止等待协议。

5）差错控制。由于物理层无法辨别和处理比特流传输时可能出现的错误。所以，在数据链路层需要进行以帧为单位的差错控制。为保证帧可靠的传输，在帧中带有校验字段，当接收端收到帧时，按照选定的差错控制方法进行校验，当发现差错时进行差错处理。常用的方法有帧校验序列（FCS，Frame Check Sequence）。

6）接入控制，多个终端设备可能同时需要发送数据，此时需要数据链路层协调各设备对资源的使用，即共享介质环境中的介质访问控制，当多个节点共享通信链路时，确定在某一时间内由哪个节点发送数据。

提 示

（1）在物理线路上，必须有通信协议来控制数据的传输，若把实现这些协议的硬件和软件加到链路上，就构成了数据链路。

（2）物理地址也称硬件地址，又称MAC地址，是由48位二进制组成的，在世界范围内是唯一的。形象地说，MAC地址就如同身份证号码，具有唯一性。

（3）网络层

在网络层，数据的传送单位是数据包（Packet，也称分组），网络层的主要功能是，选择合适的路由并转发数据包，使数据包能够从发送端到达接收端。网络层是实现不同网络的源节点与目标节点之间的数据包传输，而数据链路层只是负责同一个网络中的相邻节点之间的链路管理及帧的传输。因此，当两个节点连接在同一个网络中时，并不需要网络层，只有当两个节点分布在不同的网络中时，才会涉及网络层的功能。网络层的功能包括以下内容：

1）编址。网络层为每个网络节点分配一个网络地址，网络地址的分配为网络层的路由转发提供了基础。数据链路层中的物理地址是指在同一网络内部寻址的问题，当数据包从一个网络到另一个网络时，就需要使用网络地址。在网络层数据包首部包含了源节点和目标节点的网络地址。

2）路由选择。网络层一个重要的功能是，确定从源地址与目的地传送数据应如何选择路由。路由选择是根据一定的原则和算法在通信网络中选出一条通向目的地的最佳路径。实现网络层路由选择的设备是路由器。

3）流量控制和拥塞控制。数据链路层的流量控制是相邻 2 个节点之间的流量控制；而网络层的流量控制就是数据包从源节点到目标节点过程的流量控制。流量控制的作用是控制拥塞，避免死锁。在通信网络中由于出现过量的数据包而引起网络性能下降的现象称为拥塞。拥塞控制主要解决的问题是如何获取网络中发生拥塞的信息，利用这些信息并加以控制，以避免由于拥塞出现数据包丢失，以及严重拥塞而产生网络“死锁”的现象。为了防止出现拥塞和死锁，需要进行流量控制，通常可采用滑动窗口、预约缓冲区、许可证和包丢弃 4 种方法。

（4）传输层

传输层位于 OSI 模型的第四层，是最重要和最关键的一层，传输的数据单位是报文段（Segment），主要功能是完成网络中不同主机上的应用进程之间可靠的数据传输，即端到端可靠传输。传输层的功能包括以下内容：

1）为端到端连接提供可靠的传输服务；

2）为端到端提供流量控制、差错控制、重传等管理服务。

（5）会话层

会话层如同它的名字一样，具有建立、管理和终止会话的功能。传送的数据单位为会话协议数据单元（Session Protocol Data Unit）。会话协议的主要目的是提供一个面向用户的连接服务，并对会话活动提供有效的组织和同步所必需的手段，对数据传送提供控制和管理。会话也可以进行差错恢复的处理。例如，网络上常常使用的下载工具软件，支持断点续传功能，就是使用了会话层的这个功能，即可以从上次中断的地方继续下载。

（6）表示层

表示层负责一个系统应用层发出的信息能够被另外一个系统的应用层识别，最关键的是所传送信息的语法与语义。传送的数据单位为表示协议数据单元（Presentation Protocol Data Unit）。表示层按照双方约定的格式对数据进行编码和解码，从而保证使用相同表示层协议的各方能够正确地识别和理解信息。表示层还负责数据的加密和解密、压缩和解压等工作。

表示层服务的典型例子就是数据编码问题。表示层充当应用程序和网络之间的“翻译官”角色。

（7）应用层

应用层是 OSI 模型的最高层，直接为用户提供服务。传送的数据单位为应用协议数据单元（Application Protocol Data Unit）。它为用户应用程序和网络之间提供接口，直接与用户应用程序打交道。应用程序负责对软件提供网络服务，常用的网络服务包括文件服务、电子邮件服务、打印服务、网络管理服务、安全服务、虚拟终端服务等。

提 示

OSI 层次模型的低三层可看作是传输控制层，负责有关通信子网的工作，解决网络中的通信问题；高三层为应用控制层，负责有关资源子网的工作，解决应用进程的通信问题；传输层是通信子网和资源子网的接口，起到连接传输和应用的作用。

总之，OSI 模型是在其协议开发之前设计出来的，这意味着 OSI 模型不是基于某个特定的协议集而设计的，因而它更具有通用性。实际上，OSI 在协议实现方面存在某些不足。由于 OSI 设计得过于复杂，这也是其从未真正流行使用的原因所在。虽然 OSI 模型和协议并未获得巨大成功，但是 OSI 模型的贡献仍然是巨大的，OSI 的相关概念科学严谨，被广泛应用于

TCP/IP 中。故 OSI 模型对讨论计算机网络仍十分有用，是概念上的重要参考模型，在计算机网络的发展过程中仍然起到了非常重要的指导作用，它促进了计算机网络标准化发展。

课堂同步

多选题：以下关于 OSI 模型的描述中，错误的是（　　）。

A. OSI 模型定义了一个开放系统层次结构

B. OSI 模型定义了各层所包括的可能服务

C. OSI 模型定义了各层接口的实现方法

D. 物理层完成了比特流的传输

E. 数据链路层用于保证端到端的帧可靠传输

F. 网络层为分组通过通信子网选择合适的传输路径

G. 应用层处于 OSI 模型的最高层，为用户提供服务

H. 不同节点的对等层具有相同的功能和协议

I. 上一层为下一层提供所需的服务

3.2.2 OSI 模型中的数据通信过程

知识点

（1）封装。

（2）拆封。

为了能够将数据正确地从一台主机传送到另一台主机，就需要含有控制信息，当传送到下层时，控制信息被加入数据中，完成封装过程。封装是指网络节点将要传送的数据用每一层对应的特定协议打包后传送，多数是在原有数据之前加上协议首部来实现的，也有些协议还需要在数据之后加上协议尾部。例如，如图 3-2 所示，主机 A 发送数据到应用层，应用层协议需要在数据前面加上协议首部 H7，封装成新的应用协议数据单元，然后再传输到表示层，表示层协议继续将协议首部 H6 加在应用协议数据单元中，封装成表示协议数据单元，继续向下发送，以此类推。

拆封是封装的逆过程，就是将原来增加协议首部去掉，将原始的数据发送给目标应用程序。如图 3-2 所示，数据到达接收端主机 B 的数据链路层，就要去掉帧头 H2 和帧尾 T2，继续传送给网络层。发送端每一层都要对上一层传输来的数据进行封装，并传输给下一层；而接收端每一层都要对本层封装的数据进行拆封，并传输给上一层。

在 OSI 模型中，数据发送和接收流程如下：数据从发送端的应用层开始逐层封装、流向低层，直至到达物理层后成为“0”和“1”组成的比特流，然后再转换为电信号或光信号等形式，在通信介质上传输至接收端，在接收端则由物理层开始逐层拆封、流向高层，直至到达应用层，还原为发送端所发送的数据信息。例如，当主机 A 要发送数据给主机 B 时，其实际传输路线是从主机 A 的应用层开始逐层进行封装，自上而下传输到物理层，再通过传输介质以电信号或光信号传输到主机 B 端的物理层，然后逐层拆封，再自下而上，最后到达接收端主机 B。

从用户来看，通信是在主机 A 和主机 B 之间进行的。但实际上，信息并不是从主机 A 的应用层直接传送至主机 B 的应用层，而是发送端的逐层封装，自上而下到传输介质；然后，接

收端逐层拆封，直至应用程序。即在 OSI 模型中，终端主机的每一层都与另一方的对等层进行通信，但是这种通信并不是直接进行的，而是通过下一层为其提供的服务来间接实现对等层的通信。所以，协议是水平的（对等层之间的通信由该层协议负责管理，每一层使用自己的协议，只处理本层事情，与其他层无关），服务是垂直的（每一层利用下一层提供的服务与对等层通信）。

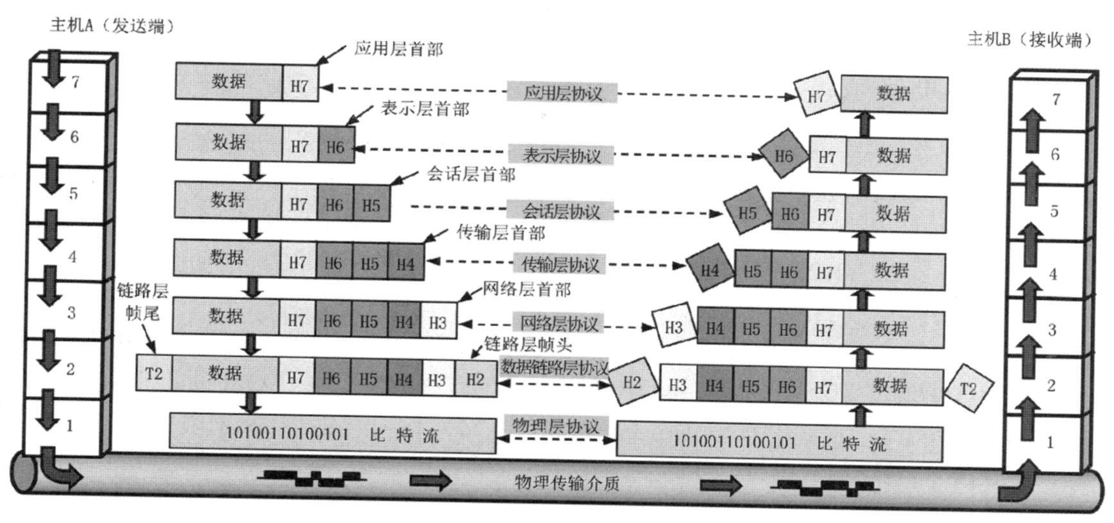

图 3-2 OSI 模型中数据通信过程

综上所述，OSI 参考模型的层次划分原则是，网络中各节点都具有相同的层次，不同节点的同等层具有相同的功能，同一节点内相邻层之间通过接口通信，每一层使用下层提供的服务，并向上层提供服务，不同节点的同等层按照协议实现对等层之间的通信。

OSI 模型是一个开放式系统互联的分层结构，同时也是一种抽象结构，而不是具体实现的描述；网络中各节点都具有相同的层次，不同端的相同层具有相同的功能。从目前来看，OSI 模型并不很成功。由于该模型过于追求全面和完美，复杂而不实用，且缺乏市场经验和商业驱动，最终没能投入使用。而 TCP/IP 参考模型，从一开始就追求实用，反而成为今天事实上的工业标准。

提 示

OSI 模型是一个“理想模型”，TCP/IP 模型才是事实上的网络通信标准，即“实用模型”。

课堂同步

请简述当你使用浏览器浏览校园网主页时，数据在 OSI 模型中的通信过程。

3.3 TCP/IP 模型

学习任务

（1）掌握 TCP/IP 模型及各层功能。
（2）了解 TCP/IP 协议栈中的主要协议。

尽管 OSI 模型得到了全世界的认同，但是并没有真正流行使用。目前，真正意义上流行使用的层次模型是 TCP/IP 模型。TCP/IP 模型采用层次化结构，是开放式协议标准。

3.3.1 TCP/IP 模型

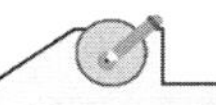

知识点

（1）TCP/IP 模型。

（2）网络接口层、网络层、传输层和应用层。

美国国防部高级研究计划局研究不同类型计算机网络之间的互联问题，并成功地开发出著名的 TCP/IP，它是 ARPANET 网络结构的一部分，提供了连接不同厂家计算机的通信协议。事实上，TCP/IP 通信标准是由一组通信协议组成的协议族。其中，两个主要的协议是 TCP 和 IP。

TCP/IP 协议是先于 OSI 模型开发的。但是，OSI 模型的制定，也参考了 TCP/IP 协议族及其分层体系结构的思想。而 TCP/IP 模型在不断发展的过程中也吸收了 OSI 标准中的概念及特征。与 OSI 模型相比，TCP/IP 模型简化了层次设计，它只有 4 个层次，从下向上分别为网络接口层、网络层、传输层和应用层，如图 3-3 所示。

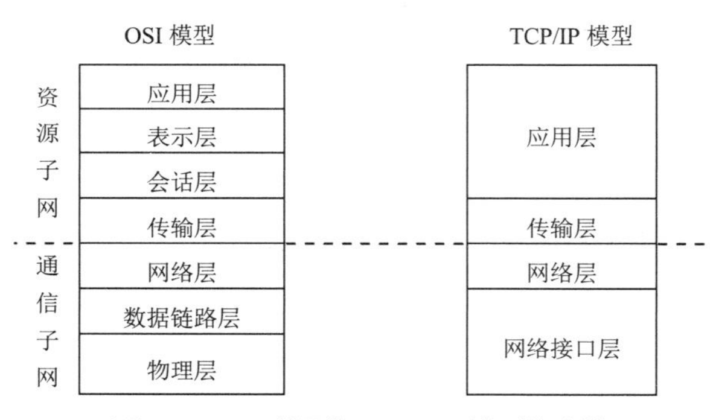

图 3-3　OSI 模型与 TCP/IP 模型的比较

（1）网络接口层

网络接口层是 TCP/IP 参考模型中的最底层，对应着 OSI 的物理层和数据链路层。网络接口层负责处理与传输介质的细节，为上一层提供一致的网络接口。该层没有定义任何实际协议，只定义了网络接口，任何已有的数据链路层协议和物理层协议都可以用来支持 TCP/IP。

该层中所使用的协议大多是各通信子网固有的协议，这些网络接口层技术包括以太网（IEEE 802.3 协议）、令牌环网（IEEE 802.5 协议）等局域网技术，用于串行连接的 HDLC（高级数据链路控制）、PPP（点对点协议）等技术，以及常见的分组交换网（X.25 协议）、帧中继及分组交换技术。

（2）网络层

网络层又称网际层、IP 层，是 TCP/IP 参考模型的核心，主要功能是将源主机的数据正确传输到目标主机。源主机和目标主机可以在同一个网络中，也可以在不同的网络中。网络层使用 IP 地址表示网络节点，使用路由协议生成路由信息，并且根据路由信息实现数据包的转发，使数据包能够传输到目标节点。TCP/IP 模型的网络层与 OSI 模型的网络层功能相似，提供了数据成包、路由选择、流量控制和拥塞控制等。

（3）传输层

TCP/IP 模型的传输层与 OSI 模型的传输层类似，主要负责为两台主机上的应用进程提供端到端的通信，使源主机和目标主机上的应用进程可以进行会话。常见的传输层协议有 TCP 和 UDP（User Datagram Protocol，用户数据报协议）。在端到端的通信中，使用 TCP 可以提供面向连接的可靠的通信服务，也可以使用 UDP 提供的无连接不可靠的通信服务。

（4）应用层

应用层是最高层，对应 OSI 模型中的会话层、表示层和应用层。也就是说它与 OSI 模型中的高三层功能相似，提供网络服务。应用层协议很多也较复杂，向用户提供一组常用的应用程序，如文件传送、电子邮件等。

TCP/IP 参考模型数据通信过程与 OSI 参考模型数据通信过程非常相似，这里不再赘述。

提 示

TCP/IP 模型的简洁性和实用性使得它成为事实上的国际标准，主要体现在它不仅把网络层以下部分留给实际网络，而且将高层部分和应用进程结合在一起，形成了统一的应用层。

课堂同步

请简述当你使用浏览器浏览校园网主页时，数据在 TCP/IP 模型中的通信过程。

3.3.2　TCP/IP 协议栈

知识点

（1）网络层协议：IP、ICMP、IGMP、ARP、RARP。
（2）传输层协议：TCP、UDP。
（3）应用层协议：SMTP、FTP、DNS、SNMP、NFS、HTTP、Telnet。

TCP/IP 模型并非只有 TCP 和 IP 两个协议，而是包含了很多其他协议，这点与 OSI 模型不同，在 TCP/IP 模型中，除了网络接口层外，其他每层都有具体的协议（技术），这些协议共同构成了 TCP/IP 协议栈，如图 3-4 所示。

（1）网络层协议

IP 协议是网络层核心协议，是一个面向无连接的协议，以数据包的形式向传输层提供尽最大努力交付服务。IP 协议定义了网络层分组格式，其中包括 IP 地址寻址方式。众所周知，不同网络技术主要区别通常体现在数据链路层和物理层，而 IP 协议则能将不同的网络技术在 TCP/IP 模型的网络层进行统一，以统一的 IP 数据报传输提供对异构网络互联的支持。IP 协议使得互联起来的许多计算机可以相互通信。

网络层还有其他辅助协议，更好地完成网络数据通信。它们是 ICMP、IGMP、ARP 和 RARP。

1）ICMP（互联网控制消息协议，Internet Control Message Protocol）为 IP 协议提供差错报告。由于 IP 是无连接的，且不进行差错检验，当网络上发生错误时它不能检测错误。向发送 IP 数据报的主机汇报错误就是 ICMP 的责任。ICMP 能够报告的一些普通错误类型有目标无法到达、超时等。

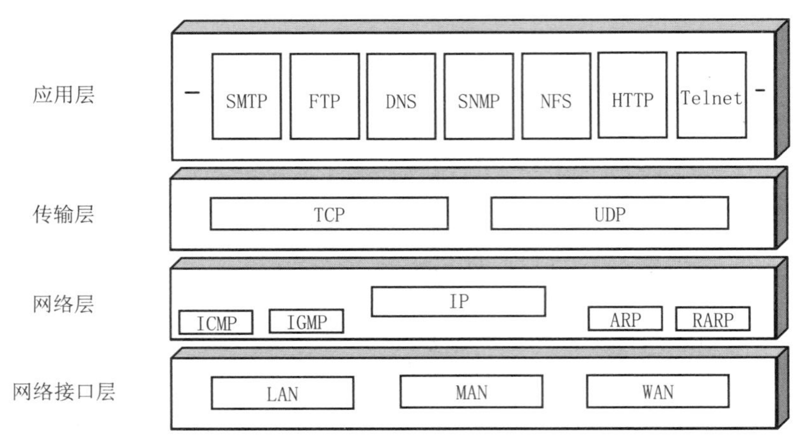

图 3-4　TCP/IP 协议栈

2）IGMP（互联网组管理协议，Internet Group Management Protocol）负责点到多点的数据包传输。因为 IP 协议只是负责网络中点到点的数据包传输，所以点到多点的数据包传输则要依靠 IGMP 完成。

3）ARP（地址解析协议，Address Resolution Protocol）和 RARP（反向地址解析协议，Reverse Address Resolution Protocol）。为了使设备之间能够相互通信，源节点需要目标节点的 IP 地址和 MAC 地址。当一台设备试图与另外一台已知 IP 地址的设备通信时，就必须确定对方的 MAC 地址。使用 TCP/IP 协议栈中的 ARP 可以自动获得 MAC 地址。ARP 允许主机根据 IP 地址查找 MAC 地址。反过来，一台网络设备或工作站可能知道自己 MAC 地址，但是不知道自己的 IP 地址，为获取 IP 地址，网络设备会发送 RARP 请求，RARP 服务器从现实做好的 MAC 地址和 IP 映射表中，查出该 IP 地址，发回给网络设备。这样网络设备就获取了 IP 地址。也就是说 RARP 允许主机根据 MAC 地址获取 IP 地址。

（2）传输层协议

传输层的主要协议有 TCP 和 UDP。

1）TCP 协议是可靠的、面向连接的协议，通过建立连接、数据传输和释放连接来保证数据可靠的传输。TCP 协议还要完成流量控制和差错检验的任务。

2）UDP 是一种不可靠的、无连接的协议。UDP 不能提供可靠的数据传输，不进行差错检验，它的可靠性和差错控制由应用层来完成。优点是协议简单、额外开销小、效率较高；缺点是不保证正确传输，也不排除重复信息的发生。虽然 UDP 与 TCP 相比，显得并不可靠，但在一些特定的环境下还是非常有优势的。

（3）应用层协议

在 TCP/IP 模型中，应用层为用户提供了许多应用程序，而且不断有新的协议加入，应用层常用的协议有以下几个：

1）HTTP（超文本传输协议）：是 Internet 最为广泛的一种网络传输协议，是 WWW 服务支撑协议之一；

2）FTP（文件传输协议）：提供交互式文件传输服务，使用 TCP 提供可靠、面向连接的文件传输。适合远距离、可靠性较差的线路上的文件传输；

3）TFTP（简单文件传输协议，Trivial File Transfer Protocol）：也用于文件传输服务，但是使用 UDP 提供不可靠、无连接的文件传输。通常用于局域网内部文件传输；

4）Telnet（远程终端协议）：实现远程登录功能，客户端与远端服务器建立连接使用的标准终端仿真协议；

5）SMTP（简单邮件传输协议，Simple Mail Transfer Protocol）：负责电子邮件的传递；

6）DNS（域名服务，Domain Name System）：实现域名与 IP 地址之间的转换；

7）DHCP（动态主机配置协议，Dynamic Host Configuration Protocol）：实现对主机的 IP 地址自动分配和配置工作；

8）SNMP（简单网络管理协议，Simple Network Management Protocol）：负责网络设备监控和维护，支持安全管理和性能管理等；

9）RIP（路由信息协议，Routing Information Protocol）：负责路由信息的交换；

10）NFS（网络文件系统，Network File System）：实现主机之间的文件系统的共享，能使使用者访问网络上别处的文件就像在使用自己的计算机一样。

课堂同步

多选题：下列关于 TCP/IP 模型的描述中，错误的是（　　）。

A. TCP/IP 是一种开放的协议标准

B. DNS、FTP、ICMP、ARP 和 RARP 都属于应用层协议

C. TCP 报文段和 UDP 报文都要通过 IP 来发送和接收的

D. TCP 提供的是可靠的面向连接服务

E. UDP 提供的是可靠的面向无连接服务

F. 传输层提供的是可靠的端到端服务

G. TCP/IP 模型可以分为 4 个层次，其中网络接口层对应 OSI 模型的物理层和数据链路层

3.4 OSI 模型与 TCP/IP 模型的比较

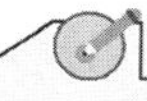

知识点

OSI 模型和 TCP/IP 模型的相同点和不同点。

TCP/IP 模型比 OSI 模型更流行，两者相比存在不少相同点和不同点。TCP/IP 模型和 OSI 模型都采用了层次结构的思想，不过层次划分的方式有所不同，但是两者都不完美，存在一定的缺陷。OSI 模型的主要问题是定义复杂、实现困难，有些相似的功能出现在多个层中，效率低。TCP/IP 模型的问题是网络接口层并不是实际的一层，每层的定义与其实现方法没能区别开来，而且在服务、接口与协议的区别上不太清楚。

（1）相同点

1）都采用了分层结构，并且工作模式一样，都要求层与层之间具备明确的层间接口；

2）各层次的功能大体上相似，有相同的网络层、传输层和应用层；

3）都使用了分组交换（也称包交换）技术；

4）都能够提供面向连接和无连接两种通信服务机制。

（2）不同点

1）TCP/IP 模型结构比较简单、分层少、实现容易；OSI 模型结构严密、概念清晰，体系结构完整、学术价值高。

2）TCP/IP 模型是在网络发展的实践中不断完善起来的，依据协议栈的 TCP/IP 模型建立在已有协议的基础上，有厚实的实践基础，协议和模型相对吻合，也就是“协议出现在前，模型发布在后”。OSI 模型是基于理论上的设计，实用价值不高，但学术价值较高。

3）OSI 模型是 7 层模型，TCP/IP 模型只有 4 层。TCP/IP 模型将 OSI 模型的表示层、会话层和应用层合并为一个应用层；OSI 的 7 层协议体系结构的概念清楚，理论也较完整，复杂不实用。TCP/IP 是 4 层体系结构实用，网络接口层并没有具体内容。

4）TCP/IP 建立之初就遇到网络管理问题并加以解决，所以 TCP/IP 协议具有较强的网络管理功能。OSI 模型在后来才考虑到此问题。

5）OSI 模型最重要的贡献是制定和规范了服务、接口和协议这 3 个概念，使它们互不混淆。TCP/IP 在这方面还有所欠缺。

6）市场上实际应用不同。OSI 模型只是理论上的模型，没有成熟的产品，是“理想标准”。TCP/IP 模型已成了网络互联的事实标准，是“事实上的国际标准”。

提 示

对于计算机网络的学习者而言，一般综合 OSI 模型和 TCP/IP 模型的优点，可采用一种包含 5 层协议的体系结构阐述网络层次的概念，如图 3-5 所示，这 5 层结构就是将 TCP/IP 模型的网络接口层看作是 OSI 模型的物理层和数据链路层，其他层次不变。

OSI 模型	TCP/IP 模型	五层协议的体系结构
应用层	应用层	应用层
表示层		
会话层		
传输层	传输层	传输层
网络层	网络层	网络层
数据链路层	网络接口层	数据链路层
物理层		物理层

图 3-5　OSI 模型、TCP/IP 模型与五层协议的体系结构

课堂同步

请简述 OSI 模型和 TCP/IP 模型的区别。

思考与练习

一、选择题

1. 计算机网络的体系结构是指（　　）。

A. 计算机网络的分层结构和协议的集合　　B. 计算机网络的连接形式

C. 计算机网络的协议集合　　D. 由通信线路连接起来的网络系统

2. OSI模型是由（　　）研究制定的。

A. ISO　　B. IEEE　　C. ITU-T　　D. CCITT

3. TCP和IP分别工作于TCP/IP模型中的（　　）。

A. 传输层，网络层　　B. 网络层，网络层

C. 传输层，应用层　　D. 网络接口层，网络层

4. 在OSI模型中，（　　）可实现数据压缩功能。

A. 应用层　　B. 表示层　　C. 会话层　　D. 网络层

5. OSI 模型的（　　）可提供文件传输服务。

A. 应用层　　B. 数据链路层　　C. 传输层　　D. 表示层

6. 网络层的主要功能是（　　）。

A. 寻址和路由选择　　B. 差错控制

C. 可靠进行数据传输　　D. 以上都不正确

7. TCP/IP协议集中，ICMP是（　　）协议。

A. 应用层　　B. 传输层　　C. 网络层　　D. 网络接口层

8. IP协议提供是（　　）服务。

A. 不可靠服务　　B. 可靠服务　　C. 面向连接服务　　D. 以上都不是

9. TCP/IP模型中网络接口层对应于OSI模型的(　　)。

A. 应用层　　B. 物理层和数据链路层

C. 网络层　　D. 网络接口层

10. 地址解析协议ARP属于TCP/IP模型的（　　）。

A. 网络层　　B. 网络接口层　　C. 传输层　　D. 应用层

11. 在TCP/IP协议中，传输层负责为（　　）层提供服务。

A. 网络层　　B. 网络接口层　　C. 传输层　　D. 应用层

12. 在TCP/IP模型中，提供无连接服务的传输层协议是（　　）。

A. UDP　　B. TCP　　C. ARP　　D. ICMP

13. 传输层的主要功能是实现源主机和目标主机对等实体之间的（　　）的通信服务。

A. 点到点连接　　B. 端到端连接　　C. 物理连接　　D. 网络连接

14. TCP/IP与OSI参考模型相比，说法不正确的是（　　）。

A. TCP/IP模型将OSI模型的表示层、会话层和应用层合并为一个应用层

B. OSI模型结构严密，理论性强，学术价值高。而TCP/IP相对简单，实用性更强。

C. TCP/IP模型是先有协议，后有模型。

D. OSI 是国际标准，目前市场上网络产品都是按 OSI 模型实现的。

二、填空题

1. OSI 参考模型分为（　　）层，TCP/IP 参考模型分为（　　）层。

2. 物理层的协议数据单元是（　　）、数据链路层的协议数据单元是（　　）、网络层的协议数据单元是（　　）。

3. 计算机网络协议的 3 要素是（　　　）、（　　　）、（　　　）。

4. 物理层对通信设备和传输媒体之间使用的接口做了详细的规定，主要的 4 个特性是（　　　）、（　　　）、（　　　）、（　　　）。

5. 根据 OSI 模型和 TCT/IP 模型及协议栈，请补充表格中空缺项。

<table>
<tr><th>OSI 模型</th><th colspan="2">TCP/IP 模型及协议栈
（名称和主要协议）</th></tr>
<tr><td>应用层</td><td rowspan="3">应用层</td><td rowspan="3">FTP、SNMP、SMTP、HTTP 等</td></tr>
<tr><td>表示层</td></tr>
<tr><td></td></tr>
<tr><td>传输层</td><td>传输层</td><td>TCP、UDP</td></tr>
<tr><td>网络层</td><td></td><td></td></tr>
<tr><td></td><td rowspan="2">网络接口层</td><td rowspan="2">X.25、帧中继</td></tr>
<tr><td>物理层</td></tr>
</table>

三、简答题

1. 什么是网络协议？

2. 什么是计算机网络体系结构？为什么要定义网络体系结构？

3. 画图对比 OSI 模型和 TCP/IP 模型，并简述 OSI 模型各层的主要功能。

4. 什么是面向连接服务？什么是无连接服务？

5. 在 TCP/IP 协议栈中各层有哪些主要协议？

单元 4 网络传输介质与综合布线基础

导　学

网络传输介质狭义上是指计算机网络的传输线路，它连接了网络上的相关设备，是计算机网络通信的基础。组建一个网络时，网络设备之间的互连选择何种传输介质、如何进行综合布线、布线遵循什么标准等，都需要网络设计者进行充分考虑。因此，对于初学者来说，在掌握网络基础知识的基础上，还需要进一步学习常见的网络传输介质和综合布线方面的知识。通过本单元的学习，让我们一起来了解网络传输介质和综合布线的基础知识。

学习目标

【知识目标】

◇ 掌握双绞线的特性及其应用。

◇ 掌握光纤的传输特性及适用场合。

◇ 理解无线传输介质的特性及适用场合。

◇ 了解综合布线的基础知识。

【技能目标】

◇ 具备制作和测试双绞线的能力。

◇ 能够正确选择网络传输介质。

◇ 认识常见的网络综合布线产品。

4.1 有线传输介质

学习任务

（1）掌握双绞线的特性及应用。
（2）了解同轴电缆的特性及应用。
（3）掌握光纤的传输特性及应用。

网络传输介质是网络中传输数据、连接各网络节点的实体，是网络传输数据的载体和物理基础，它位于OSI模型的物理层。在传输介质选型中，重点考虑以下特性。

（1）物理特性：即对传输介质物理结构的描述，包括传输介质的物质构成、几何尺寸、机械特性和物理性质等。

（2）传输特性：即传输介质传送的是数字信号还是模拟信号，包括传输距离（在失真允许范围内所能达到的最大距离）、传输速率、信道容量、衰减特性和适用范围等。例如，双绞线的最大传输距离一般是100m。

（3）抗干扰性：干扰性是指在介质内传输信号时对外界产生的影响。抗干扰性是指在介质内传输信号时对外界噪声干扰的承受能力。它可以防止外界噪声或电磁干扰对传输性能的影响，良好的传输介质应具有较高的抗干扰能力。

网络传输介质的特性决定了传输数据的质量，可分为两大类，分别是导向传输介质和非导向传输介质，也称为有线传输介质和无线传输介质。在导向传输介质中，电磁波被导向沿着固体媒体（铜线或光纤）传播，如双绞线、同轴电缆、光纤。而非导向传输介质则不能将信号约束在某个空间范围之内，一般指在自由空间通过电磁波进行无线传输，如无线电波、微波、红外线。下面将详细介绍一些常用的传输介质的特性及应用。

4.1.1 双绞线

知识点

（1）双绞线。
（2）UTP和STP。
（3）568A和568B。
（4）交叉线和直通线。

双绞线是局域网中最基础、最常用的传输介质。双绞线由具有绝缘保护层的4对8芯双绞线组成，每两条相互绝缘的导线按照一定的规格缠绕在一起，称为一个线对。两根绝缘隔离的铜导线按一定密度相互绞合在一起，可降低信号干扰，每根导线在传输中外溢辐射的电波不会影响其他平行线上传输的电波。不同类别的双绞线对具有不同的扭绞长度，能够较好地降低信号的干扰辐射。双绞线的结构如图4-1所示。

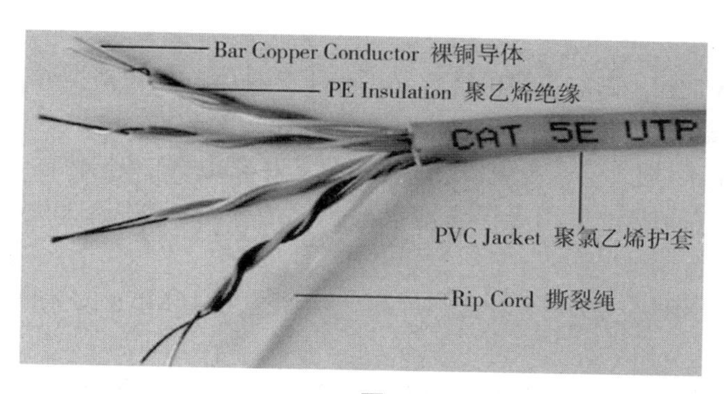

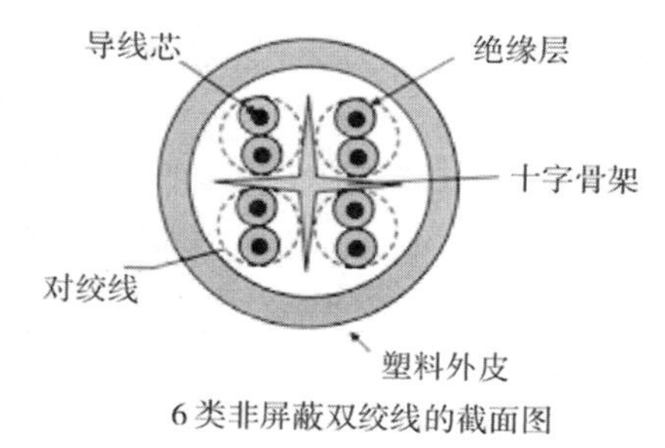

6类非屏蔽双绞线的截面图

图4-1　双绞线的结构及6类双绞线截面图

实例

通常，在双绞线的外护套上，大约每隔两英尺就可以看到类似“AMP NETCONNECT CATEGORY 5e CABLE E 130341300 24AWG CM （UL） VERFIED TO CATEGORY 5e 0000300FT”的标注，含义如下。

（1）AMP NETCONNECT CATEGORY 5e CABLE E：说明这是AMP公司生产的CAT 5e（超5类）双绞线。

（2）130341300：表示产品的编号。

（3） 24AWG：“AWG”是指该双绞线横截面直径、单位长度导线的质量、单位长度导线的直流电阻等参数符合24AWG规定的值。AWG的值越小，代表导线的直径越大。

（4）CM（UL）：说明该双绞线符合UL（美国保险商实验室）及NEC认证标准，其中CM表示的是NEC（美国国家电气规范）耐火等级。

（5）VERFIED TO CATEGORY 5e：表示该双绞线符合CAT 5e的要求。

（6）0000300FT：为双绞线长度标记，指出纸箱中或卷轴上还剩300英尺的双绞线，可以帮助施工技术人员确定包装中剩余双绞线的长度（国内以m为单位进行标注）。

双绞线作为一种价格低廉、性能优良的传输介质，在综合布线系统中被广泛应用于水平分布房间之间的布线。双绞线可提供高达10Gb/s的传输带宽，不仅可用于数据传输，还可以用于语音和多媒体传输。

（1）双绞线的类型

双绞线可以分为非屏蔽双绞线（Unshielded Twisted Pair，UTP）和屏蔽双绞线（Shielded Twisted Pair，STP）。为增强双绞线的抗干扰能力，通常在双绞线外部加上一层金属箔（或金属丝网）作为屏蔽层，这种双绞线称为屏蔽双绞线。这些屏蔽层有助于去除环境干扰，将干扰信号导入地下并消除。没有屏蔽层的双绞线称为非屏蔽双绞线，如图4-2所示。

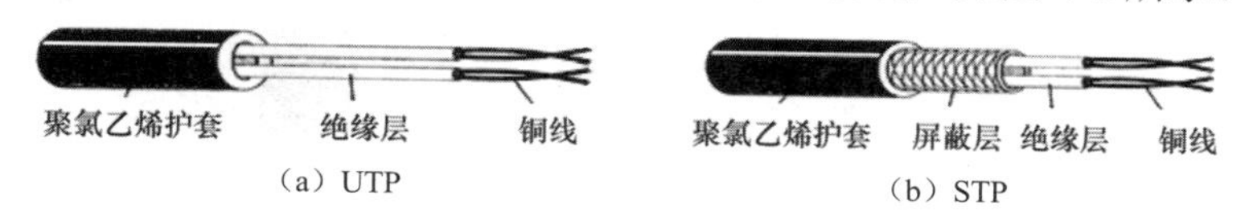

（a）UTP　　（b）STP

图4-2　非屏蔽双绞线和屏蔽双绞线

非屏蔽双绞线最初是为模拟语音通信设计的，现在同样可以传输数字信号，特别适合较短距离的信息传输。

屏蔽双绞线传输速率高，安全性好，抗干扰能力强，价格较高，安装难度较大（必须有支持屏蔽的特殊连接器和相应的连接技术）。在实际应用中，通常以非屏蔽双绞线为主，其主要优点是重量轻、成本低、易弯曲，且安装方便、具有独立性和灵活性，适用于结构化综合布线。

（2）双绞线的型号

美国电子工业协会和美国电信（EIA/TIA）为双绞线电缆定义了以下 7 种不同的规格型号。

① 1 类（CAT 1）：主要用于传输语音（如有线电话通信），不适合传输数据。

② 2 类（CAT 2）：传输频率为 1MHz，用于语音传输和最高传输速率为 4Mb/s 的数据传输。

③ 3 类（CAT 3）：传输频率为 16MHz，适用于语音和最高传输速率为 10Mb/s 的数据传输，曾用于传统的以太网。

④ 4 类（CAT 4）：传输频率为 20MHz，适用于语音和最高传输速率为 16Mb/s 的数据传输，曾用于传统的以太网。

⑤ 5 类（CAT 5）和超 5 类（CAT 5e）：这两类非屏蔽双绞线是最常见的以太网电缆。该类电缆增加了绕线密度，传输速率为 100Mb/s，适用于语音和最高传输速率为 100Mb/s 的数据传输，主要用于 10/100Base-T 网络。超 5 类电缆的最高传输速率可达 1Gb/s。

⑥ 6 类（CAT 6）：是 2003 年 2 月提出的规范，适用于最高传输速率为 1Gb/s 的以太网。

⑦ 7 类（CAT 7）：带宽为 600MHz，使用屏蔽双绞线，最高传输速率为 10Gb/s。

（3）UTP 接头及制作标准

UTP 电缆通常使用 ISO 8877 指定的 RJ-45 接头进行连接。RJ-45 接头是插头型组件（俗称水晶头），RJ-45 插孔是插座型组件（俗称网口）。RJ-45 插孔及接头的外观如图 4-3 所示。RJ-45 接头和插孔里面都使用铜介质和线缆相接，以保证良好的导通性。网络中 RJ-45 接口最为常用，一般计算机、集线器、交换机、路由器都提供这种接口。

（a）笔记本电脑提供的 RJ-45 插孔

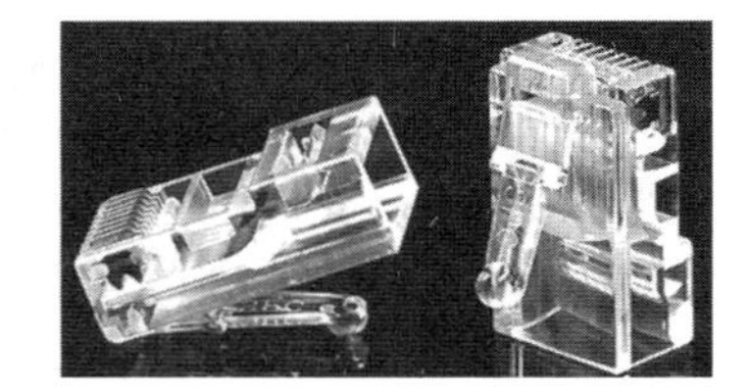

（b）RJ-45 接头

图 4-3　RJ-45 插孔和 RJ-45 接头

双绞线通常由橙、橙白、蓝、蓝白、绿、绿白、棕、棕白 8 种颜色的 4 对线构成。EIA/TIA 规定了两种接线标准，分别为 EIA/TIA 568A 和 EIA/TIA 568B，如图 4-4 所示。

提 示

在普通以太网的应用标准中，4 对线缆中只有两对用于发送和接收数据，分别为绿白和绿、橙白和橙，即编号为 1 和 2，3 和 6 的导线。

其中，线序号为 1 和 2 的必须是一对，用于发送数据；线序号为 3 和 6 的必须是一对，用于接收数据。

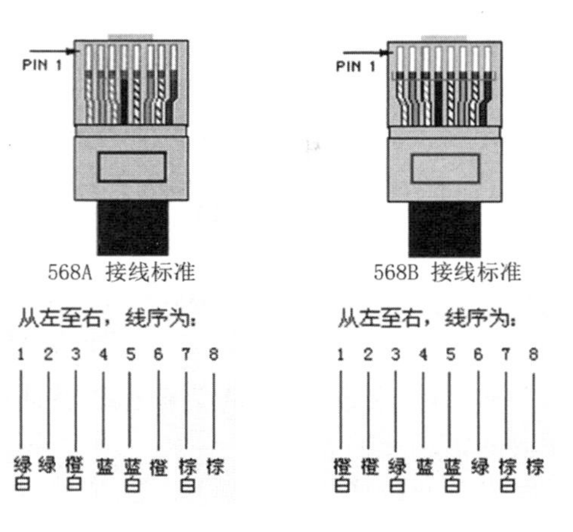

图 4-4　568A 与 568B 接线标准

（4）直通线和交叉线

根据双绞线两端使用的 RJ-45 线序标准，双绞线线缆可以分为直通线和交叉线两种。

1）直通线

直通线两端都遵循相同的接线标准，即都为 568A 标准或都为 568B 标准。一般情况下，两端都遵循 T568B 标准。直通线的适用场合如下。

（1）计算机（终端）— 交换机（或集线器）。

（2）路由器 — 交换机。

2）交叉线

交叉线的一端遵循 568A 标准，另一端遵循 568B 标准，即遵循“1—3，2—6”的交叉原则。交叉线的适用场合如下。

（1）计算机 — 路由器。

（2）计算机 — 计算机。

（3）路由器 — 路由器。

（4）交换机（或集线器）— 交换机（或集线器）。

提 示

在实践中，一般可以这样理解，同类型设备之间使用交叉线连接，不同类型设备之间使用直通线连接。同类型设备一般指可以设定 IP 地址的设备，如路由器、计算机为同类设备；将不可配置 IP 地址的设备，如交换机、集线器划归另一类同类设备。交叉线和直通线的适用场合如图 4-5 所示。但在实际应用中，要以网络设备说明书为准。

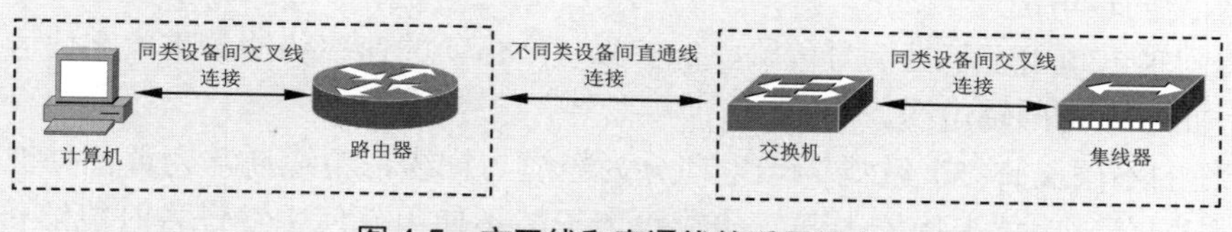

图 4-5 交叉线和直通线的适用场合

（5）双绞线的特点

1）结构简单，易安装，普通非屏蔽双绞线价格低廉。

2）信号衰减较大，传输距离有限，是局域网常用的传输介质，最大传输距离一般为 100m。

3）抗高频干扰能力较低，容易被窃听。

课堂同步

动手拔下身边网络的 RJ-45 接头，仔细观察双绞线，了解其制作规范，如它采用的接线标准是 568A 还是 568B？使用的是交叉线还是直通线？从双绞线的护套上识别双绞线的型号，并分享给大家。

4.1.2 同轴电缆

知识点

（1）同轴电缆。

（2）粗缆、细缆、50 欧姆同轴电缆、75 欧姆同轴电缆。

（1）同轴电缆的结构

同轴电缆是早期局域网使用的传输介质，由绕同一轴线的两个导体组成，即内导体（铜芯）和外导体（屏蔽层），其中外导体的作用是屏蔽电磁干扰和辐射。两个导体之间用绝缘材料隔离，基本结构如图 4-6 所示。中央的铜芯是铜质单股实心线或多股绞合线，用于传输电磁信号，它的粗细直接决定了其衰减程度和传输距离。最外层由陶制品或塑料制品制成的绝缘材料层包裹，通常由柔韧的防火塑料制品制成。

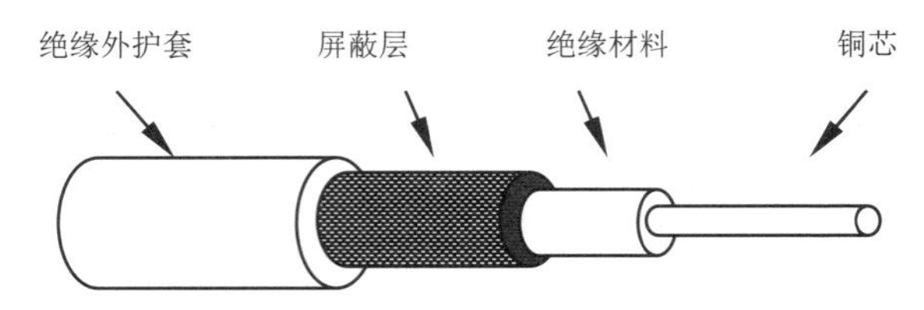

图 4-6　同轴电缆的结构

在信号被放大之前，同轴电缆的传输距离通常比双绞线的传输距离更远。但同轴电缆的制造成本要比双绞线高，而且当频率超过 10kHz 时其信号衰减剧增，因此在现代局域网中，同轴电缆逐渐被双绞线取代。

（2）同轴电缆的分类

同轴电缆的规格种类很多，中心导线使用的不同材料的特性，影响了其阻干扰能力、吞吐量及典型用途。按其阻抗特性进行分类，同轴电缆可分为 50 欧姆同轴电缆和 75 欧姆同轴电缆两种。

1）50 欧姆同轴电缆

50 欧姆同轴电缆用于基带信号传输，能够以 10Mb/s 的速率传输基带数字信号。总线型以太网可以使用 50 欧姆同轴电缆。

根据直径的不同又将 50 欧姆同轴电缆分为粗缆与细缆，粗缆通常为黄色外护套，直径为 1.47cm（含外护套），抗干扰能力强，传输距离长，不使用任何中继设备时能够传输 500m，但成本高，适用于大型局域网干线，连接时两端需安装终端器，如图 4-7（a）所示。细缆通常为黑色外护套，直径为 0.7cm，价格相对便宜，但传输距离近，不使用任何中继设备时能够传输 185m，使用 T 型连接器，与 BNC 接头相连，两端安装 50 欧姆终端器。同轴电缆连接器件如图 4-7（b）、（c）、（d）所示。

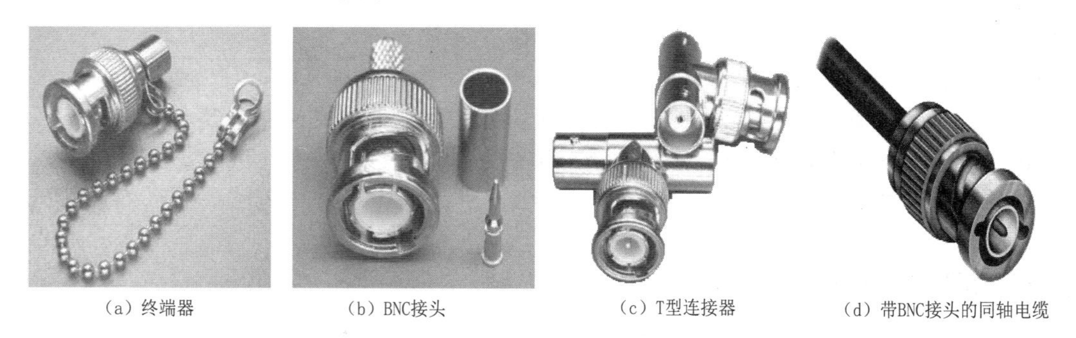

（a）终端器　（b）BNC接头　（c）T型连接器　（d）带BNC接头的同轴电缆

图 4-7　同轴电缆连接器件

提 示

在以太网标准中，细缆标准为 10Base2，粗缆标准为 10Base5，二者都为总线型结构。

2）75 欧姆同轴电缆

75 欧姆同轴电缆用于模拟信号传输，在传输过程中使用了频分多路复用技术，常用于 CATV（有线电视）有线电视网，又称 CATV 电缆。传输带宽可达 1Gb/s，又称宽带同轴电缆，目前常用的 CATV 带宽为 750Mb/s。

（3）同轴电缆的特点

①75 欧姆同轴电缆的频带较宽，传输速率较高。

②损耗较低，传输距离较远（200～500m）。

③辐射低，保密性好，抗干扰能力强。

尽管同轴电缆的优点很多，但是由于受到了双绞线和光纤的强大冲击，同轴电缆已经逐步退出局域网领域。

课堂同步

请观察 CATV 网，查看同轴电缆的结构和连接方式。

4.1.3　光纤

知识点

（1）光纤和光缆。

（2）单模光纤和多模光纤。

（3）光纤接头：ST 接头、SC 接头、LC 接头、FC 接头。

光纤是光导纤维（Optical Fiber）的简称，单根光纤是由能够传导光信号的超细石英玻璃纤维（纤芯）外加保护层构成的。纤芯是光纤传输的通道，所有的光信号都通过纤芯传送，有光信号相当于“1”，没有光信号相当于“0”。由于光纤损耗低、传输速率高，且抗干扰能力强，具有良好的保密性能，适合远距离传输，被广泛用于局域网骨干通道和广域网远距离传输。光纤布线主要用于企业网络、FTTH（Fibre To The Home，光纤到户）、长途网络和水下网络。

（1）光纤传输原理

光纤由一束纤芯组成，外面包了一层折射率较低的反光材料，称为包层。由于包层的作用，在纤芯中传输的光信号几乎不会从包层中折射出去。当光脉冲进入光纤的纤芯后，可以减少光通过光缆时的损耗，并且在纤芯边缘产生全反射，促使光脉冲前进。包层就像一面镜子，将纤芯中的光信号反射回中心，不断地重复这个过程，光信号就会沿着光纤传送到远端，如图 4-8 所示。光纤中传输数据的光脉冲是由激光发生器或发光二极管（LED）产生的。

（2）光缆

多条光纤组成一束就构成了光缆。单根光纤不能直接在工程中使用，必须把若干根光纤疏松地放在特殊的塑料或铝皮内，加上一些缓冲材料和保护外套后做成光缆，一根光缆中有少则一根，多则几百根光纤，再加上加强芯和填充物（纤膏）就可以大大提高其机械强度，最后加上内保护层、阻水层和外保护套既可增加其抗拉强度，又可以满足工程施工的要求。光缆实物及剖面如图 4-9 所示。

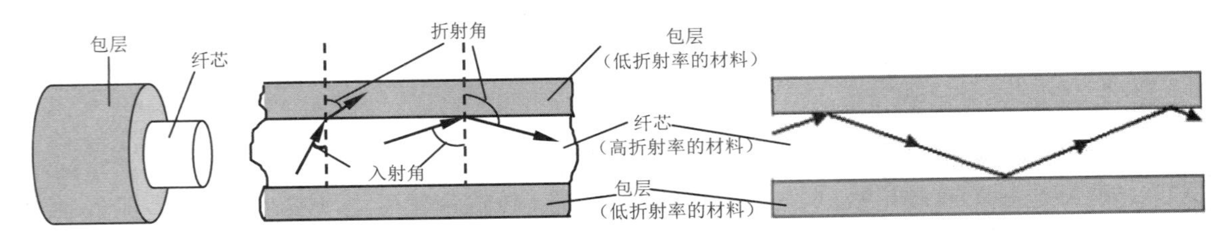

图 4-8　光脉冲在光纤中的传输

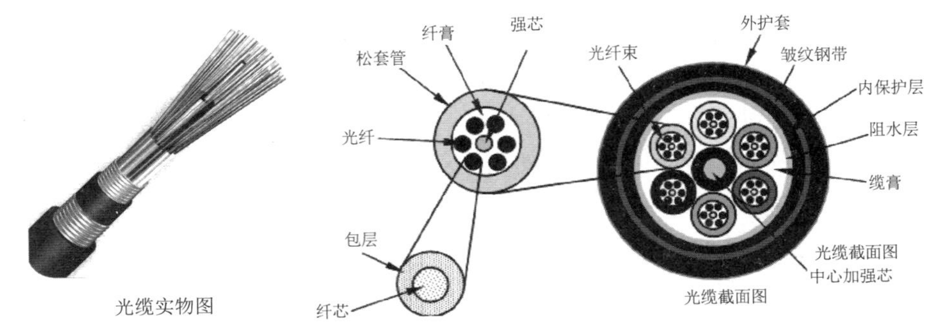

图 4-9　光缆实物及剖面

> **提 示**
>
> 光纤之间的连接，需要专业人员使用光纤熔接机进行熔接。

（3）光纤分类

根据使用的光源和光波的传输模式不同，可将光纤分为多模光纤和单模光纤。

1）多模光纤

可以存在多条不同角度入射的光线在一条光纤中传输，这种光纤就称为多模光纤。多模光纤的纤芯直径较大，通常使用发光二极管 LED 作为光源发送光脉冲。相比激光，发光二极管的造价较低，需要注意的安全问题也较少，但是发送的光脉冲在光缆中传输的距离没有激光远，其传输距离最远可达 2000m，主要用于局域网中，可以通过长 550m 的光纤链路提供高达 10Gb/s 的速率。多模光纤一般由 62.5 μm或 50 μm纤芯再加上 125 μm的外护套构成，外护套通常是橙色。

2）单模光纤

若光纤的直径减小到只有一个光的波长，则光纤就像一根波导那样，它可使光线一直向前传播，而不会产生多次反射，这样的光纤称为单模光纤。单模光纤的纤芯非常细，常使用昂贵的激光技术来发送单束光。因此，单模光纤承载的光脉冲基本沿着直线传输，大大提高了数据传输的速度和距离，最大传输距离可达 3000m。单模光纤的外护套通常是黄色。多模光纤和单模光纤的传输特性对比，如图 4-10 所示。

> **提 示**
>
> 在实际应用中，选择多模光纤，还是单模光纤，最主要的决定因素是距离。单模光纤的性能优于多模光纤。

（4）光电信号转换

光纤中传输的是光信号，而计算机处理的是电信号，它们之间是如何转换的呢？需要专用的光纤收发器进行转换。在光纤的发送端有发光二极管或激光发生器，负责将电信号转换为光信号，在接收端有光电耦合管，负责将光信号转换为电信号。其工作原理如图 4-11 所示。

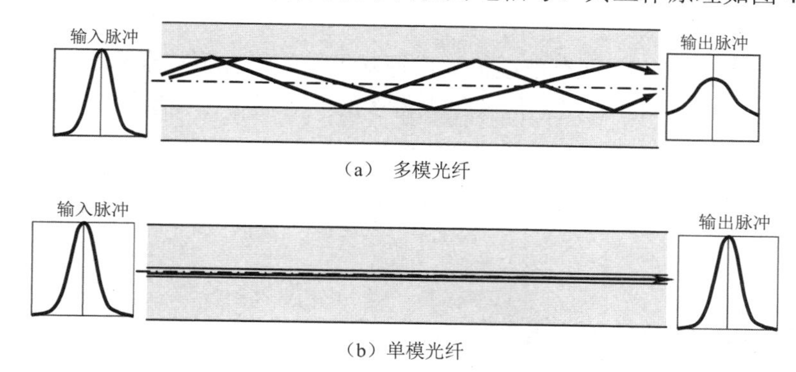

图 4-10　多模光纤和单模光纤的传输特性对比

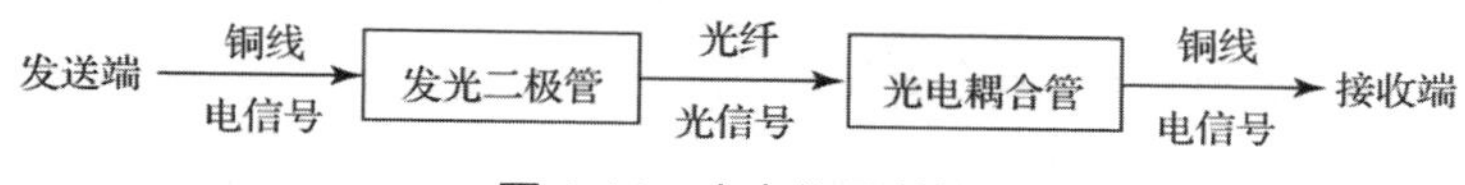

图 4-11　光电信号转换

注意：光纤只能单向传输信号，在数据传输介质中必须成对使用，一根用于发送数据，另一根用于接收数据。光纤一般适用于点到点的连接。

（5）光纤接头

光纤接头安装在光纤末端，接头种类很多，主要区别在尺寸和机械耦合方式，常用的 4 种接头分别是 LC 接头、SC 接头、FC 接头和 ST 接头，其外观如图 4-12 所示。

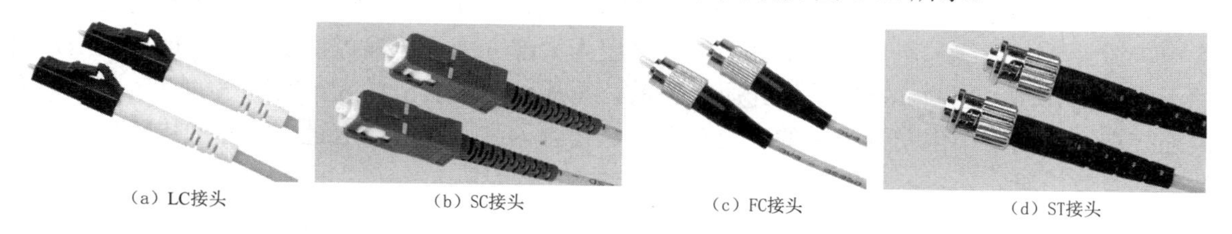

图 4-12　4 种常见的光纤接头

① LC 接头：小方口，直接插拔，方便快捷，常用于单模光纤，但也支持多模光纤。

② SC 接头：大方口，直接插拔，方便快捷，广泛用于 LAN 和 WAN，使用推拉机制以确保正向插入，同时用于单模光纤和多模光纤。

③ FC 接头：圆形螺纹，安全牢靠，防灰尘，同时用于单模光纤和多模光纤。

④ ST 接头：老式圆形卡扣式接头，插拔方便快捷，牢固稳定，广泛用于多模光纤。

（6）光纤通信的特点

光纤在网络中被广泛使用，其特点主要有以下几点。

① 传输容量大、频带宽、误码率低、速率高，非常适合作为主干网络的传输介质。最高速率可达 10Gb/s。

② 传输损耗小，无中继传输距离长，适合远程通信。

③ 抗雷电与电磁干扰能力强，在高噪声的环境下可正常通信。

④ 安全可靠，保密性好，数据不容易被截取。

⑤ 在长距离的传输中使用光纤的成本低于铜线介质，且不用考虑接地问题。

⑥ 光纤质地较脆，机械强度低，切断和连接技术要求较高。光电转换接口目前还比较贵，但价格也在逐年下降；

⑦ 体积小，质量轻。对于现有电缆管道已拥塞不堪的情况下特别有利。1km 的 1000 对双绞线电缆约重 8000kg，而同样长度的但容量大得多的一对双芯光缆重约 100kg。

课堂同步

请观察身边的网络，查看光纤的连接方式，并对比分析双绞线和光纤的适用场合。

4.2 无线传输介质

学习任务

（1）理解无线电波的特性及适用场合。

（2）理解微波的特性及适用场合。

（3）了解红外线通信的特点。

无线传输介质就是不使用金属导线或光纤进行电磁信号传递，通过大气传输电磁波来完成通信。自然界的声、热、光、电、磁都可以在空气中传播，至今人们认识的红外线、可见光、紫外线、X 射线等本质上都是电磁波，只是其频率和波长不同，这就是电磁波谱，如图 4-13 所示。电磁波按频率从低到高可分为无线电、微波和红外线。人们利用自然界的空气传输电磁波来完成通信任务，称为无线通信。无线通信主要使用的频段为 10^4～10^{16}Hz，即无线网络传输主要使用无线电、微波、红外线与可见光。地球上的大气层为大部分无线传输提供了物理通道，就是常说的无线传输介质，也叫非导向传输介质。目前，无线传输介质已成为家庭网络的首选介质，无线连接在企业网络中也受到大家的广泛欢迎。这是因为利用无线信道进行信息的传输是运动中通信的有效手段。

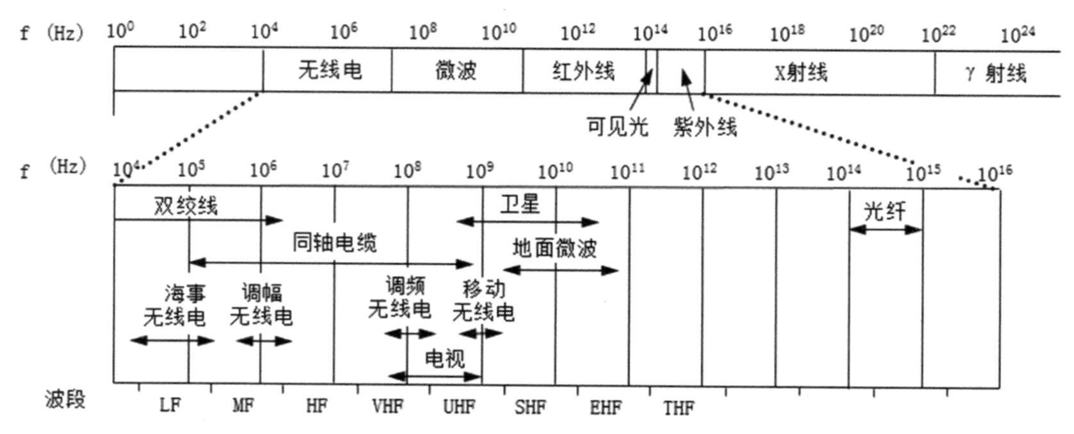

图 4-13 电信领域使用的电磁波谱

4.2.1　无线电

知识点

无线电通信：长波、中波、短波和超短波。

利用无线电波传输信息的通信方式即称为无线电通信。无线电通信在无线广播和有线广播中已经广泛使用，如收音机。使用的主要频段为 30KHz～300MHz 的无线电波。国际电信联盟的 ITU-R 已经将无线电波划分为若干个波段，低频段（30KHz～300KHz，也称长波）、中频段（300KHz～3MHz，也称中波）、高频段（3MHz～30MHz，也称短波）、甚高频段（30MHz～300MHz，也称超短波）、超高频段（300MHz～3GHz）和特高频段（3GHz～30GHz），其中后面两种频段使用的频率范围已经是微波的范围，也称微波。

在低频和中频波段内，无线电波沿地面向四周传播，但能量随着信号源传播距离的增大而急剧减小，因而可以沿着地球表面传播，但距离有限。

长波主要沿地球表面进行传播（又称地波），也可在地面与电离层之间形成的波导中传播，传播距离可达几千千米甚至上万千米。长波能穿透海水和土壤，因此多用于海上、水下、地下的长波通信与长波导航业务。

中波在白天主要依靠地面传播，夜间可由电离层反射传播。中波通信主要用于广播和导航业务。

短波主要靠电离层发射的天波传播，可经电离层一次或几次反射，传播距离可达几千公里甚至上万公里。短波通信适用于应急信号传播、抗灾通信和远距离越洋通信。

提 示

电离层的不稳定性会使无线电波产生衰落现象，且电离层反射将产生“多径效应”。多径效应是指同一信号经不同反射路径到达同一个接收点，因其强度和时延不同，使最后得到的信号失真严重，传输质量比较差，一般用于几十到几百 bit/s 的低速传输。

超短波对电离层的穿透力强，主要以直线视距方式传播，比短波中天波传播方式稳定性高，受季节和昼夜变化的影响小。由于频带较宽，超短波通信被广泛应用于传送电视、调频广播、雷达、导航、移动通信等业务。目前，大部分的无线网络都采用无线电波作为传输介质，因为无线电波的传输距离较远，容易穿过障碍物，无线电波是全方位传播的。这样，无线电波的发射和接收装置不需要精确对准。

课堂同步

请举例说明无线电通信的应用。

4.2.2　微波

知识点

（1）微波通信。
（2）地面微波接力通信和卫星通信。

微波通信系统在远距离大容量的数据通信中占有极其重要的地位，微波的频率范围为

300MHz～300GHz，但主要使用地面微波 2GHz～40GHz 的频率范围。相比低廉的无线电，微波的安装和维护成本很高，但传输速度比无线电传输要快。

微波在空间中是直线传播的。由于微波会穿透电离层进入宇宙空间，因此它不像短波那样可以经电离层反射传播到地面上距离很远的地方。微波通信主要有两种方式：地面微波接力通信和卫星通信。

（1）地面微波接力通信

由于地球表面是曲面，而微波在空气中以直线方式传播，易受高大建筑物或地形、地貌的影响，传播距离也受到限制，一般为 30～50km。若将天线发射塔增高到 100m，则距离可增大到 100km。为实现远距离通信就必须在两个终端之间建立若干个中继站，并且两个中继站必须“直视”，中间不能有任何障碍物，中继站把前一站传输来的信号经过放大后再发送到下一站，故称为“接力”，如图 4-14 所示。

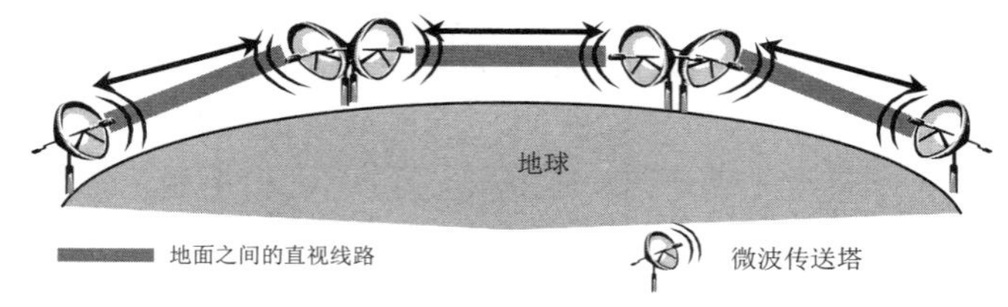

图 4-14　地面微波接力通信

地面微波接力通信主要有以下 4 个特点。

①地面微波接力通信与相同容量和长度的电缆载波通信相比，其建设投资少、见效快，易于跨越山区、江河。但大量的中继站的使用和维护需要一定的人力和物力等。

②相邻中继站之间必须直视，不能有任何障碍物。

③微波的传输有时也会受恶劣天气的影响。

④与有线通信相比，微波通信的隐蔽性和保密性较差。

（2）卫星通信

在微波通信中，如果使用通信卫星作为中继站，就是卫星通信。通过卫星微波形成的点对点通信线路，是由两个地面站（发送站、接收站）与一颗通信卫星组成的，如图 4-15（a）所示。

地球同步卫星通信是指，在地面站之间利用位于高空的人造地球同步卫星作为中继站的进行一种微波接力通信。卫星通信可以克服地面微波通信的距离限制，地球同步卫星发出的信号的电磁波可以覆盖地球表面的三分之一以上，只要在地球赤道上空的同步轨道上等距离放置 3 颗地球同步卫星，就能基本上实现全球通信，如图 4-15（b）所示。

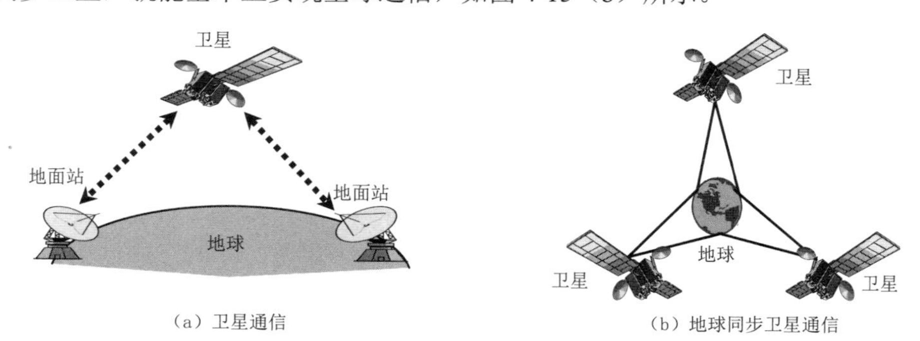

（a）卫星通信　　（b）地球同步卫星通信

图 4-15　卫星通信与地球同步卫星通信

提 示

目前常用的卫星通信频段，上行频段为 5.925 ~ 6.425GHz，下行频段为 3.7 ~ 4.2GHz，频段的宽度都是 500MHz。

卫星通信主要有以下 3 个特点。

① 通信距离远，卫星通信的频带比地面微波接力通信的频带更宽，通信容量更大。

② 受地质灾害影响小，信号所受的干扰较小，误码率低，通信比较稳定可靠。

③ 卫星通信的最大缺点是，一次性投资较大，传播延时较长。

卫星通信已成为现代通信的主要手段之一，其应用范围包括电话、电视、天气预报、军事通信等各种业务和数据传输。

实例

3G、4G 和 5G 移动网络，以及卫星通信使用的是不同频率的微波通信。其中，5G 属于高频微波通信，短距离的手机互联可使用蓝牙通信。

课堂同步

（1）请对比分析卫星通信和地面微波接力通信的特点。

（2）请查阅资料，说明什么是地球同步卫星。

4.2.3　红外线

知识点

红外通信。

红外线是太阳光线中众多不可见光线中的一种，又称为红外热辐射，是波长介于微波与可见光之间的电磁波，它在通信、探测、医疗、军事等方面有着广泛的应用。和微波通信一样，红外线也有很强的方向性，都是沿着直线传输，但是红外通信需要把传输的信号转换为红外光信号，才能直接在空间内沿直线传播。家用遥控器一般使用红外通信。

相比其他无线传输技术，红外线设备的成本更低，不需要天线。红外通信有以下 3 个特点。

① 需要对接才能进行数据传输，安全性较强。

② 红外线通信设备体积小、重量轻、结构简单、价格低廉。

③ 短距离通信，功能单一，扩展性差，无法穿透墙体，一般在室内使用。

提 示

无线电波（短波、超短波）类似电台或电视台广播采用调幅、调频或调相的载波，通信距离可达数十千米，这种通信方式速度较慢、保密性差、容易受到干扰、可靠性较差，一般不用于无线局域网。红外线由于易受天气影响，不具备穿透能力，在无线局域网中一般也不会使用。因此，微波是无线局域网通信传输中的最佳选择。

4.3 综合布线基础

学习任务

（1）了解综合布线的概念及特点。
（2）能够识别综合布线系统的组成。
（3）认识常见综合布线产品。

4.3.1 智能建筑与综合布线

知识点

（1）智能建筑。
（2）综合布线。

20 世纪 80 年代初，智能建筑（Intelligent Building，IB）概念由美国的科学家提出，综合布线系统（Generic Cabling System，GCS）作为智能建筑的重要组成部分，提供信息传输的高速通道，是保证建筑物内和建筑物之间优质高效的信息服务的基础设施之一。

（1）智能建筑

智能建筑是智能建筑技术和新兴信息技术相结合的产物，智能楼宇利用系统集成的方法，将智能型计算机技术、通信技术、信息技术与建筑艺术有机地结合起来，通过将建筑物的结构、设备、服务和管理根据用户的需求进行最优化组合，为用户提供一个高效、舒适、便利的人性化建筑环境。智能建筑已经成为建筑行业和信息技术共同关注的新领域。智能建筑具有以下 4 个特征。

1）楼宇自动化（Building Automation，BA）；
2）办公自动化（Office Automation，OA）；
3）通信自动化（Communication Automation，CA）；
4）布线综合化（Generic Cabling，GC）。

具有 BA、OA 和 CA 的建筑可称为“3A”智能建筑。目前，也有一些建筑将消防自动化（Fire Automation，FA）、管理自动化（Maintenance Automation，MA）和安全自动化（Security Automation，SA）也加入智能建筑中，就是所谓的“6A”智能建筑。

（2）综合布线

综合布线系统是智能建筑的实现基础，也是衡量现代建筑智能化程度的重要标准。综合布线系统分布于现代建筑中，它能支持多种应用系统，在用户尚未确定具体应用系统之前，就充分考虑了用户的未来应用，能够适应未来科技发展的需要，在楼宇建成以后，用户完全可以根据时间和具体需要决定安装新的应用系统，而不需要重新布线，节省了系统扩展带来的新投资。与传统布线相比，综合布线最大的特点是，其结构与所连接设备的位置无关，是事先按建筑物的结构将建筑物中所有可能放置设备的位置都预先布好线缆，然后再根据实际所连接的设备情况，通过调整内部跳线将所有设备连接起来。

综合布线系统在中国国家标准 GB 50311—2007《综合布线系统工程设计规范》中定义为：是用通信电缆、光缆、各种软电缆，以及有关连接硬件构成的通用布线系统，能够支持语音、数据、影像和其他控制信息技术的标准应用系统。综合布线系统是一种标准通用的信息传输系统，支持多种应用系统。

综合布线系统将建筑、通信、计算机网络和监控等各方面的技术相互融合，集成最优化的整体，使其具有工程投资合理、使用灵活方便等特点。

（3）综合布线系统的特点

传统布线各个应用系统互相独立，互不兼容，维护成本较高。与传统布线系统相比，综合布线系统有许多优越性，主要有以下 6 点。

1）兼容性

综合布线的兼容性，是指它自身是完全独立的而与应用系统相对无关，可以适用于多种应用系统。例如，一些旧建筑物中，提供电话、电力和电视等服务，采用传统的布线方式，每项应用服务都需要使用不同的电缆及开关插座。各个应用系统的电缆规格差异较大，互不兼容，各个系统均独立安装，布线混乱无序，直接影响建筑物的美观和使用。

综合布线系统具有所有系统相互兼容的特点，将语音、数据与监控设备的信号线经过统一规划和设计，采用相似的传输介质、信息插座、交连设备、适配器等，把不同信号综合到一套标准的布线中。由此可见，这种布线比传统布线大为简化，节约了物资和空间。

2）开放性

综合布线由于采用开放式体系结构，符合多种国际上现行的标准，支持多数厂家生产的网络产品，如计算机等，并支持常见的通信协议。对于传统的布线方式，只要用户选定了某种设备，也就选定了与之相适应的布线方式和传输媒介。如果更换另一种设备，那么原来的布线就要全部或部分更换，无疑要增加很多投资。

3）灵活性

综合布线系统的灵活性主要表现在 3 个方面：灵活组网、灵活变位和灵活变化。而传统的布线方式是封闭的，其体系结构是固定的，若要迁移或增加设备是相当困难的。综合布线采用的传输线缆和相关连接硬件都是标准的、模块化的，所有传递信息的线路均为通用的。所用的系统内设备（如计算机、电话等）的开通及变动无须改动布线，只要在设备间或管理间做相应的跳线操作即可。

4）可靠性

综合布线采用高品质的材料和组合压接方式构成一套高标准的信息传输通道。所有线槽和相关连接件均通过 ISO 认证，每条通道都要采用专用仪器测试链路阻抗及衰减率，以保证其电气性能。

5）先进性

综合布线系统的先进性，是指采用光纤与双绞线混合布线方式，极为合理地构成一套完整的布线。所有布线系统均采用世界上新的通信标准，链路按 8 芯双绞线配置。整个布线系统一般采用星形拓扑结构，各条链路互不影响，这样的综合布线系统的分析、检查、测试和故障排除都相对简单，可以提高工作效率，便于系统的改建和扩建。

6）经济性

综合布线系统将分散的专业布线系统综合到统一的、标准化的信息网络系统中，减少了布线系统的线缆品种和设备的数量，简化了信息网络结构，大大减少了维护工作量。一次性投资长期受益、维护成本低，使得整体投资最小化。

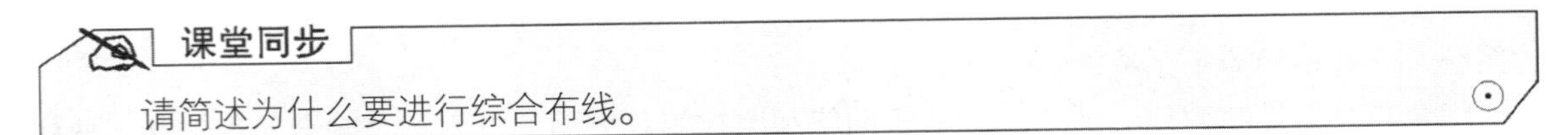

课堂同步

请简述为什么要进行综合布线。

4.3.2 综合布线系统组成

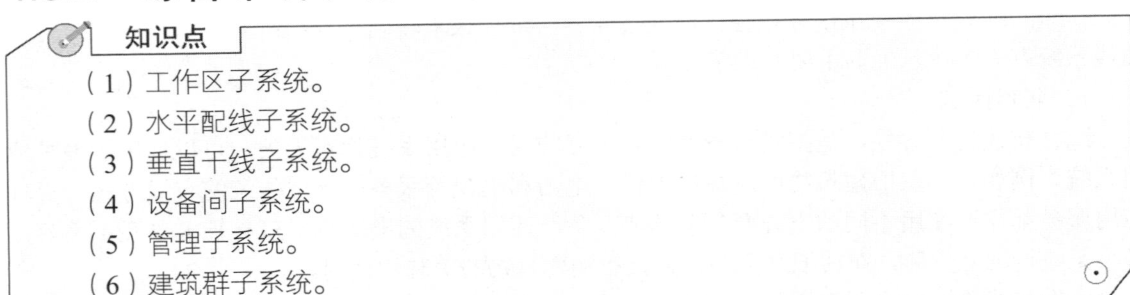

知识点

（1）工作区子系统。
（2）水平配线子系统。
（3）垂直干线子系统。
（4）设备间子系统。
（5）管理子系统。
（6）建筑群子系统。

按照 GB 50311—2016《综合布线系统工程设计规范》国家标准规定，综合布线系统通常划为以下 6 个独立的子系统，如图 4-16 所示。

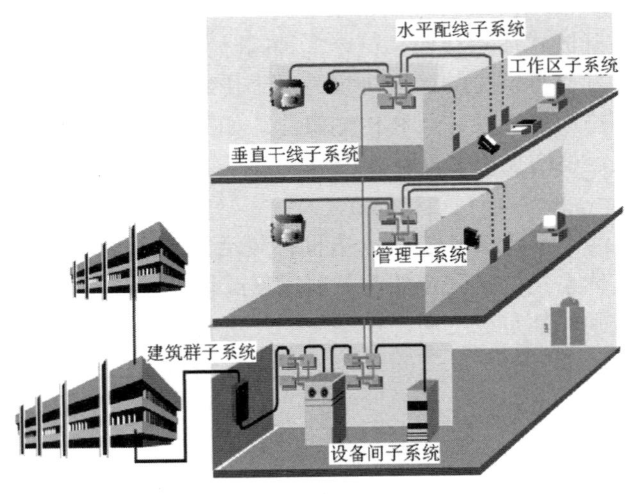

图 4-16 综合布线系统组成

① 工作区子系统（办公室内部布线等）；
② 水平配线子系统（同一楼层布线）；
③ 垂直干线子系统（楼层间垂直布线）；
④ 设备间子系统（设备网络管理中心布线）；
⑤ 管理子系统（楼层配线间等布线）；
⑥ 建筑群子系统（建筑物之间布线）。

每个子系统均可视为独立的单元组，更改其中任何一个子系统都不会影响其他子系统。这 6 个子系统相互配合，形成了结构灵活、适合多种信息传输的综合布线系统。

（1）工作区子系统

工作区子系统又称为服务区子系统，它是一个从信息插座延伸至终端设备的区域。工作区子系统布线要求相对简单，这样做是为了容易移动、添加和变更设备。工作区中的终端设备可以是电话机、计算机、电视机，也可以是终端设备等。

工作区子系统包括信息插座、连接信息插座和终端设备的跳线及网卡，如 RJ-45 插座与 RJ-11 插座。

（2）水平配线子系统

水平配线子线的任务是将管理间子系统的配线接到每一个工作区（如办公室）的信息插座上。水平配线子系统的功能是，将垂直干线子系统线路延伸到用户工作区。水平配线子系统宜采用星形拓扑结构。水平配线子线系统施工是综合布线系统中范围广、距离长、工作量大的子系统。在建筑物施工完成后，一般不易变更，因此通常都遵循“水平布线一步到位”的原则。

（3）垂直干线子系统

垂直干线子系统负责连接管理子系统和设备间子系统，它是整个综合布线系统的“躯干”部分。布线走向应选择干线长度最短、最安全和最经济的方式，宜选择建筑物中的封闭型通道（通常有电缆竖井、电缆孔两种）进行布线，不宜选择开放型通道（通风通道、电梯通道等）。一般这些线缆都是垂直安装的，因此而被称为垂直干线子系统。

（4）设备间子系统

设备间子系统是建筑物的网络中心。一般智能建筑都有一个独立的设备间，因为它是对建筑物的全部网络和布线进行管理和信息交换的地方。综合布线系统之中设备间的位置设计非常重要。另外，设备间子系统一般应该预留一定线缆作为冗余信道，这对综合布线系统的可扩展性和可靠性非常重要。

（5）管理子系统

管理子系统设备通常设置在建筑大楼各层的配线设备房内，又称配线间，是安装楼层机柜、配线架和交换机的地方。它的功能是，将垂直干线子系统与各楼层水平配线子系统连接起来，以管理垂直干线子系统和水平配线子系统的线缆。

（6）建筑群子系统

建筑群子系统是将一座建筑物中的线缆延伸到另一座建筑物的布线部分，又称楼宇子系统。一般情况下，建筑群宜采用光缆。建筑群子系统中的室外线缆铺设方式一般有地下管道、直埋和架空 3 种方式。

课堂同步

请观察身边的布线系统，了解综合布线系统及其组成。

4.3.3　综合布线标准

知识点

（1）综合布线国际标准。

（2）综合布线国家标准。

综合布线标准是布线系统产品设计、制造、安装和维护中所遵循的基本原则。各个国家都要参照国际标准制定出适合自己国家的国家标准。

（1）国际标准

最早的综合布线标准起源于美国，1991 年美国国家标准协会制定了 TIA/EIA 568 民用建筑线缆标准，1995 年修订为 TIA/EIA 568A 标准。国际标准化组织/国际电工委员会（ISO/IEC）在美国国家标准协会制定的有关综合布线标准的基础上进行修改，于 1995 年 7 月正式公布了《信息技术——用户建筑物综合布线》（ISO/IEC 11801），并成为国际标准，现在已经更新至 11801-5:2017 版。随后，英国、法国、德国等于 1995 年 7 月联合制定了欧洲标准 EN 50173，成为欧洲一些国家使用的标准，并逐年更新。常用的综合布线国际标准有以下几个。

① 美国国家标准协会《TIA/ EIA 568A 商业建筑物电信布线标准》；

② 国际布线标准，ISO/IEC 11801-5:2017（E）《信息技术——用户建筑物综合布线》；

③ 欧洲标准《EN 50173 建筑物布线标准》；

④ 《EIA/ TIA 569A 商业建筑物电信布线路径及空间距标准》；

⑤ EIA/TIA TSB-67 美国国家标准协会《非屏蔽双绞线布线系统传输性能现场测试规范》；

⑥ EIA/ TIA TSB-72 美国国家标准协会《集中式光缆布线准则》。

（2）国家标准

2016 年 8 月 26 日我国国家建设部发布了综合布线系统工程验收规范，即 GB 50311—2016《综合布线系统工程设计规范》和 GB 50312—2016《综合布线系统工程验收规范》。综合布线国家标准的制定，使我国综合布线走上了标准化轨道，促进了综合布线技术的应用与发展。

2008 年以来，国家建设部还陆续发布了一系列白皮书，以满足综合布线技术的快速发展和市场需求。

① 中国《综合布线系统管理与运行维护技术白皮书》，2018 年 3 月发布；

② 中国《数据中心布线系统工程应用技术白皮书》（第二版），2010 年 10 月发布；

③ 中国《屏蔽布线系统设计与施工检测技术白皮书》，2009 年 6 月发布；

④ 中国《光纤配线系统设计与施工技术白皮书》（第二版），2013 年 5 月发布；

⑤ CJ/T 376—2011《居住区数字系统评价标准》，2011 年 8 月发布；

⑥ GB/T 29269—2012《信息技术　住宅通用布缆》，2012 年 12 月发布。

还有一些计算机机房建设的相关的国家标准，具体如下。

① GB 50174—2017《数据中心设计规范》；

② GB 9361—2011《计算机场地安全要求》；

③ GB 50462—2015《数据中心基础设施施工及验收规范》；

④ GB/T 2887—2011《电子计算机场地通用规范》；

⑤ GB 50462—2015《数据中心基础设施施工及验收规范》等。

课堂同步

有兴趣的同学可以上网查阅相关国家标准，并进一步了解相关内容。

4.3.4　综合布线产品及选型

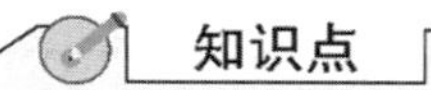

知识点

综合布线产品：信息模块、信息面板、配线架、理线架、水晶头、机柜等。

（1）综合布线产品选型原则

目前，市场上的综合布线可用或选用的产品种类繁多，且价格差异较大，为保证布线系统的可靠性，必须选择真正符合标准的产品，广泛使用的综合布线产品主要有：美国安普（AMP）的开放式布线系统（Oper Wiring System）、美国朗讯（Lucent）的 Systimax SCS 布线系统、美国西蒙（SIEMON）公司的 Siemon Cabling 布线系统、加拿大北方电讯（Northern Telecom）公司的 IBDN（Integrated Building Distribution Network）布线系统、德国克罗内的 K.I.S.S（Krone Integrated Structured Solutions）布线系统等，这些产品性能良好，且都提供了 15 年的质量保证体系和有关产品系列设计指南和验收方法等。

国内的综合布线产品有普天天纪布线、康普网络综合布线解决方案、大唐电信、TCL-罗格朗等。建议在满足性能指标和要求的情况下，优先选用国内综合布线产品。在选择综合布线产品时，请注意以下几点。

1）选用综合布线产品必须与工程实际相结合。

2）选用的综合布线产品应符合我国国情和有关技术标准，包括国际标准、国家标准和行业标准。

3）选用综合布线产品要充分考虑技术先进和经济合理相统一。

4）选用综合布线产品既要考虑目前工程建设的需要，又要考虑工程的后期扩展。

（2）综合布线产品

综合布线产品主要包括超双绞线、铜缆跳线、通信电缆、室内室外光纤、光纤跳线、配线盒、光纤耦合器、信息模块、信息面板、配线架、水晶头、机柜等，如图 4-17 所示。

（a）非屏蔽网络模块及打线

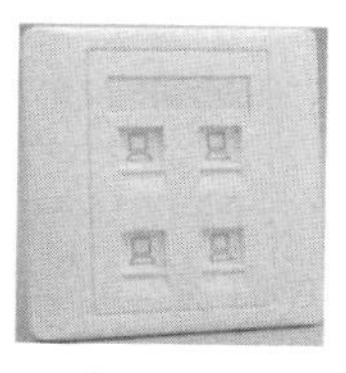
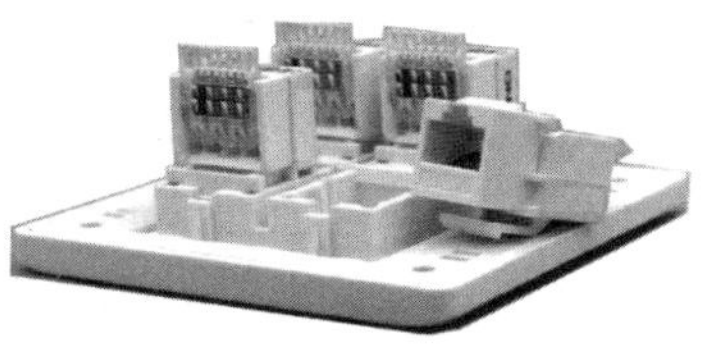

（b）双口 86 型信息面板、双口桌面型信息面板、四口信息面板及背面

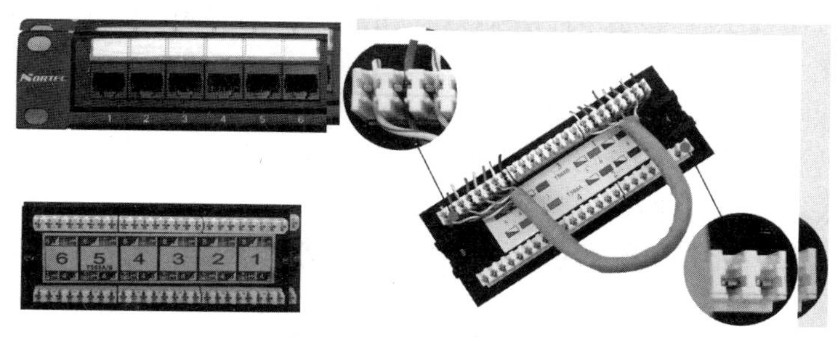

（c）配线架前面板、背面板及打线示例

图 4-17　常用综合布线产品

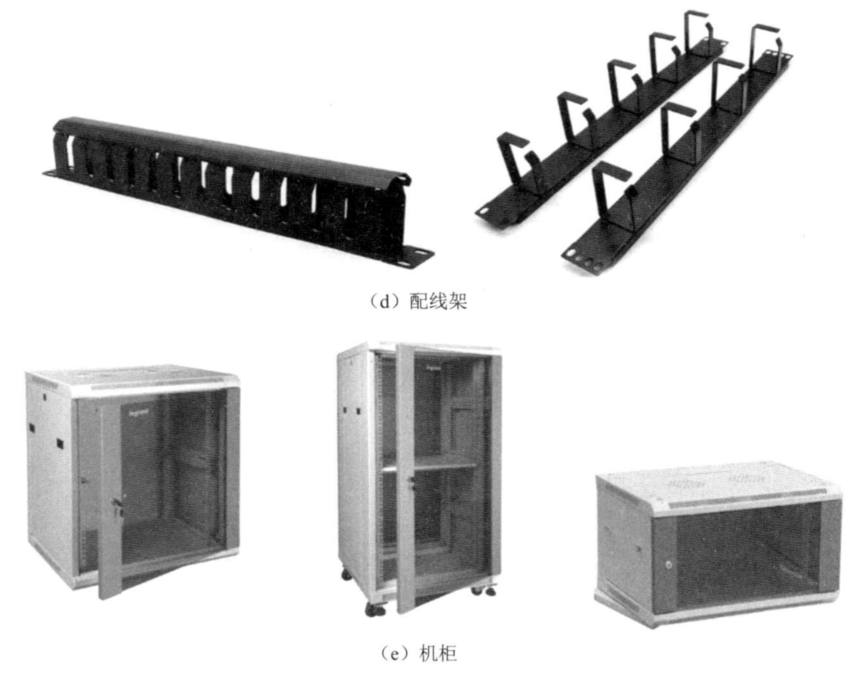

（d）配线架

（e）机柜

图 4-17　常用综合布线产品(续)

课堂同步

观察你身边的综合布线系统，认识其综合布线产品。

4.4　工程实例

学习任务

通过实地考察，清楚地认识网络传输介质和综合布线系统的组成。

本单元主要介绍了传输介质和综合布线知识，假如你刚刚入职，从事企业网络管理工作，请实地考察网络中心，认识常见的网络互联设备，了解企业网络拓扑结构，还需要完成以下任务，并形成简短的考察报告。

（1）参观综合布线工程现场，了解综合布线的构成，注意观察综合布线的六大子系统，认识及熟悉综合布线的产品及施工方法。

（2）了解企业网络传输介质的组成。

（3）在网络传输介质中，双绞线主要布设在什么地方？什么情况下采用的是交叉双绞线线缆，什么情况下采用的是直通双绞线线缆？

（4）在网络传输介质中，光纤主要布设在什么地方？是单模光纤还是多模光纤？另外，注意观查光纤跳线。

（5）企业网络有无线网络吗？主要服务哪些用户，有什么特点？

（6）了解企业网络中心的服务范围和管理责任。

思考与练习

一、选择题

1. 以下关于网络传输介质的叙述中正确的是（　　）。
   A. 5类UTP比3类UTP具有更高的绞合密度
   B. 光纤中传送的电信号不会受到外界干扰
   C. 双绞线绞合的目的是提高线缆的机械强度
   D. 局域网中双绞线的标准接口是RJ-11
2. 如果要将两台计算机通过双绞线直接连接，正确的线序编号是（　　）。
   A. 两台计算机不能通过双绞线直接连接
   B. 1—1、2—2、3—3、4—4、5—5、6—6、7—7、8—8
   C. 1—3、2—6、3—1、4—4、5—5、6—2、7—7、8—8
   D. 1—2、2—1、3—6、4—4、5—5、6—3、7—7、8—8
3. 双绞线把两根导线绞合在一起主要是为了减少（　　）。
   A. 信号传输时的衰减　　B. 外界信号的干扰
   C. 信号向外泄露　　D. 信号之间的相互串扰
4. 以下传输介质中，传输速率最高的是（　　）。
   A. 双绞线　　B. 光纤　　C. 同轴电缆　　D. 无线电波
5. 下列不能作为局域网的传输介质的是（　　）。
   A. 光纤　　B. 双绞线　　C. 电话线　　D. 无线电波
6. 一般情况下，双绞线最大传输距离是（　　），同轴电缆的最大传输距离是（　　）。
   A. 200m　　B. 100m　　C. 185m　　D. 500m
7. 有关同轴电缆的应用描述不正确的是（　　）。
   A. 应用于总线型网络环境　　B. 两端必须加上终端电阻
   C. 一个节点损坏整个网络瘫痪　　D. 目前局域网使用的传输介质是同轴电缆
8. 综合布线系统采用4对非屏蔽双绞线作为水平干线，若大楼内共有100个信息点，则建设该系统一般需要购买（　　）个水晶头。
   A. 200　　B. 230　　C. 400　　D. 460
9. 若要求网络传输速率达到600Mb/s，则选择（　　）双绞线。
   A. CAT 3　　B. CAT 4　　C. CAT 5　　D. CAT 5e
10. 下列不属于光纤连接器类型的是（　　）。
   A. ST　　B. LC　　C. SC　　D. CT
11. 下列关于建筑物综合布线系统的描述中，错误的是（　　）。
   A. 采用模块化结构　　B. 具有良好的可扩展性
   C. 传输介质都采用双绞线　　D. 可以连接建筑物中的各种网络设备
12. 在建筑物综合布线系统中，主要采用的传输介质是（　　）。
   A. UTP和STP　　B. UTP和光纤　　C. 同轴电缆和光纤　　D. 无线电波和光纤

二、填空题

1. 根据使用的光源和光波的传输模式不同，光纤可分为（　　）和（　　），选取二者的决定性因素是（　　）。
2. 双绞线分为（　　）和（　　）两类。
3. 不受电磁干扰或噪声影响的传输介质是（　　）。

三、简答题

1. 为什么双绞线是目前局域网最常用的传输介质？
2. 请写出 TIA 568A 和 EIA 568B 的标准线序。
3. 什么是交叉线缆？什么是直通线缆？如果两台计算机通过网卡直接互联，使用哪种线？
4. 光纤通信有哪些特点？
5. 请简述单模光纤和多模光纤的主要区别。
6. 请简述什么是综合布线系统。

四、应用题

某公司办公 A 楼高 10 层，每层高 3m，同一楼层内任意两个房间的最远传输距离不超过 90m，办公 A 楼和办公 B 楼之间距离为 500m，需对整个大楼进行综合布线，结构如图 4-18 所示。为满足公司业务发展的需要，要求为楼内客户端提供数据速率为 100Mb/s 的数据传输服务。

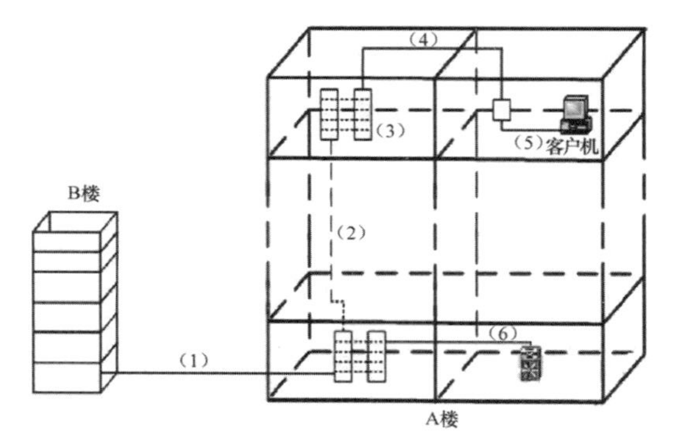

图 4-18　某公司办公大楼综合布线系统

【问题 1】综合布线系统由 6 个子系统组成，将图 4-18 中（1）～（6）处空缺的子系统名称填写在对应的横线上。

（1）__________________　　（2）__________________

（3）管理子系统　　（4）__________________

（5）__________________　　（6）设备间子系统

【问题 2】考虑到性能与价格因素，图 4-18 中（1）、（2）和（4）中各应采用什么传输介质？

（1）传输介质是__________；（2）传输介质是__________；

（4）传输介质是__________。

【问题 3】制作交叉双绞线时，其中一端的线序如图 4-19（a）所示，另一端的线序如图 4-19（b）所示，将图 4-19（b）中（1）～（2）处空缺的颜色名称填写在对应的横线上。

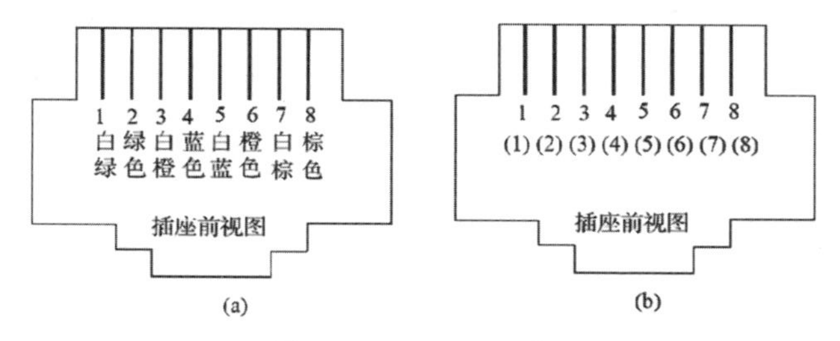

图 4-19　RJ-45 线序图

（1）__________　（2）__________　（3）__________　（4）__________

（5）__________　（6）__________　（7）__________　（8）__________

单元 5 局域网基础

导　学

学习了网络基础知识和传输介质的相关知识以后，试着自己动手组建一个简单的局域网。以计算机实验室网络组建为例，对 80 台计算机利用交换机进行组网设计，网络拓扑结构如图 5-1 所示。虽然组建局域网并不难，但是需要了解基本的组网设备、组建局域网的标准、局域网的工作原理等一系列问题，这些都需要事先学习掌握，以达到事半功倍的效果。通过本单元的学习，让我们一起来认识“局域网”这个大家所熟悉的词语背后的技术奥妙。

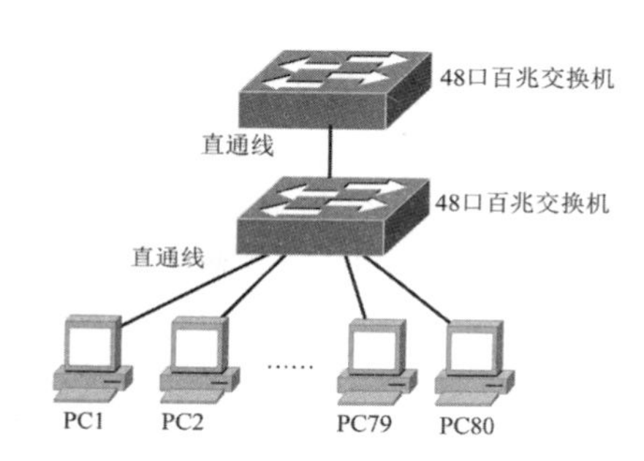

图 5-1　典型计算机实验室的网络拓扑结构

学习目标

【知识目标】

◇ 掌握局域网的基本概念和特点。
◇ 理解局域网 IEEE 802 模型。
◇ 掌握以太网介质访问控制技术。
◇ 掌握以太网帧的基本知识。
◇ 认识以太网常用的网络互连设备。

【技能目标】

◇ 具备网络硬件设备识别及应用能力。
◇ 具备简单的局域网组建与维护能力。
◇ 具备一般网络故障的排除能力。

5.1 局域网的基本概念

学习任务

（1）掌握局域网的基本概念及特点。

（2）理解局域网的组成及分类。

5.1.1 局域网的基本概念与特点

知识点

（1）局域网的基本概念。

（2）局域网的特点。

局域网的发展始于20世纪70年代，到20世纪90年代，局域网在速度和带宽方面出现了飞跃式发展。局域网是计算机网络的主要组成部分，是计算机网络技术应用与发展非常活跃的领域之一。政府部门、企业、公司的计算机通过局域网连接起来，实现了信息传递和资源共享。

（1）局域网的基本概念

局域网（LAN）即是将某一区域内各种通信设备互联起来组成一个计算机通信网络，实现彼此之间的信息传递和资源共享。其覆盖范围具有一定局限性，通常指大楼、园区和办公室等。局域网只是与广域网相对的一个词，没有严格的定义，也就是说，凡是小范围内的有限通信设备互联在一起形成的通信网络，都可以称为局域网。

（2）局域网的特点

局域网的主要特点是高数据传输速率、短距离传输和低误码率。具体来说，其有以下特点。

1）有限的地理范围，一般在10m～10km，一般为一个单位拥有；

2）传输速率高。数据传输速率可达10Gb/s

3）具有较低的时延，误码率低。误码率通常为10^{-8}～10^{-12}；

4）具有广播功能，从一个站点可很方便地访问全网。局域网上的主机可共享连接局域网上的各种硬件和软件资源；

5）协议简单、结构灵活、建网成本低，便于系统的扩展和演变，各设备的位置可灵活调整和改变；

6）提高了系统的可靠性和可用性。

提 示

局域网在进行组网时，要充分考虑所有信息节点的可控性和高性能等，还需要预留网络扩展空间以满足将来可能出现的新需求和新变化。在组网设计中，必须遵循以下技术原则：标准化、实用性、可扩展性、易操作、易维护、高性能和高可靠性。

课堂同步

单选题：下列属于局域网特点的是（　　）。

A. 传输速率低，时延较小　　B. 传输时延较大，误码率低

C. 地理分布范围较宽广　　D. 传输速率高，误码率低

5.1.2 局域网组成与分类

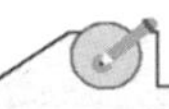

知识点

（1）局域网的组成。
（2）局域网的分类。

（1）局域网的组成

局域网由网络硬件和网络软件两部分组成。网络硬件用于实现局域网的物理连接，为连接在局域网上的计算机之间的通信提供一条物理信道。网络软件是在网络环境下控制和管理网络运行与通信的一种计算机软件，主要用于控制并具体实现信息传输和网络资源的管理与共享。这两部分互相依赖，共同实现局域网的通信功能。

局域网硬件包括服务器、工作站、网卡、网络互联设备、传输介质等。其中，网络互联设备包括集线器、中继器、交换机等。网络系统软件主要包括网络操作系统、网络协议和网络通信软件等。

（2）局域网的分类

局域网的组成主要按照以下方式分类。

1）按拓扑结构分类

局域网按拓扑结构分类主要有总线型局域网、环形局域网、星形局域网、树形局域网和混合型局域网。

2）按传输介质分类

局域网常见的传输介质有同轴电缆、双绞线、光纤和无线（无线电波和微波）等。因此，可以将局域网分为同轴电缆局域网、双绞线局域网、光纤局域网和无线局域网。

3）按访问控制传输介质分类

局域网中常见的传输介质访问方法有以太网（Ethernet）、令牌环网（Token Ring Network）、光纤分布式接口（FDDI）、异步传输模式（ATM）等。

4）按网络操作系统分类

常用的网络操作系统主要有原 Novell 公司的 NetWare 操作系统、原 Sun 公司的 UNIX 操作系统、Microsoft 公司的 Windows 操作系统、开源的 Linux 操作系统及苹果公司的 MacOS 操作系统等。

5）其他分类方法

按数据传输速率分为 10Mb/s 局域网、100Mb/s 局域网和 1000Mb/s 局域网等。按信息交换方式分为交换式局域网和共享式局域网。

（3）局域网技术特性

一般来说，决定局域网技术特性的主要有拓扑结构、传输介质和介质访问控制方法 3 个方面，如表 5-1 所示。这 3 个方面在很大程度上决定了传输数据类型、网络的响应时间、吞吐量、利用率及网络应用等。其中，最重要的是介质访问控制方法。局域网标准由 IEEE 802 委员会负责制定。

表 5-1　局域网技术特性

拓扑结构	总线型、环形、星形、树形
传输介质	双绞线、同轴电缆、光纤、无线通信
介质访问控制方法	带冲突碰撞检测的载波监听多路访问（CSMA/CD）、令牌环（Token Ring）、令牌总线（Token Bus）等

课堂同步

单选题：下列不是局域网技术特性的是（　　）。

A. 局域网拓扑结构　　B. 传输介质

C. 介质访问控制方法　　D. 局域网维护

5.1.3　常见的局域网拓扑结构

知识点

（1）总线型拓扑。

（2）星形拓扑。

（3）环形拓扑。

（4）树形拓扑。

局域网中常用的网络拓扑结构有总线型拓扑、环形拓扑、星形拓扑和树形拓扑，如图 5-2 所示。实际的网络拓扑可能是总线型拓扑、环形拓扑、星形拓扑、树形拓扑中的一种或多种的组合。

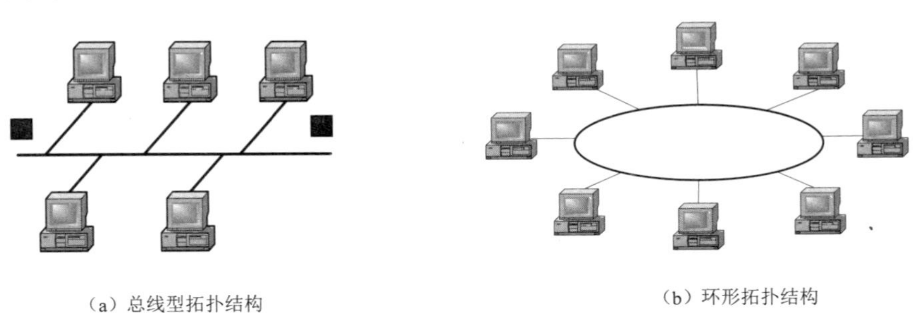

（a）总线型拓扑结构　　（b）环形拓扑结构

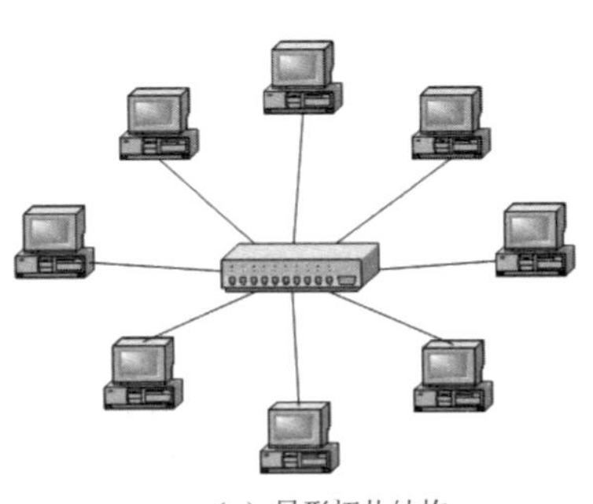

（c）星形拓扑结构

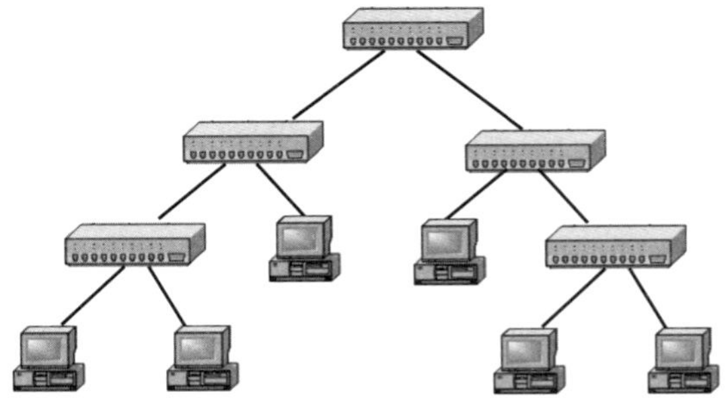

（d）树形拓扑结构

图 5-2　局域网常见的拓扑结构

（1）总线型拓扑结构

局域网最初是将多台计算机互联，它的拓扑结构是总线型，如图 5-2（a）所示。总线型拓扑结构采用单根传输线作为传输介质，所有的节点都通过相应的硬件接口直接连接到总线上。其主要特点有以下几个。

① 所有的节点都连接到一条公共传输介质上。总线结构通常采用同轴电缆作为传输介质。

② 任何一个节点发出的信息都沿着总线传播，其他节点都能接收到该信息。但在同一时间内，只允许一个节点发送数据。

③ 由于总线作为公共传输介质为多个节点所共享，就有可能出现同一时刻有两个或两个以上节点利用总线发送数据的情况，发生碰撞即出现冲突，冲突的结果是丢弃数据帧，并停止数据的发送。

④ 在“共享介质”的总线型拓扑结构的局域网中，必须解决多个节点访问总线的介质访问控制问题。

⑤ 总线型拓扑结构简单、实现容易、易于扩展、价格低廉，但总线长度有限。

⑥ 任何一处故障将会导致整个网络瘫痪。当网络发生故障时，进行故障诊断和隔离较为困难。

提 示

随着局域网的发展，目前总线型拓扑结构基本已被淘汰。

（2）环形拓扑结构

环形拓扑结构是通过点到点链路首尾相连形成一个闭合的环，如图 5-2（b）所示，其主要特点有以下几个：

① 环路中的数据只能沿着一个方向绕环逐节点传输，各个节点共享环路。

② 多个节点共享一条环路，使用了某种介质访问控制方法（如令牌环），确定了环中每个节点发送数据的时间，因而不会出现冲突，网络吞吐量较大。

③ 环形拓扑结构网络的管理较为复杂，可扩展性较差，当增加或删除某个节点时，一般需要将全网停下来进行重新配置，灵活性差、维护困难。

④ 对于单环网络，任何一个节点出现故障都会使整个网络瘫痪。

提 示

（1）为了增加环形拓扑结构的可靠性，引入了双环拓扑结构。所谓双环拓扑结构就是在单环拓扑的基础上，在各节点之间再连接一个备用环，当主环发生故障时备用环继续工作。著名的 FDDI 网就是采用双环拓扑结构的。

（2）在实际应用中，多采用环形拓扑结构作为宽带高速网络的拓扑结构。

（3）星形拓扑结构

星形拓扑结构以中央节点为中心，所以又称集中式网络，如图 5-2（c）所示，其主要特点有以下几个。

① 任何两个节点之间的通信都要通过中央节点转发，中心设备一般为集线器和交换机。

② 结构简单、管理方便、组网灵活、可扩充性强。

③ 其中一个节点出现故障时，不会影响全网，易于进行故障检测和隔离，但中央节点的可靠性

至关重要。

（4）树形拓扑结构

树形拓扑结构是星形拓扑的扩展，如图 5-2（d）所示，其主要特点是层次分明，易于扩展和隔离故障，减少了链路与设备投资，组网容易、可扩展性强、维护简单。

提 示

网络拓扑结构影响着整个网络的设计、功能、可靠性和通信费用等许多方面，是决定局域网性能优劣的重要因素之一。计算机网络的拓扑结构设计，是组建计算机网络的第一步。因此，选择拓扑结构时应考虑以下 3 点。

（1）经济性：网络拓扑的选择直接决定了网络安装和维护的费用。

（2）灵活性：要充分考虑网络的可调整性和可扩充性。

（3）可靠性：网络的可靠性决定了一个网络的生命，要充分考虑网络故障检测和故障隔离的方便性。

课堂同步

单选题：在实际的计算机网络组建过程中，一般应该先做（　　）。

A. 网络拓扑结构设计　　B. 网络设备选型

C. 应用程序设计　　D. 传输介质选型

5.2　以太网的概念与 IEEE 802 标准

学习任务

（1）掌握以太网的概念。

（2）理解 IEEE 802 标准。

（3）理解以太网帧格式结构。

（4）掌握以太网介质访问控制方法：CSMA/CD。

（5）理解局域网介质访问控制方法：令牌环和令牌总线。

5.2.1　IEEE 802 标准

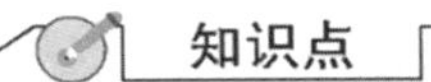

知识点

（1）IEEE 802 标准。

（2）局域网模型。

第一个以太网标准是 1980 年 DEC 公司、Intel 公司和 Xerox（施乐）公司联合发表的第一个版本 DIX V1，1982 年又修改为第二个版本（实际上也就是最后的版本），即 DIX V2 成为世界上第一个局域网标准。以太网是当今局域网中最通用的通信协议标准。以太网具有易组建、易维护和低成本等优点，迅速地推动了局域网的发展。

（1）IEEE 802 标准

为了促进网络标准化，1980 年美国电气和电子工程师协会（IEEE）成立了一个局域网标准化委员会，简称 IEEE 802 委员会，主要研究并制定 IEEE 802 局域网标准。IEEE 802 委员会在 DIX 的基础上，于 1983 年发布了第一个 IEEE 的以太网标准 IEEE 802.3。

IEEE 802 标准由一系列标准组成，如图 5-3 所示。随着局域网技术的发展，该体系在不断地增加新的标准和协议，如 IEEE 802.3 家族就是随着以太网技术的发展出现了许多新的成员。

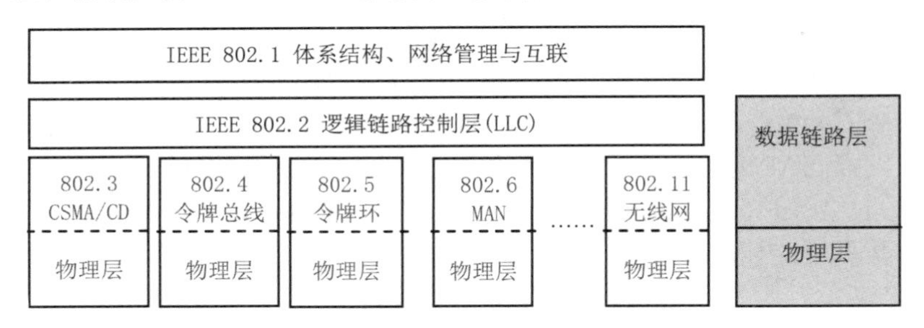

图 5-3　IEEE 802 标准及关系

IEEE 802 为局域网制定了一系列标准，主要有以下几种。

① IEEE 802.1：描述局域网体系结构，以及寻址、网络管理和网络互联（1997）。

a. IEEE 802.1G：远程 MAC 桥接（1998），规定本地 MAC 网桥操作远程网桥的方法；

b. IEEE 802.1H：局域网中的以太网 2.0 版 MAC 桥接（1997）；

c. IEEE 802.1Q：虚拟局域网（1999）。

② IEEE 802.2：定义了逻辑链路控制子层的功能与服务（1998）。

③ IEEE 802.3：描述 CSMA/CD 的介质访问控制方法及物理层技术规范（1998）。

a. IEEE 802.3ab：1000Base-T 访问控制方法和物理层技术规范（1999）；

b. IEEE 802.3ac：VLAN 的帧扩展（1999）；

c. IEEE 802.3ad：多重链接分段的聚合协议（2000）；

d. IEEE 802.3i：10Base-T 访问控制方法和物理层技术规范（1990）；

e. IEEE 802.3u：100Base-T 访问控制方法和物理层技术规范（1995）；

f. IEEE 802.3z：1000Base-X 访问控制方法和物理层技术规范（1998）；

g. IEEE 802.3ae：10GBase-T 访问控制方法和物理层技术规范（2002）。

④ IEEE 802.4：令牌总线访问控制方法及物理层技术规范。

⑤ IEEE 802.5：令牌环网访问控制方法及物理层技术规范（1997）。

IEEE 802.5t：100Mb/s 高速标记环访问方法（2000）。

⑥ IEEE 802.6：城域网访问控制方法及物理层技术规范。

⑦ IEEE 802.7：宽带局域网访问控制方法与物理层规范。

⑧ IEEE 802.8：FDDI 访问控制方法与物理层规范。

⑨ IEEE 802.9：综合语音、数据局域网技术（1996）。

⑩ IEEE 802.10：局域网网络安全标准（1998）。

⑪ IEEE 802.11：无线局域网访问控制方法和物理层技术规范（1999）。

⑫ IEEE 802.12：100VG-anyLAN 访问控制方法和物理层技术规范。

⑬ IEEE 802.13：CATV 宽带通信标准（1998）。

⑭ IEEE802.15：无线个人网技术标准，其代表技术是蓝牙（Bluetooth）。

⑮ IEEE 802.16：宽带无线访问标准。

随着局域网技术的发展，该体系在不断地增加新的标准和协议，如 IEEE 802.3 标准随着以太网技术的发展，将会出现更多新的标准。

（2）局域网模型

20 世纪 80 年代初期，美国电气电子工程师协会 IEEE 802 委员会结合局域网自身特点，参考 OSI/RM 参考模型，提出了局域网参考模型（LAN/RM），制定了局域网体系结构。为了使局域网中的数据链路层不致过于复杂，将局域网的数据链路层划分为两个子层，即媒体接入控制（Media Access Control，MAC）子层和逻辑链路控制（Logical Link Control，LLC）子层，而网络的服务访问点 SAP 则在 LLC 层与高层的交界面上（局域网的高层功能由具体的局域网操作系统来实现）。IEEE 802 提出的局域网模型（LAN/RM）如图 5-4 所示，主要涉及 OSI 参考模型物理层和数据链路层的功能。

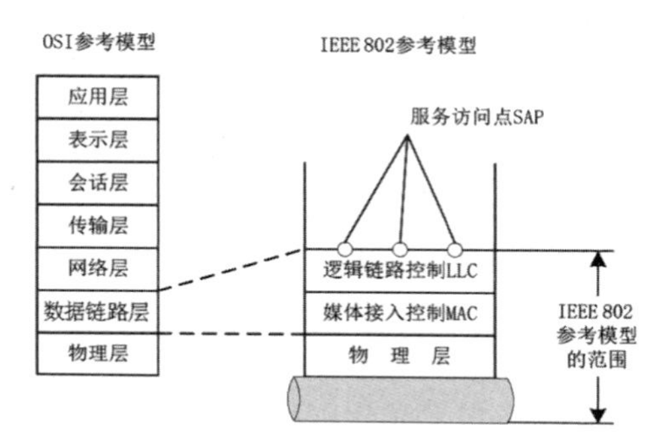

图 5-4 OSI 模型与 IEEE 802 模型

以太网负责实现物理层和数据链路层的介质控制访问子层（MAC）的功能。因此，局域网只涉及通信子网（物理层和数据链路层）的功能，它是同一个网络中节点与节点之间的数据通信，不涉及网络层。

局域网模型中之所以要将数据链路层分解为两个子层，主要原因是让 MAC 子层与介质密切相关；让 LLC 子层与所有介质访问方法无关。LAN/RM 中各层的主要功能有以下几点。

1）物理层

物理层实现与传输介质的物理连接，负责比特流的发送与接收工作。

2）媒体访问控制子层

MAC 子层是数据链路层的下半层，通过硬件方式实现其功能，为 LLC 子层提供服务。以太网 MAC 子层主要实现数据封装和介质访问控制。需要注意的是，MAC 子层与不同的物理层实现方法有关。

3）逻辑链路控制子层

局域网底层提供“尽最大努力”的数据报业务，不保证数据的可靠传输。因此，LLC 运行在 MAC 访问子层上。LLC 子层主要负责处理上层的网络软件和下层硬件之间的通信，向上统一了数据链路层的接口，从而屏蔽了物理网络的实现细节。LLC 子层还负责流量控制和差错控制。

提 示

LLC 通常通过软件实现，不受物理设备的影响。因此，LLC 是网卡的驱动程序软件，是在介质与 MAC 子层之间传送数据的程序。

课堂同步

单选题：以下关于 IEEE 802 模型的描述中，正确的是（　　）。

A. 对应于 OSI 模型的网络层　　B. 数据链路层分为 LLC 子层和 MAC 子层

C. 只包括一种局域网协议　　D. 针对 WAN 而定义的标准

5.2.2　以太网帧

知识点

（1）以太网帧格式。

（2）MAC 地址。

常用的以太网 MAC 帧格式有两种：一种是 Ethernet II（以太网 II）标准，另一种是 IEEE 802.3 标准。两者的帧结构相似，这里重点介绍以太网 II 帧格式，如图 5-5 所示。在物理层配置方面是灵活多样的，使用以太网 II 帧或 IEEE 802.3 帧在 MAC 子层实体之间进行数据交换。

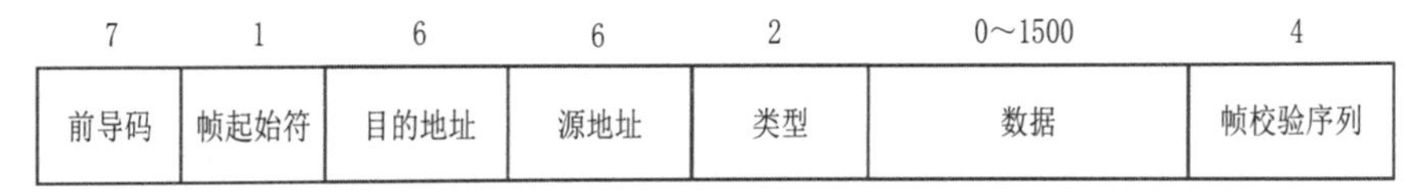

图 5-5　以太网帧 II 结构

以太网 II 帧格式中各字段的含义如下：

（1）前导码：占 7 个字节，每个字节的比特为“10101010”，用于收发双方的时钟同步。

（2）帧起始符：占 1 个字节，其比特为“10101011”，表示帧的开始。

提 示

前导码和帧起始符共 8 个字节，主要用于同步发送设备和接收设备。接收端根据帧的前导码中的“1”和“0”交互变化的比特模式实现比特同步，当检测到连续两位“1”时，便将后面的信息交给 MAC 子层。

（3）目的地址和源地址：各占 6 个字节，用来确定帧的发送目的地址和源地址，目的地址可以是单个地址，也可以是广播地址或组播地址，其特征是单个地址的最高比特为“0”，组地址的最高比特为“1”，且其余比特不全为“1”，广播地址的所有比特均为“1”。

这里的源地址和目的地址为 MAC（Medium/Media Access Control）地址，是在数据链路层使用的地址，以确定数据帧是发送给哪个节点的，又称物理地址、硬件地址、链路地址，它是由厂商硬件固化在网卡或网络互联设备中的一个地址编号。在以太网中用唯一的 MAC 地址表示源端设备和目的端设备。以太网 MAC 地址由 48 位二进制数组成，用十六进制数表示。前 24 位二进制代码称为组织唯一标识符（OUI），由生产厂商申请获得，后 24 位是厂商自代码或序列号，如图 5-6 所示。

组织唯一标识符 OUI	厂商分配的编号
前 24 位	后 24 位

图 5-6　以太网 MAC 地址结构

MAC 地址通常用 12 个十六进制数表示，每两个 16 进制数之间用冒号隔开。例如，00:FF:CE:5C:02:96 就是一个 MAC 地址，其中前 6 个十六进制数 00:FF:CE 是网络硬件制造商的编号，而后 6 位十六进制数 5C:02:96 是该制造商所制造的某个网络产品（如网卡）的编号。

实例

在计算机的命令行提示符中，输入“ipconfig /all”或“ifconfig”（在 Linux 中）命令，可以查看其物理地址，输出结果如图 5-7 所示。

图 5-7　查看计算机的物理地址（MAC 地址）

（4）类型：占 2 个字节，指明以太网解封装过程完成后用于接收数据的上层协议类型。即类型字段用来标志上一层使用的是什么协议，以便把收到的 MAC 帧的数据上交给上一层的这个协议。

（5）数据：占 0～1500 个字节，介质上传输的数据单元，即 MAC 客户数据。最小帧长度 64 字节-18 字节（首部和尾部）= 数据字段的最小长度（46 字节）。当数据字段的长度小于 46 字节时，应在数据字段的后面加入整数字节的填充字段，以保证以太网的 MAC 帧长不小于 64 字节。

（6）帧校验序列：占 4 个字节，使用 CRC 循环冗余校验码检测帧中是否存在错误。对于检查出的无效 MAC 帧就简单地丢弃。以太网不负责重传丢弃的帧。

提 示

在 Ethernet II 格式中，除了数据字段和帧填充字段外，其余字段的长度都是固定的。所以，以太网帧数据部分的最大长度是 1500 字节，也就是说，以太网帧的最大长度是 1518 字节。以太网帧的最小长度是 64 字节。

数据链路层的数据单元是帧，虽然有不同的描述数据链路层帧的协议，但是基本都由帧头、数据和帧尾 3 部分组成。数据链路层协议描述了通过不同传输介质传送数据所需的功能。不同协议的帧结构、帧头和帧尾所包含的字段会存在差异。没有一种帧能够满足所有类型介质的全部数据传输需求，根据环境的不同，帧中所需的控制信息也会相应变化，以匹配介质和逻辑拓扑的介质访问控制需求。IEEE 802.3 帧格式与以太网 II 帧格式相似，区别在于，IEEE 802.3 规定的 MAC 帧的第三个字段是“长度/类型”。当这个字段值大于 0x0600 时（相当于十进制的 1536），就表示“类型”。这样的帧和以太网 II 帧完全一样。当这个字段值小于 0x0600 时才表示“长度”。当“长度/类型”字段值小于 0x0600 时，数据字段必须装入上面的逻辑链路控制 LLC 子层的 LLC 帧。现在市场上流行的都是以太网 II 的 MAC 帧。

课堂同步

单选题：在以太网帧中，地址字段中存放的是（　　）。

A. 主机名　　　　B. MAC 地址

C. IP 地址　　　　D. 网址

5.2.3 介质访问控制方法

知识点

（1）以太网介质访问控制：CSMA/CD。
（2）局域网介质访问控制：令牌环和令牌总线。

以太网的核心思想是，使用共享的公共传输信道，核心技术为 CSMA/CD。将传输介质的频带有效地分配给网络上各站点用户的方法称为介质访问控制方法。介质访问控制方法是局域网最重要的一项技术，对局域网的体系结构、工作过程和网络性能有决定性的影响。介质访问控制方法主要是解决介质使用权的算法或机制，从而实现网络传输信道的合理分配。

局域网介质访问控制方法的主要内容有两个方面，一个是确定网络上的各个节点何时能够将数据发送到介质上；另一个是如何对共享介质进行访问和利用，并加以控制。

常见的局域网介质访问控制方法有 3 种，即“带冲突碰撞检测的载波监听多路访问”（Carrier Sense Multiple Access with Collision Detection，CSMA/CD）、令牌环（Token Ring）和令牌总线（Token Bus）。

（1）以太网介质访问控制 CSMA/CD

CSMA/CD 是一种采用争用技术的介质访问控制方法，通常用于总线型和星形拓扑结构的局域网中。以太网使用 CSMA/CD 检测和处理冲突，采用边发送边监听（冲突检测）的技术。它包含两个方面的内容，一个是载波监听多路访问（CSMA）；另一个是冲突检测（CD）。使用 CSMA 检测电缆上的电信号活动，CSMA/CD 用来对网络节点边发送边监听，一旦监听到信道空闲，就立即进行数据发送，一旦监听到信道冲突，就立即停止数据发送。每个站点都能够独立决定发送数据帧，若两个或多个站点同时发送数据帧，即产生冲突。任一时刻只允许一个节点发送数据，CSMA/CD 的工作原理可以简单地概括为“先听后发、边听边发、冲突停止和随机延迟后重发”，具体转发工作过程如图 5-8 所示。

1）所有要发送数据的节点必须在发送之前监听信道是否空闲。如果信道忙，则等待，直到信道空闲，就立即发送数据帧。

2）如果两个或多个节点同时发送数据，则在发送过程中发生冲突。产生冲突后，立即停止数据帧的发送，转发阻塞信号（指当冲突发生时，检测冲突的发送设备将持续传输一个特定时段的信号，以此来保证网络上的所有设备都检测到冲突），通知网段上所有节点出现了冲突。

3）其他节点收到拥塞信号后都停止数据帧的传送，等待一个随机产生的时间间隙，然后尝试重新发送。

总之，CSMA/CD 采用的是一种“有空就发”的竞争型访问策略，因而不可避免地会出现信道空闲时多个节点同时争用介质的现象，无法完全消除冲突，只能采取一些措施来减少冲突，并对冲突进行处理。因此，这种介质访问控制方法在重负载时，冲突概率加大、效率低，不适用于局域网环境下实时性要求较强的网络数据传输。

注意：传统以太网使用共享介质访问控制的方式（CSMA/CD）解决冲突。但是，目前主流的以太网中使用交换机解决了共享介质引起的冲突问题，这种网络中就不需要 CSMA/CD 了。

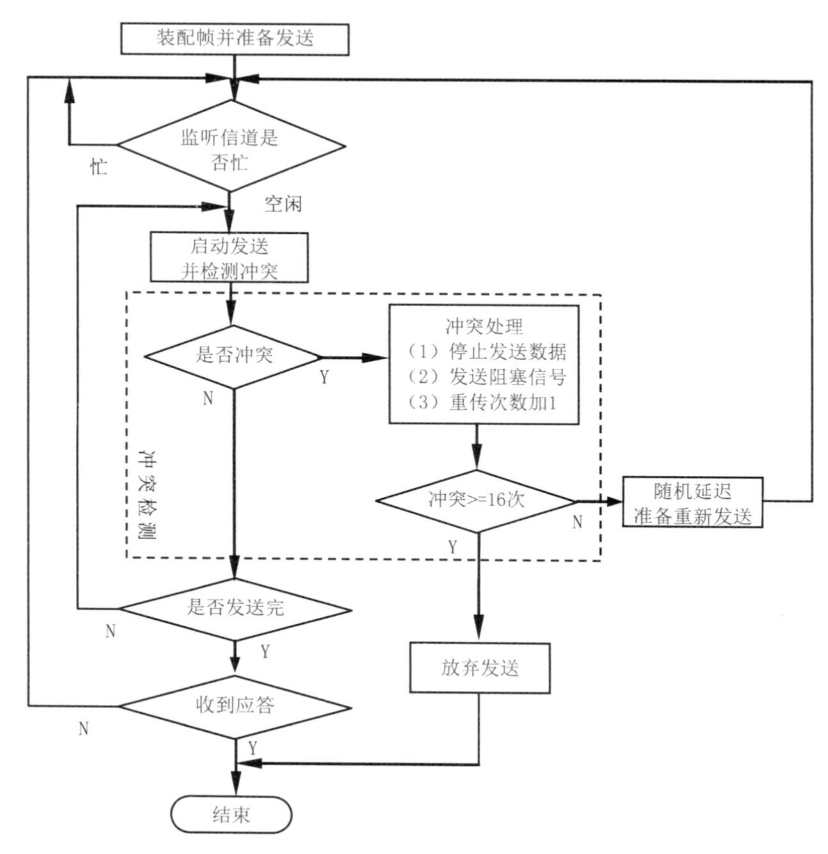

图 5-8　CSMA/CD 转发流程

（2）局域网介质访问控制

1）令牌环

令牌环介质访问控制方法是，通过在环形拓扑网络上传输令牌的方式来实现对介质的访问控制。令牌是一种特殊的帧，网络中的节点只有获得令牌时才能发送数据，没有获得令牌的节点不能发送数据，而且令牌始终沿着一个方向循环，每个节点均有机会获取令牌并发送数据。而且，在使用令牌环的 LAN 中不会产生冲突。具体工作过程如下。

① 当网络空闲时，只有令牌在环路上沿着一个方向循环流动。当一个节点想发送数据时，必须获得空闲令牌，如果令牌忙，则继续等待。

② 节点在获得令牌后启动数据发送，每个节点都能检测到所经过数据帧的目的地址，只有目的地址与本站地址一致时才复制该数据帧，然后该帧沿着环路继续转发给下一节点。

③ 当该数据帧回到发送节点时，发送节点再检查该帧是否被目的节点接收，同时清除该帧。如果没有数据帧继续发送，则释放令牌，并将它沿着环路发送给下一节点，使环路中有令牌继续流动。

提 示

整个过程类似“击鼓传花”游戏，大家围成一个圈，进行击鼓传花，人好比节点，花好比令牌，谁拿到花，谁就表演节目，也就是该节点可以发送数据。

与以太网 CSMA/CD 网络不同，令牌传递网络具有确定性，传输延迟相对固定。在轻负载时，由于存在等待令牌的时间，效率较低。在重负载时，对各节点较为公平，且效率高。因此，适用于需要能够预测延迟的应用程序，以及需要可靠的网络操作的情况。FDDI 就运用了令牌传输协议。

2）令牌总线

IEEE 802.4 定义了令牌总线介质访问控制方法，既克服了 CSMA/CD 的缺点，为总线提供了公平访问的机会，又克服了令牌环网存在的问题，是一种简单、公平、性能良好的介质访问控制方法。

令牌总线是在物理总线上建立一个逻辑环（物理上是总线型拓扑结构，逻辑上是环形拓扑结构，因此令牌传递顺序与节点的物理位置无关），每个节点被赋予一个顺序的逻辑位置，和令牌环一样，节点在获得令牌时才能进行数据帧发送。其操作原理与令牌环相同。

提 示

局域网与以太网的理解。IEEE 802 委员会定义了多种局域网标准。其中，IEEE 802.3 定义了以太网通信标准。局域网还包括令牌环、令牌总线、FDDI 和 ATM 等。从通信方式来讲，以太网属于局域网的一种类型。从应用的角度来讲，以太网通信标准是当今现有局域网采用的最通用的通信协议标准，现有的局域网大部分都采用以太网 II 帧协议。因此，也有人将局域网模糊地称为以太网。

课堂同步

单选题：下列关于介质访问控制方式说法错误的是（　　）。

A. 令牌是一个特殊结构的帧，用来控制节点对介质的访问权

B. 令牌总线和令牌环不需要进行环维护

C. 令牌总线必须周期性地为新节点加入逻辑环提供机会

D. CSMA/CD 处理冲突的方法是随机延迟后重发

E. CSMA/CD 发送流程可以简单概括为“先听后发、边听边发、冲突停止、随机延迟后重发”

5.3　以太网家族

学习任务

（1）理解以太网技术规范。

（2）理解快速以太网技术规范。

（3）理解千兆以太网技术。

（4）了解万兆以太网技术。

IEEE 802.3 标准协议规定了 CSMA/CD 访问控制方法和物理层技术规范，也就是以太网协议。以太网是目前最流行的局域网架构。以太网的发展以时间和速率提升为主线，分别为以太网（10Mb/s）、快速以太网（100Mb/s）、千兆以太网（1000Mb/s）、万兆以太网（10Gb/s）。

5.3.1 以太网

知识点

以太网：10Base5、10Base2、10Base-T、10Base-F。

IEEE 802.3 标准公布后，其易组建、共享性、开放性、结构简单、良好的兼容性和平滑升级功能等特点广受欢迎，推动了以太网的快速发展。它不但在局域网领域取得了霸主地位，其影响还扩展到了广域网的范畴。IEEE 802.3 的主要组网技术规范如表 5-2 所示。

表 5-2　IEEE 802.3 的主要组网技术规范

以太网标准	传输介质	拓扑结构	无中继最长介质段距离	网卡上的连接器	特　点
10Base5	50Ω 粗同轴电缆	总线型	500m	15 芯 D 型 AUI	现已不用
10Base2	50Ω 细同轴电缆	总线型	185m	BNC，T 形接口	无须集线器
10Base-T	2 对 CAT 3 双绞线	星形	100m	RJ-45	价廉、易组建、易维护
10Base-F	光纤	星形	2000m	ST	室外最佳

提 示

表 5-2 中，10 表示数据传输速率为 10Mb/s，Base 代表基带传输，5 表示每段电缆最大长度为 500m，2 表示每段电缆长度为 185m（接近 200m），T 表示双绞线，F 表示光纤。

（1）粗缆以太网 10Base5

10Base5 网络示意图及规则如图 5-9 所示。

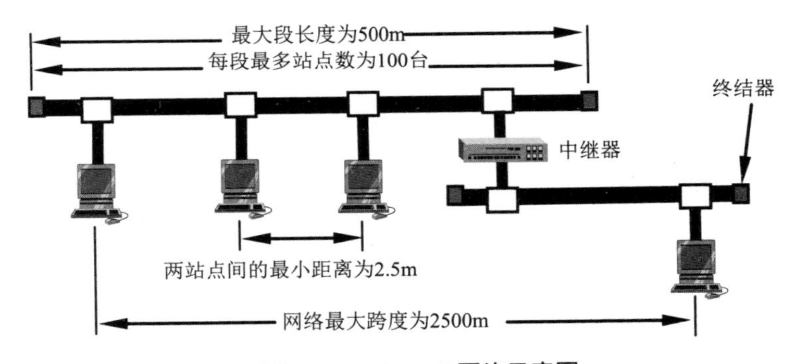

图 5-9　10Base5 网络示意图

① 相邻计算机（收发器）间最小距离为 2.5m。

② 粗缆两端需提供终结器。

③ 单网段的最大距离为 500m，使用中继器扩展后的最大网络距离为 2500m。

④ 每个网段最多 100 台计算机。

⑤ 符合 5-4-3 规则：最多 5 个网段，使用 4 个中继器连接，只允许 3 个网段连接计算机。另外，2 个网段不能连接计算机，只能用于网络延伸，构成 1 个冲突域，如图 5-10 所示。

（2）细缆以太网 10Base2

10Base2 总线使用一种较细的电缆，所以又称它为细缆网络或廉价网络。10Base2 网络示意图及规则如图 5-11 所示。

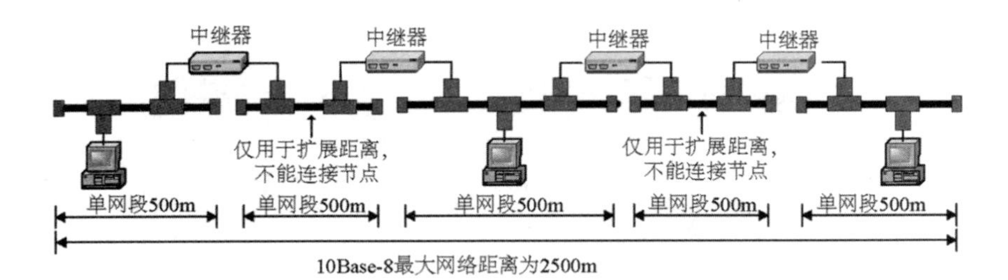

图 5-10 按照 5-4-3 规则延伸网络

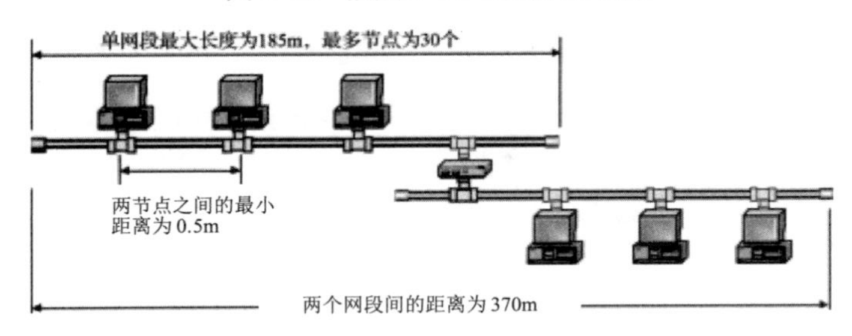

图 5-11 10Base2 网络示意图

① 单网段最大长度为 185m，使用中继器扩展后为 5×185=925m。

② 单网段最多有 30 个节点。

③ 相邻 BNC 或 T 形连接器间的最小距离为 0.5m。

④ 两端须提供终结器。

⑤ 符合 5-4-3 中继规则。

（3）双绞线以太网 10Base-T

10Base-T 网络采用星形拓扑结构，中心设备为集线器，集线器的作用相当于一个多端口的中继器（转发器），数据从集线器的一个端口进入后，集线器会将这些数据从其他所有端口广播出去。10Base-T 网络如图 5-12 所示。

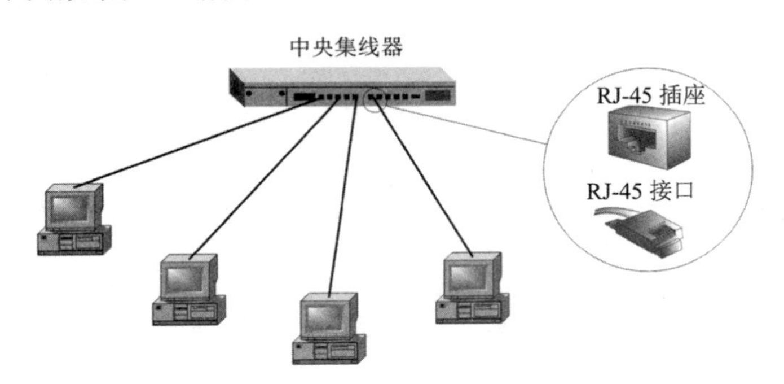

图 5-12 10Base-T 网络示意图

① 以集线器为中心的星形连接方式，每台计算机通过双绞线连接到集线器。

② 双绞线的长度不超过 100m。

③ 最大网络节点数为 1024 个。

（4）光纤以太网 10Base-F

10Base-F 网络使用光纤作为传输介质，具有较强的抗干扰性，但由于光纤连接器价格昂贵，所以组网费用较高。

课堂同步

单选题：如果将符合 10Base-T 标准的 4 个局域网用 Hub 连接起来，那么在这个局域网中，相隔最远的两台计算机之间的最大距离是（　　）m。

A. 200　　B. 300　　C. 400　　D. 500

5.3.2 快速以太网

知识点

快速以太网：100Base-TX、100Base-T4、100Base-T2、100Base-FX。

1995 年 9 月，IEEE 802 委员会发布了快速以太网（Fast Ethernet）标准 IEEE 802.3u。快速以太网保留了传统以太网的所有特征，即相同的帧格式、相同的介质访问控制方法（CSMA/CD）及相同的组网方法。

（1）100Base-TX

100Base-TX 是使用最为广泛的快速以太网介质标准。100Base-TX 支持两对 5 类非屏蔽双绞线。100Base-TX 是真正由 10Base-T 派生出来的。100Base-TX 使用的两对双绞线中，一对用于发送数据；另一对用于接收数据。100Base-TX 组网规则如下。

① 各网络节点须通过 Hub 连入网络。

② 传输介质采用 5 类非屏蔽双绞线或屏蔽双绞线。

③ 使用 RJ-45 接头连接网络。

④ 网络节点与 Hub 的最大距离为 100m。

用户只需要更换一块百兆的网卡，再配上一个 100Mb/s 的集线器，就可以方便地由 10Base-T 以太网直接升级到 100Base-TX，速率可以提高 10 倍，而不必改变网络拓扑结构，这就是以太网平滑升级的能力。

（2）100Base-T4

100Base-T4 是为了传输音频而设计的。它使用 4 对三类双绞线，3 对线用于传输数据，1 对线用于冲突检测。目前，这种技术没有得到广泛的应用。

（3）100Base-T2

100BASE-T2 采用 2 对 3 类、4 类或 5 类双绞线。采用 RJ45 连接器，最长网段为 100m。

（4）100Base-FX

100Base-FX 是以光纤作为传输介质的，光纤类型可以是单模光纤，也可以是多模光纤。

提 示

快速以太网可在全双工方式下工作而无冲突发生。在全双工方式下工作时，不使用 CSMA/CD 协议。

课堂同步

单选题：100Base-TX 标准支持的传输介质是（　　）。

A. 光纤　　B. 5 类双绞线

C. 3 类双绞线　　D. 同轴电缆

5.3.3　千兆以太网

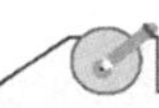

知识点

千兆以太网：1000Base-SX、1000Base-LX、1000Base-CX、1000Base-T。

1998 年，IEEE 802 委员会发布了千兆以太网（Gigabit Ethernet）标准 IEEE 802.3z。千兆以太网是 IEEE 802.3 标准的扩展，在保持与以太网和快速以太网设备兼容的同时，提供 1000Mb/s 的数据传输速率，使用 IEEE 802.3 协议规定的帧格式，介质访问控制方法为 CSMA/CD（在半双工方式下使用 CSMA/CD 协议，全双工方式不使用 CSMA/CD 协议），和组网方法与传统局域网相同，与 10BASE-T 和 100BASE-T 技术兼容，只是把每个比特的发送时间由 100ns 降低到 1ns。千兆以太网主要用于主干网和高速局域网建设。

（1）1000Base-SX

1000Base-SX 是运行在多模光纤上的千兆网络，不支持单模光纤，S 表示的是短距光纤。使用 850nm 激光器和纤芯直径为 62.5μm 和 50μm 的多模光纤时，传输距离分别为 275m 和 550m。

（2）1000Base-LX

1000Base-LX 是运行在单模光纤上的千兆网络，也支持多模光纤，L 表示的是长距光纤。使用 1300nm 激光器和纤芯直径为 62.5μm 和 50μm 的多模光纤时，传输距离为 550m，使用 10μm 的单模光纤时，传输距离为 5000m。

（3）1000Base-CX

1000Base-CX 是运行在屏蔽铜缆上的千兆网络，适合短距离连接通信。使用两对短距离的屏蔽双绞线电缆，传输距离为 25m。

（4）1000Base-T

1000Base-T 是 IEEE 802.3 委员会公布的第二个 UTP 线标准 IEEE 802.3ab，使用 4 对 5 类或超 5 类非屏蔽双绞线，最长传输距离为 100m。

课堂同步

单选题：下列关于千兆以太网的描述中，错误的是（　　）。

A. 与传统以太网采用相同的帧格式

B. 只能使用光纤作为传输介质

C. 与传统的以太网相同，使用了 CSMA/CD 介质访问控制方法

D. 标准中定义了千兆以太网的物理层技术规范

5.3.4　万兆以太网

知识点

万兆以太网：10GBase-SR、10GBase-LR、110GBase-ER、10GBase-CX4、10GBase-T。

2002 年 IEEE 802.3ae 万兆以太网标准正式发布。万兆以太网是一种数据传输速率高达 10Gb/s、通信距离可延伸至 40km 的以太网。它是在以太网的基础上发展起来的，万兆以太网和千兆以太网一样，在本质上仍是以太网，只是在速度和距离方面有了显著的提高。万兆以太网还保留了 IEEE 802.3 标准规定的以太网帧格式、帧的最小帧长和最大帧长。这使得用户在其

已有的以太网上进行升级时，仍能和较低速率的以太网方便地通信。

万兆以太网只适用于全双工通信方式，不存在冲突，也不使用 CSMA/CD 协议，其传输距离因不受碰撞检测的限制而大大增加。在 IEEE 802.3ae 标准中，万兆以太网只能使用光纤作为传输介质，规定了以下 3 种光纤。

（1）10GBase-SR

10GBase-SR 使用 850nm 激光器的多模光纤，传输距离不超过 300m。

（2）10GBase-LR

10GBase-LR 使用 1300nm 激光器单模光纤，传输距离不超过 10km。

（3）10GBase-ER

10GBase-ER 使用 1500nm 激光器单模光纤，传输距离不超过 40km。

2004 年制定了 IEEE 802.ak 标准，2006 年制定了 IEEE 802.3an 标准，定义了两个以铜线为传输介质的万兆以太网。

1）10GBase-CX4

10GBase-CX4 使用 4 对双芯同轴电缆（twinax），传输距离不超过 15m。

2）10GBase-T

10GBase-T 使用 4 对非屏蔽 6A（超 6）类双绞线，传输距离不超过 100m。

2010 年 6 月公布了 IEEE 802.3ba 标准，即 40GE（40 吉比特以太网）和 100GE（100 吉比特以太网）。这里不再一一赘述，有兴趣的读者可以查阅相关资料。

现在以太网的工作范围已经从局域网领域扩大到城域网和广域网的范畴，从而实现了端到端的以太网传输。这种工作方式的好处有以下几点：

1）以太网是一种经过实践证明的成熟技术。

2）以太网的互操作性很好，不同厂商的以太网都能够可靠地进行相互操作。

3）端到端的以太网连接使用的帧格式全部是以太网的格式，不需要进行帧格式的转换，简化了操作和管理。但是与其他网络，如帧中继或 ATM 网络相比，仍然需要相应的接口才能互联。

4）以太网从 10Mb/s 到 10Gb/s，甚至到 100Gb/s 的演进证明了以太网是可扩展的、灵活的、易于安装的，具有良好的稳健性。

课堂同步

单选题：下列关于万兆以太网的描述中，正确的是（　　）。

A. 应考虑介质访问控制问题　　B. 可以使用 5 类非屏蔽双绞线

C. 没有改变以太网的帧格式　　D. 传输介质只能选择单模光纤

5.4 工程实例——认识组网硬件设备

学习任务

认识组网硬件设备：服务器、工作站、网卡、中继器、网桥、集线器、交换机、路由器，并且会根据实际需要进行设备选型。

局域网的硬件设备主要包括服务器、工作站、网卡、中继器、集线器、网桥、交换机、路由器等。

5.4.1　服务器

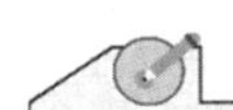

知识点

服务器：塔式服务器、机架服务器、刀片式服务器。

服务器是指在网络中提供各种服务的高性能计算机，承担网络中的数据存储和管理等任务，是网络应用的基础和核心。使用该服务器资源的用户称为该服务器的客户机或用户。

服务器从硬件方面来说，对稳定性、安全性等方面的要求更高，CPU、芯片组、内存、磁盘系统、网络等硬件性能更高，不同于普通 PC 的硬件组成。从软件方面来说，服务器一定要运行一个能够进行资源管理，并能为多个用户提供服务的网络操作系统，如 Windows、UNIX、Linux 等。

在网络部署方面，服务器一般需要连接在网络的骨干线路上，而且要进行重点安全保护。

服务器按照结构外观进行分类，分为塔式服务器、机架服务器和刀片式服务器，如图 5-13 所示。

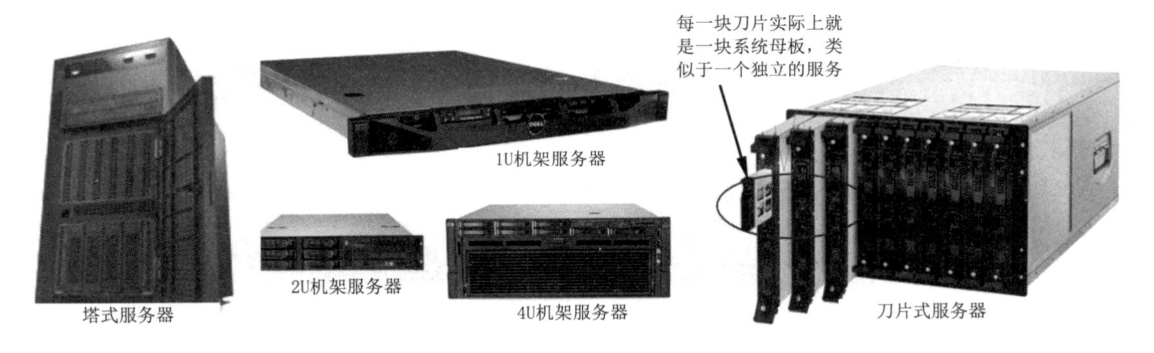

图 5-13　服务器外观

课堂同步

上网查阅服务器的相关资料，列举国内主要的服务器生产厂商，并调查走访，观察学校网络中心服务器的外观和操作系统等。

5.4.2　工作站

知识点

工作站。

工作站又称客户机或客户端。现在的工作站使用具有一定处理能力的 PC（个人计算机）机来承担。工作站通过网卡接入局域网。当一台计算机连接到局域网时，这台计算机就成为局域网的一个工作站。工作站与服务器不同，服务器是为网络上许多网络用户提供服务的专用设备，而工作站需要使用服务器提供的服务，即网络服务。工作站为用户和网络的服务窗口，通过它可以获取网络资源，进行信息传递。用户通过工作站可以获取网络资源，进行信息传递。

工作站只是接入网络的设备之一，它的接入和离开对整个网络基本不会产生影响，它不像服务器那样一旦失效，可能会造成网络的部分功能无法使用。

课堂同步

上网查阅计算机的相关资料，列举国内较为知名的计算机品牌。

5.4.3 网卡

知识点

网卡和 MAC 地址。

网络适配器 NIC（Network Interface Card）又称为网卡。网卡是构成局域网的最基本、最重要和必不可少的连接设备。网卡的性能和质量直接影响着网络的性能。

（1）网卡的功能

网卡的功能主要体现于网络模型的物理层与数据链路层之上，通常将其归入数据链路层设备。网卡具有以下 3 个主要功能。

1）数据的封装与解封

发送时将上一层交给的数据，加上首部和尾部成为以太网帧。接收时将以太网帧剥离掉首部和尾部，然后交给上层处理。发送数据和接收数据，除了对数据进行缓存外，还要进行串行/并行转换。

2）链路管理

主要是以太网 CSMA/CD 协议的实现。

3）编码与译码

编码与译码，即基带数据编码方式的实现，如曼彻斯特编码与译码。

（2）网卡分类

1）按用途分类

网卡按用途分类可以分为工作站网卡、服务器网卡和笔记本电脑网卡。

2）按数据传输速率分类

网卡按数据传输速率可以分为 10Mb/s 网卡、100Mb/s 网卡、1000Mb/s 网卡、10/100Mb/s 自适应网卡、10/100/1000Mb/s 自适应网卡等。数据传输速率是衡量网卡性能的一个重要指标。

3）按传输介质分类

网卡按传输介质分类可以分为双绞线网卡、粗铜轴线缆网卡、细缆网卡、光纤网卡和无线网卡。

4）按网络技术分类

网卡按网络技术分类可以分为以太网卡、令牌环网卡、FDDI 网卡等。

（3）查看网卡 IP 与物理地址

每一块网卡出厂时都分配了一个全球唯一的标识，也就是网卡地址，又称 MAC 地址。MAC 地址被固化在网卡硬件之中。在 Windows 系列操作系统中，可以用 ipconfig /all 命令查看本机的 IP 地址、物理地址（MAC 地址）等信息。例如，Windows 7 操作系统下，在系统“开始”菜单下，选择“运行”命令，输入“cmd”命令后按回车键，在打开的命令行提示符窗口中输入“ipconfig /all”并按回车键，查询结果如图 5-14 所示。

图 5-14　网卡 IP 及物理地址等信息

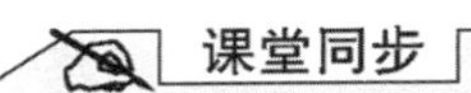

课堂同步

上网分类查阅网卡的相关资料，列举常见的网卡类型。

5.4.4　中继器

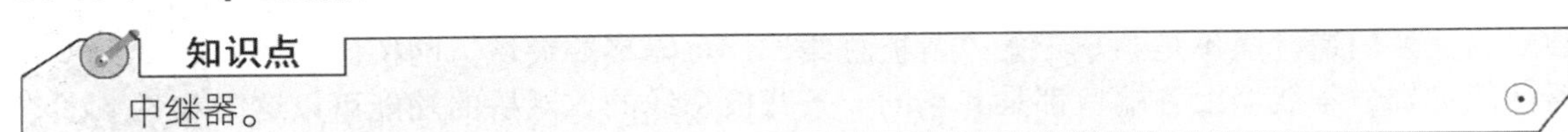

知识点

中继器。

中继器（Repeater）又称转发器，其功能是将因传输而衰减的信号进行接收、整形、放大、再发送，从而扩展局域网的传输距离。中继器一般有两个接口，它工作在 OSI 模型的物理层。

提 示

使用中继器扩展局域网时，须遵循以太网的 5-4-3 规则。

5.4.5　集线器

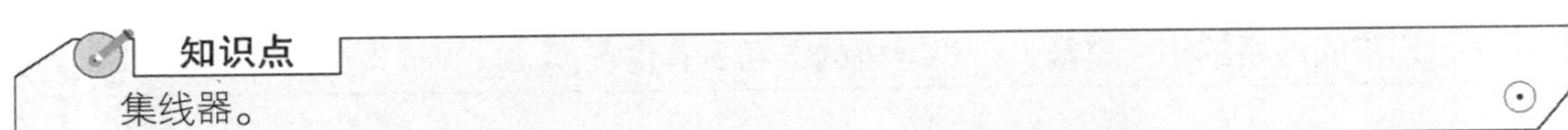

知识点

集线器。

集线器（Hub）工作于 OSI 模型的物理层。集线器实质上就是多端口的中继器。集线器在局域网中作为网络连接的中央节点，它的主要功能是，对接收的信号进行中继放大，以扩大网络的传输距离。

传统以太网利用集线器互连节点，采用这种方式，在一个局域网内只有一个客户机发送数据，其他客户机若要发送数据，必须等待上一个客户机的数据发送完毕。在集线器中，数据帧从一个节点被发送到集线器的某个端口上，就会被集线器广播到其他所有端口上，这种数据发送方式就是广播。

如图 5-15 所示的集线器使用双绞线作为传输介质，带有多个 RJ-45 端口，常用集线器的端口数有 8 口、16 口、24 口和 48 口。

图 5-15 16 口集线器

使用集线器的以太网存在以下几个问题。

（1）可扩展性较差，设备可以共享的带宽有限。

（2）数据通信存在不安全因素。采用广播方式将数据发送给所有节点，容易被他人非法截获。

（3）冲突增加。如果多个节点同时发送数据，将会发生冲突并且造成数据丢失。

（4）非双工传输，网络通信效率低。集线器每个端口同一时刻只能进行一个方向的数据通信，而不像交换机可以进行全双工通信。因此，集线器不能满足较大型网络的通信需求。

现在的以太网、局域网已经很少使用 Hub，只有少数一些小型局域网或较低级别的局域网会使用。

课堂同步

上网查阅集线器的相关资料，分析集线器的市场占有情况。

5.4.6 网桥

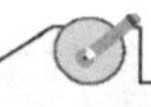

知识点

网桥。

网桥（Bridge）工作于 OSI 模型的数据链路层。网桥的两个端口分别有一条独立的交换信道，而不是共享一条“背板总线”，可隔离冲突域。网桥比集线器性能更好，集线器上各端口都是共享同一条背板总线的。网桥的功能可以这样描述，当其从一个端口接收到来自某个网段上的数据帧时，它能够决定是否需要将该数据帧传送给下一个网段，目的是减少单个局域网内的通信量。也就是网桥从网络上接收到数据帧后，会在网桥中查找目的 MAC 地址，已确定该数据帧如何处理，处理的方式有过滤该数据帧和转发该数据帧。网桥的工作原理和交换机的工作原理基本相同。

提 示

目前，网桥被具有更多端口且可隔离冲突域的交换机所取代。

课堂同步

上网查阅网桥的相关资料，分析网桥的市场占有情况。

5.4.7 交换机

知识点

（1）交换机。

（2）级联和堆叠。

交换机（Switch）工作于 OSI 模型的数据链路层。交换机是多端口网桥，是当今局域网中的一种互连设备，基于 MAC（Media Access Control，介质访问控制）地址识别，具有封装转发数据帧的功能。交换机能同时连接许多对端口，每一对相互通信的主机都能像独占通信介质那样进行无冲突的数据传输。交换机可以将局域网划分为多个单独的网段（冲突域），其每一个端口都代表着一个单独的网段，这样该端口连接的节点可以完全独享介质带宽。

交换机的工作原理请参见“6.1.2 节　交换式以太网”中的交换机工作原理。

（1）交换机的主要分类

交换机的分类有很多种，主要是对局域网交换机进行分类。

1）按网络覆盖范围可分为广域网交换机和局域网交换机。

2）按交换机的网络传输速度及使用的传输介质的不同，可分为以太网交换机、快速以太网交换机、千兆以太网交换机、万兆以太网交换机等。

3）按所属 OSI 层次可分为第二层交换机和第三层交换机。

4）按网管功能可分为可网管型交换机和非网管型交换机。

5）按交换机的应用规模层次可分为企业级交换机、部门级交换机、工作组交换机和桌面型交换机。

6）按交换机的端口结构可分为非模块化交换机和模块化交换机，如图 5-16 所示。

7）根据交换机的工作层次结构可分为接入层交换机、汇聚层交换机和核心层交换机。

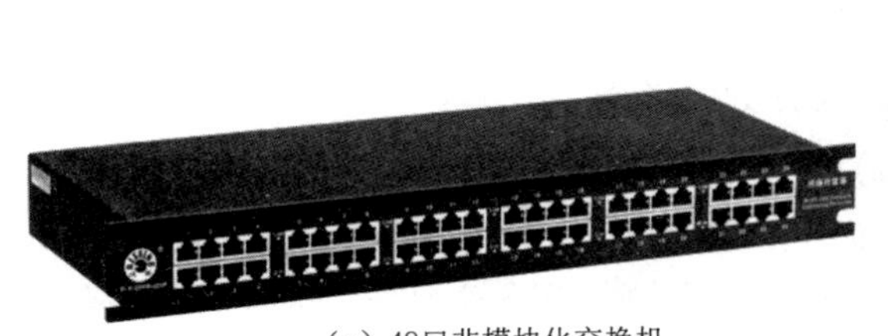

（a）48口非模块化交换机

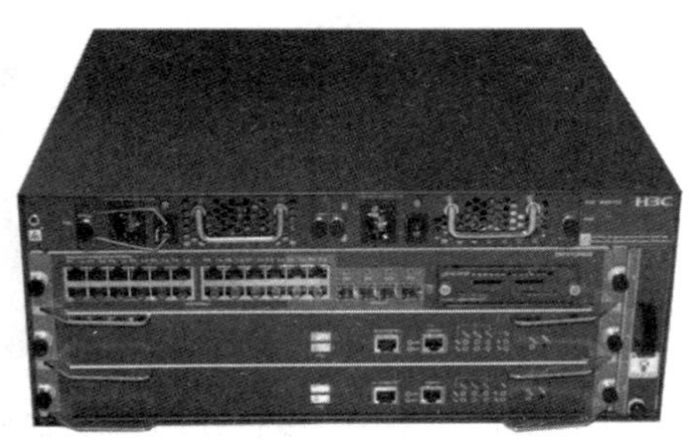

（b）模块化交换机

图 5-16　非模块化交换机和模块化交换机

（2）交换机与集线器的区别

交换机的作用是对封装的数据帧进行过滤和转发，可隔离冲突域。从组网的形式来看，交换机与集线器非常类似，均具有集中器的功能，但实际工作原理大不相同。

1）从 OSI 模型来看，集线器工作于 OSI 模型的物理层。传统交换机工作于 OSI 模型的数据链路层。

2）从工作方式来看，集线器采用广播模式传输数据，一个端口发送信息，所有的端口都可以接收到信息，容易发生“广播风暴”。交换机采用一种交换方式传输数据，能够有效地隔离冲突域，抑制“广播风暴”。

3）从带宽来看，集线器所有端口共享带宽，当两个端口间通信时，其他端口只能等待。例如，一个 24 口 100Mb/s 的集线器，每个端口的平均带宽就是 100/24=4.167Mb/s。交换机每个端口都有自己独立的带宽，两个端口间的通信不会影响其他端口间的通信。例如，一个 24 口 100Mb/s 的交换机，每个端口的带宽仍然是 100Mb/s。

实例

一个以太网交换机具有 24 个 10/100Mb/s 的全双工端口和两个 1000Mb/s 的全双工端口，则该交换机总带宽最大可以达到多少？

解答：在全双工状态下，交换机每个端口的带宽为其传输速率的 2 倍，所以，最大带宽为 2×(2×1000+24×100)=8800Mb/s=8.8Gb/s。

（3）级联与堆叠

交换机之间最简单的一种连接方法是，采用一根交叉双绞线将它们连接起来。交换机互联的方式有级联和堆叠两种。

1）级联

级联是将两台或两台以上的交换机通过一定的拓扑结构进行连接。多台交换机可以形成总线型、树形或星形的级联结构。级联的缺点是，交换机与交换机之间的通信可能成为“瓶颈”。交换机级联如图 5-17 所示。

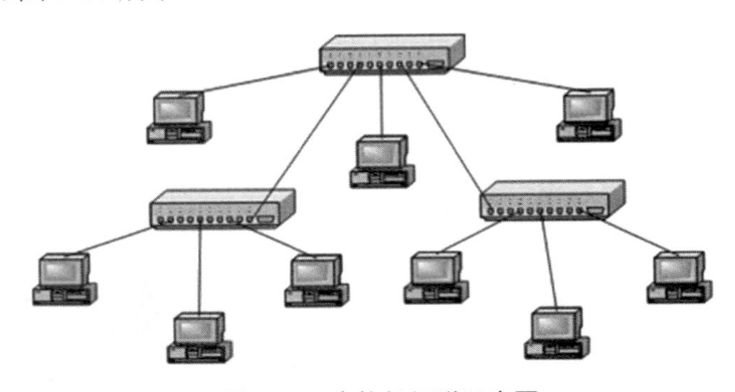

图 5-17　交换机级联示意图

2）堆叠

交换机堆叠满足大型网络对端口的数量要求，一般在较大型网络中会采用交换机的堆叠方式。通过厂家提供专用的堆叠线缆和堆叠模块将交换机的背板连接起来，堆叠后的所有交换机可视为一个整体来进行管理，增加了端口数量，能够在交换机之间建立一条较宽的宽带链路。

堆叠有星形堆叠和菊花链式堆叠两种模式，如图 5-18 所示。

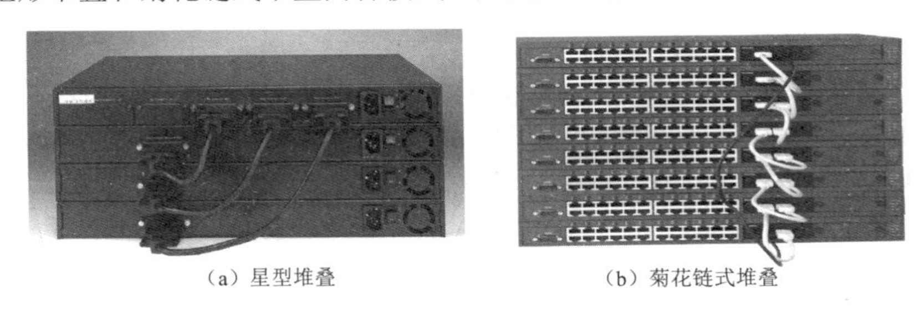

（a）星型堆叠　　（b）菊花链式堆叠

图 5-18　交换机堆叠示意图

星形堆叠模式适用于要求高效率、高密度端口的单节点局域网，克服了菊花链式堆叠模式多层次转发时的高时延影响，但需要提供高带宽矩阵，成本较高，而且矩阵接口一般不具有通用性，无论是堆叠中心交换机的堆叠端口，还是成员交换机的堆叠端口都不能用来连接其他网络设备。

菊花链式堆叠是一种基于级联结构的堆叠技术，对交换机硬件没有特殊的要求，通过相对高速的端口串接，最终构建一个多交换机的层叠结构，存在环路（以太网环境中，不允许出现环路，交换机一般通过自启动的生成树来断开环）并存在一定程度的冗余。

堆叠的特点是堆叠线缆短（一般为 1m）、解决带宽“瓶颈”、延时小，无性能差异，便于管理。

课堂同步

上网查阅交换机的相关资料，列举国内主要生产厂商及主要产品。

5.4.8　路由器

知识点

路由器。

（1）路由器简介

路由器（Router）工作于 OSI 模型的网络层，是完成网络之间互联的设备。路由器通过路由决定数据包的转发，路由表决定数据包转发到目标网络，路由器根据路由表转发数据包到达目标网络，这样就需要路由器的路由表中有到达目标网络的路由条目，转发需要相应的转发策略，而且转发策略非常重要。转发策略又称为路由选择，这也是路由器名称的由来。如果交换机的作用是实现计算机、服务器等设备之间的互联，那么路由器的作用是实现网络与网络之间的互联，从而组成更大规模的网络。如果路由器上的路由表中没有目标网络的路由条目，数据包就会被转发到默认网关。如果没有默认网关，则丢弃数据包。路由器中转发数据包所需要的路由条目就组成路由表。路由器的主要功能有连接网络、隔离广播、路由选择和数据转发。

路由器有多种类型，也有多种划分方法。

按性能档次可分成高、中、低档路由器，如家用路由器就是低档路由器。

按结构可分为模块化结构与非模块化结构路由器。

按功能可分为核心层（骨干级）路由器、分发层（企业级）路由器和访问层（接入级）路由器。

常见的路由器如图 5-19 所示。

（a）高档路由器

（b）模块化路由器

（c）家用路由器

图 5-19　常见的路由器

（2）路由器与交换机的比较

1）工作层次不同。交换机工作于 OSI 模型的数据链路层，路由器工作于 OSI 模型的网络层。

2）数据转发所依据的地址不同。交换机是利用物理地址或者说 MAC 地址来确定数据转发的，路由器是利用不同网络地址（IP 地址）来确定数据转发的。

3）传统的交换机只能隔离冲突域，不能隔离广播域，路由器可以隔离广播域。

4）路由器还提供了安全方面的功能，如包过滤、网络地址转换等服务。

提示

交换设备有多种类型，局域网交换机、路由器都可以作为交换设备。交换机主要用于连接相似或相同网络（如以太网和以太网），路由器主要用于异构网络互联（如以太网和帧中继）。

课堂同步

上网查阅路由器的相关资料，列举国内主要路由器生产厂商及其主要产品。

思考与练习

一、选择题

1. 分布在一座大楼或集中在建筑群中的网络可称为（　　）。

A. LAN　　B. MAN　　C. WAN　　D. Internet

2. 假设某千兆交换机有 20 个相同的以太网端口，则每个端口的平均传输速率为（　　）。

A. 1000Mb/s　　B.100Mb/s　　C. 500Mb/s　　D. 2000Mb/s

3. 局域网通常（　　）。

A. 只包含物理层和数据链路层，而不包含网络层

B. 只包含数据链路层和网络层，而不包含物理层

C. 只包含数据链路层和传输层，而不包含物理层

D. 只包含数据链路层和会话层，而不包含网络层

4. 数据链路层可以通过（　　）标识不同的主机。

A. 物理地址　　B. 端口号　　C. IP 地址　　D. 逻辑地址

5. 在 10Base-T 标准的网络中，计算机与集线器之间的双绞线的最大长度是（　　）米。

A. 200　　B. 185　　C. 2. 5　　D. 100

6. 局域网标准是由（　　）来制定的。

A. ISO　　B. IEEE　　C. ITU-T　　D. CCITT

7. 下列关于客户端计算机的描述中，错误的是（　　）。

A. 包括台式机、笔记本及工作站等　　B. 客户端计算机可以使用服务器的网络资源

C. 手机、平板电脑也可以作为客户端　　D. 客户端计算机的性能应优于服务器

8. 关于服务器的描述中，错误的是（　　）。

A. 服务器按照结构外观分类，分为塔式服务器、机架服务器和刀片式服务器

B. 服务器承担网络中的数据存储和管理等任务，是网络应用的基础和核心

C. 按处理器类型分为文件、数据库服务器

D. 刀片式服务器的每个刀片是一块系统主板，类似一个独立的服务器

9. 以太网帧的数据字段的最小长度是（　　）字节。

A. 18　　B. 1500　　C. 64　　D. 46

10. 如图 5-20 所示的局域网属于（　　）网络拓扑结构。

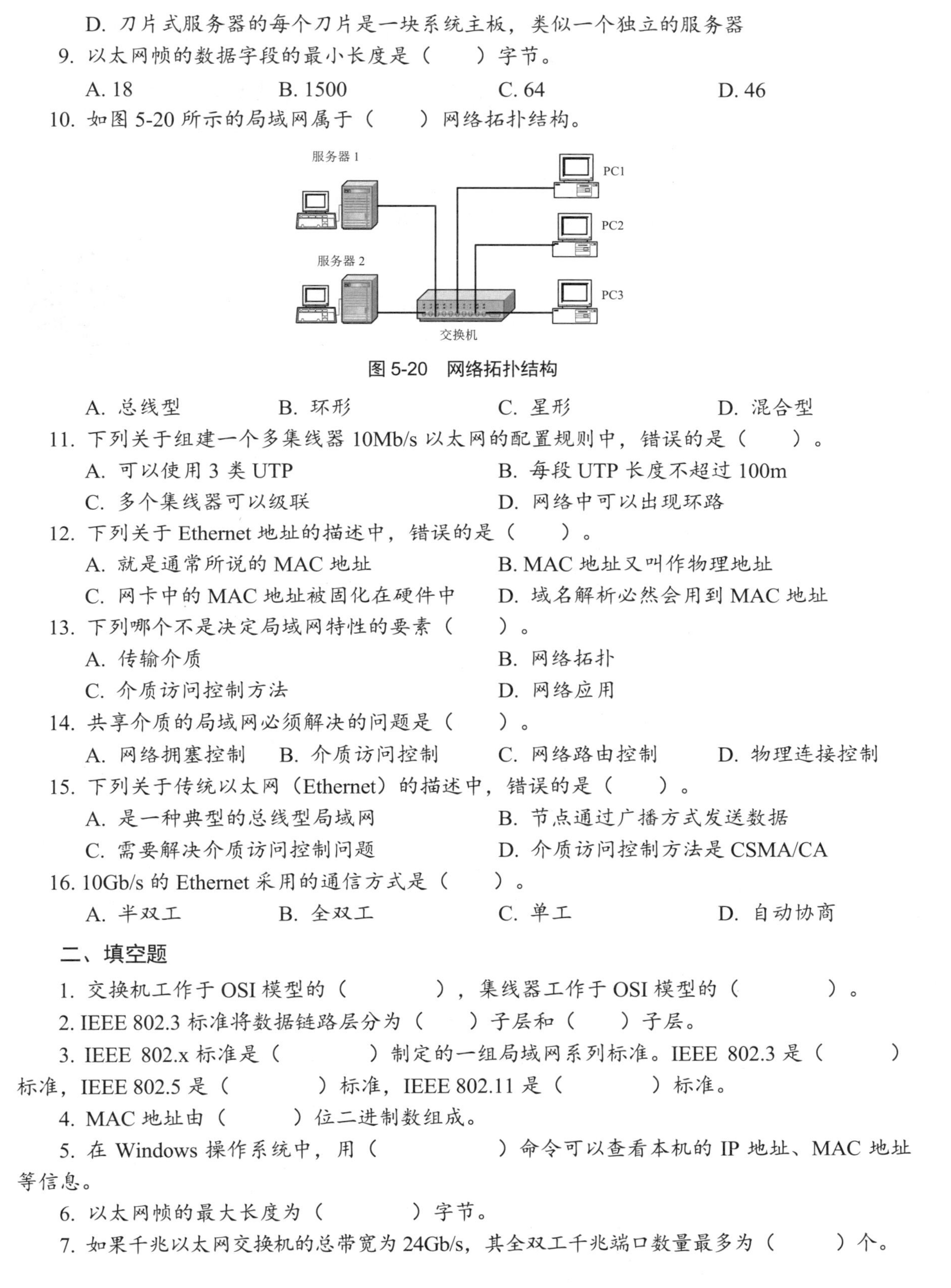

图 5-20　网络拓扑结构

A. 总线型　　B. 环形　　C. 星形　　D. 混合型

11. 下列关于组建一个多集线器 10Mb/s 以太网的配置规则中，错误的是（　　）。

A. 可以使用 3 类 UTP　　B. 每段 UTP 长度不超过 100m

C. 多个集线器可以级联　　D. 网络中可以出现环路

12. 下列关于 Ethernet 地址的描述中，错误的是（　　）。

A. 就是通常所说的 MAC 地址　　B. MAC 地址又叫作物理地址

C. 网卡中的 MAC 地址被固化在硬件中　　D. 域名解析必然会用到 MAC 地址

13. 下列哪个不是决定局域网特性的要素（　　）。

A. 传输介质　　B. 网络拓扑

C. 介质访问控制方法　　D. 网络应用

14. 共享介质的局域网必须解决的问题是（　　）。

A. 网络拥塞控制　　B. 介质访问控制　　C. 网络路由控制　　D. 物理连接控制

15. 下列关于传统以太网（Ethernet）的描述中，错误的是（　　）。

A. 是一种典型的总线型局域网　　B. 节点通过广播方式发送数据

C. 需要解决介质访问控制问题　　D. 介质访问控制方法是 CSMA/CA

16. 10Gb/s 的 Ethernet 采用的通信方式是（　　）。

A. 半双工　　B. 全双工　　C. 单工　　D. 自动协商

二、填空题

1. 交换机工作于 OSI 模型的（　　　　），集线器工作于 OSI 模型的（　　　　）。

2. IEEE 802.3 标准将数据链路层分为（　　）子层和（　　）子层。

3. IEEE 802.x 标准是（　　　　）制定的一组局域网系列标准。IEEE 802.3 是（　　　　）标准，IEEE 802.5 是（　　　　）标准，IEEE 802.11 是（　　　　）标准。

4. MAC 地址由（　　　）位二进制数组成。

5. 在 Windows 操作系统中，用（　　　　　）命令可以查看本机的 IP 地址、MAC 地址等信息。

6. 以太网帧的最大长度为（　　　　）字节。

7. 如果千兆以太网交换机的总带宽为 24Gb/s，其全双工千兆端口数量最多为（　　　）个。

三、简答题

1. 什么是局域网？它有哪些特点？
2. IEEE 802 标准中之所以要将数据链路层分解为两个子层，主要原因是什么？
3. 简述以太网采用的介质访问控制方法是什么，并画图说明其工作过程。
4. 简述令牌环网的优缺点。
5. 简述交换机与集线器的区别。
6. 如何平滑地把 10Base-T 以太网直接升级到 100Base-TX？

单元 6 组建局域网

导 学

“纸上得来终觉浅，绝知此事要躬行”，本单元我们尝试对某小型公司的网络进行改造升级。假设该公司原来只有一个网络——“共享式以太网”。随着公司业务的不断发展、网络节点数的不断增加，网内传输数据日益增多、速度变慢。于是，公司决定成立 3 个部门，分别是工程部、财务部和销售部，在充分利用原有网络的基础上进行升级改造，建设符合实际需要的企业局域网。通过网络工程师的调研和分析，升级改造后的网络拓扑结构如图 6-1 所示。本单元让我们一起来学习组建中小型企业网络。

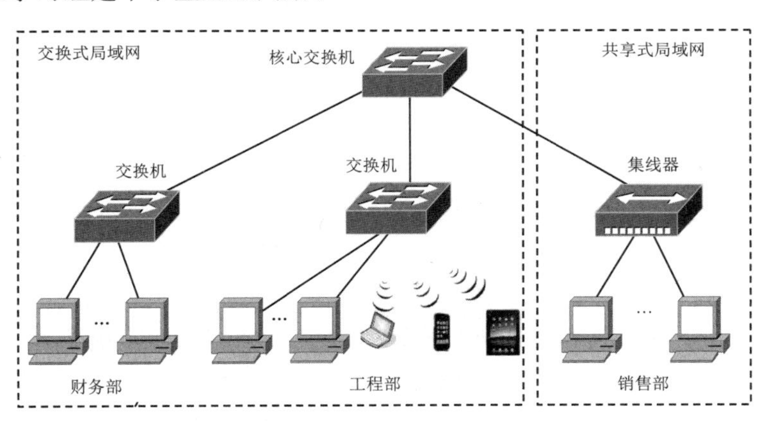

图 6-1 某公司网络拓扑结构示意图

学习目标

【知识目标】

◇ 理解共享式以太网的特点。
◇ 掌握交换式以太网的特点及应用。
◇ 理解交换机的工作原理。
◇ 了解虚拟局域网的功能。
◇ 掌握无线局域网技术。

【技能目标】

◇ 具备交换机的基本配置和管理能力。
◇ 具备局域网组建与维护能力。
◇ 具备组建小型无线局域网的能力。
◇ 具备排除一般网络故障的能力。

6.1 共享式以太网和交换式以太网

学习任务

（1）理解共享式以太网的特点。
（2）掌握交换式以太网的特点及应用。
（3）理解交换机的工作原理。
（4）理解交换机的帧转发方式。

以太网按信息交换方式分为交换式以太网和共享式以太网。常见的局域网互连设备是集线器和交换机，但是，现在集线器已很少使用。

6.1.1 共享式以太网

知识点

（1）冲突域。
（2）广播域。
（3）共享式以太网。

（1）冲突域和广播域

1）冲突域

冲突域又称为碰撞域，是指网络中一个站点发出的帧会与其他站点发出的帧产生碰撞或冲突的那部分网络。在共享介质的以太网上，当一台主机发送数据时，其他设备只能等待，而这个共享介质区域构成了一个冲突域，代表了冲突发生并传播的区域。冲突域实际上就是以太网上竞争同一带宽的节点集合，或者同一物理网段上所有节点的集合。网络规模越大，发生冲突的概率越高。

在 OSI 模型中，冲突域被看作第一层概念，连接冲突域的设备有集线器、中继器和其他简单复制信号的设备。也就是说，使用集线器和中继器连接的所有节点就是一个冲突域。冲突域规模越大，信号传送失败的概率越大。第二层设备（网桥、交换机）和第三层设备（路由器）可以连接不同的冲突域，但是，它可以隔离冲突域，因而可以缩小冲突域。集线器的所有端口就是一个冲突域，而交换机的每一个端口都是一个冲突域，即一个或多个端口的高速传输不会影响其他端口的数据传输。

2）广播域

广播域是能接收广播数据的客户机范围，也就是接收同样广播数据的节点集合。在该集合中，任何一个节点发送广播数据，其他所有能收到这个广播数据的节点都被认为是一个广播域。网络中的许多设备都会产生广播数据包，如果不加以管理就会消耗大量的带宽，从而降低网络性能。严重情况下会形成广播风暴，导致网络性能急剧下降甚至瘫痪。在 OSI 模型中，广播域被认为是第二层概念。所以，集线器、交换机连接的节点都被认为是一个广播域。第三层设备（路由器）可以连接不同的广播域，也可以隔离广播域。

提 示

交换机的端口虽然处在不同的冲突域，但仍然同处于一个广播域。多交换机相连，扩大了局域网的覆盖范围，也扩大了局域网的广播域，但冲突域保持不变。而集线器的所有端口都在一个冲突域和一个广播域内，多个集线器相连，不但扩大了局域网的覆盖范围，也扩大了冲突域和广播域。

（2）共享式以太网

共享式以太网就是使用集线器或共用一条总线的以太网，采用 CSMA/CD 的机制进行传输控制，共享式以太网的典型代表是总线型的 10Base2、10Base5 网络和以集线器为核心的 10Base-T 的星形网络。集线器所有端口都要共享同一带宽，每个用户的实际可用带宽随着网络用户数的增加而递减。这是因为当信息繁忙时，冲突会很频繁，多个用户可能同时“争用”一个信道，而一个信道在某一时刻只允许一个用户占用。所以，大量的用户经常处于“监听、等待”状态，严重影响了网络性能。

集线器是一个共享网络设备，每个时刻只能有一个端口发送数据。集线器不处理和检查其上的通信量，仅通过将一个端口接收到的信号重复分发给其他端口来扩展物理介质。所有连接到集线器的设备共享同一介质，其结果形成一个单一的冲突域和广播域。如果一个节点发送数据，集线器就会将这个数据广播给所有同它连接的节点。当以太网中有两个或多个站点同时进行数据传输时，将会产生冲突。当网络节点过多时，冲突将会频繁发生。所以，利用集线器连接的共享式以太网限制了以太网的可扩展性。这就需要用到利用交换机隔离冲突域的方法来解决上述问题。

共享式以太网工作的主要特点有。

1）共享式以太网基于广播方式发送数据，共享带宽，当节点数量过多时，冲突增加，带宽降低。

2）共享式以太网是一种基于介质“争用”的网络技术，存在介质访问竞争问题。同一时刻只能有一个节点发送数据，节点之间相互竞争。

3）在共享式以太网中，网络设备之间应保持相同的速率，需要集线器支持不同的速率，如 10/100Mb/s 自适应集线器。

课堂同步

请简述共享式以太网中的冲突域与广播域的关系。

6.1.2 交换式以太网

知识点

（1）交换式以太网。
（2）交换机的工作原理。
（3）交换机的帧转发方式：直通式、存储转发、无碎片转发。

交换式以太网是指以数据链路层的帧为数据交换单位，以局域网交换机为核心设备组建的网络。

（1）交换式以太网的特点

交换式以太网从根本上解决了共享式以太网所带来的冲突问题，它允许多对节点同时通信，每个节点可以独占传输通道和带宽。交换机直连的交换式以太网，每个节点独占端口，网络吞吐量和性能大幅提升。交换机提升网络性能的主要原因是每个端口独占带宽、没有冲突和全双工操作。

1）无冲突。交换机隔离了冲突域，每个端口自成一个冲突域，每个端口都彼此独立，不同端口的节点之间不会产生冲突，消除了节点之间的介质竞争机制，节点之间不会发生冲突，提高了网络吞吐量。

2）独占带宽。每个节点都能独自使用一条链路，不会产生冲突，它从根本上解决了网络带宽问题。

3）全双工通信。交换机使网络运行于全双工的以太网环境中，设备之间无冲突，发送速度提高了一倍。

4）交换机支持不同的传输速率。对于交换式以太网，交换机的每个端口都可以使用不同的传输速率。

5）从共享式以太网转到交换式以太网时，所有接入设备的软件和硬件、适配器等都不需要做任何改动，可以实现无缝连接和平滑升级。

6）以太网交换机使用了专用的交换结构芯片，用硬件转发，其转发速率要比使用软件转发的网桥快很多。以太网交换机的性能远超过普通的集线器，而且价格并不贵。

（2）交换机的工作原理

以太网交换机是一种即插即用设备，其内部的帧交换表（又称为地址表）是通过自学习算法自动地逐渐建立起来的。交换机是通过判断数据帧的目的 MAC 地址，从而将帧从合适的端口转发出去的。一个站点向网络发送数据，集线器会向所有端口转发，而交换机将通过对帧的识别查找 MAC 地址表，找到合适的转发映射地址后将帧单点转发给目的地址对应的端口，而不是向所有端口转发，从而提高了网络的可利用带宽。以太网交换机的工作过程大致可分为“学习、记忆、接收、查表和转发”5 个步骤。下面通过实例说明交换机的工作原理，如图 6-2 所示，有 A、B、C、D 4 台计算机分别连接在交换机的 E0、E1、E2、E3 这 4 个端口上。

1）交换机具有“学习”功能，可以“学习”每个端口上所连接设备的 MAC 地址。每个交换机都有一个 MAC 地址表。将学习的 MAC 地址和端口映射状态“记忆”到内存中，就产生了 MAC 地址表。“学习”使交换机在运行过程中可以动态地获取 MAC 地址和交换机端口的映射。初始情况下，交换机的 MAC 地址表是空的，如图 6-2 所示。

2）当计算机 A 向计算机 B 发送数据帧时，交换机的 E0 端口接收到计算机 A 的数据帧，于是交换机将计算机 A 所连接的端口号和 MAC 地址信息（E0:0260.8c01.1111）保存在 MAC 地址表中。由于在 MAC 地址表中没有找到计算机 B 的 MAC 地址与端口映射，交换机将向除 E0 端口之外的其他所有端口“泛洪”这个数据帧，如图 6-3 所示。

3）如果计算机 B 收到这个“泛洪”的数据帧，发现目的 MAC 地址和自己的 MAC 地址一致，就会接收这个数据帧，然后交换机将检查 MAC 地址表中有没有这个端口号和地址信息（E1:0260.8c01.2222）的映射项，如果没有，则保存在 MAC 地址表中；如果有，则更新该映射项对应的时间戳（用于从 MAC 地址表中删除陈旧的记录）。其他计算机接收到这个泛洪的数据帧，由于与自己的 MAC 地址不一致，均会丢弃。这样，经过一段时间，交换机就“学习”到了各个计算机所连接的端口号和 MAC 地址映射信息，网络稳定后的 MAC 地址表如图 6-4 所示。

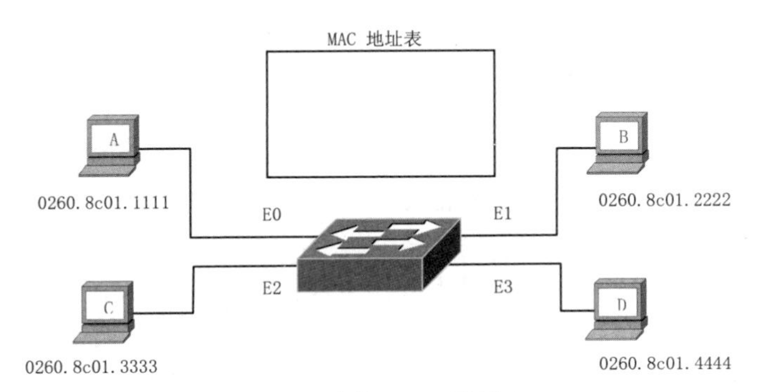

图 6-2　空的 MAC 地址表

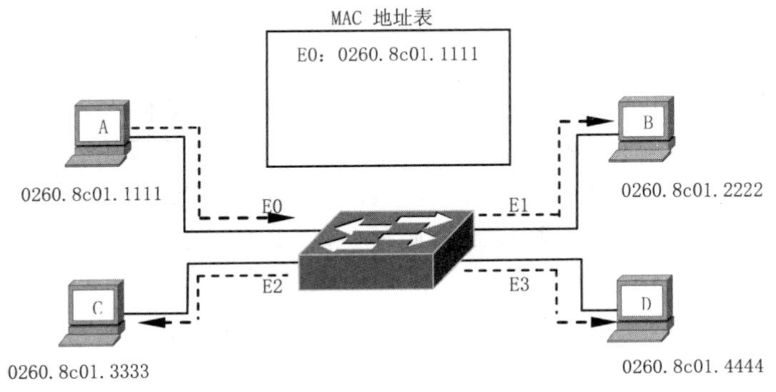

图 6-3　计算机 A 向计算机 B 发送数据帧 MAC 地址表学习过程

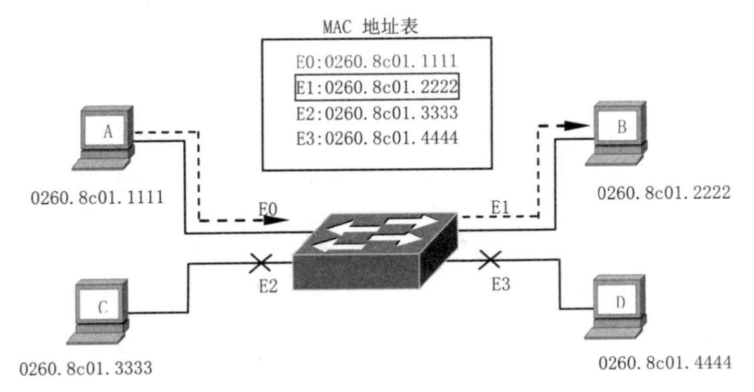

图 6-4　计算机 A 向计算机 B 发送数据帧

4）如果计算机 A 向计算机 B 发送的数据帧，通过“查找”MAC 地址表可知存在计算机 B 的端口和 MAC 地址映射条目（E1:0260.8c01.2222），交换机会把数据帧直接从 E1 端口上“转发”出去，不再向其他端口（E2，E3）泛洪发送数据，这就是交换机的过滤，如图 6-4 所示。

5）MAC 地址表维护

由于交换机中的内存是有限的。因此，若某 MAC 地址在一定时间内（默认 300 秒）没有更新，那么，交换机将自动把该映射从 MAC 地址表中清除。

由于交换机能够自动根据收到的数据帧中的源 MAC 地址更新地址表中的内容，所以交换机使用的时间越长，学到的 MAC 地址就越多，未知的 MAC 地址就越少，因而广播的数据帧就越少，速度就越快。

交换机档次越低，交换机的缓存就越小，也就是说为保存 MAC 地址所准备的空间也就越小，对应的就是它能记住的 MAC 地址数也就越少。通常一台交换机有 1024 个 MAC 地址记忆空间就能满足实际需求。

（3）交换机帧转发方式

交换机通过以下 3 种方式进行数据帧转发。

1）直通式

直通式又称直接交换方式。交换机只需要知道数据帧的目的 MAC 地址，便将帧直接传送到相应的端口上，不用判断是否出错，帧出错时的检测由目标节点来完成。

直通式的优点是不需要存储，延迟非常小，交换非常快。缺点是由于没有缓存，数据帧内容不能被交换机保存，因此无法检查所传送的数据帧是否有错，不能提供错误检测功能，而且容易丢帧。不支持不同速率端口之间的帧转发。

2）存储转发

存储转发方式是计算机网络应用最广泛的方式。交换机是将输入端口的数据帧先存储起来，然后检测是否有错误，对错误帧进行处理后才取出数据帧的目的地址，通过查找 MAC 地址表转发数据帧。其优点是，可以对进入交换机的数据帧进行错误检测，使网络中的无效帧大幅减少，并支持不同速率端口之间的数据帧转发，可以有效地改善网络性能；其缺点是由于需要存储后再转发，交换延迟将会延长。

3）无碎片转发

无碎片转发也叫作改进直接交换方式，是上述两种技术的综合。它检查数据帧的长度是否够 64 个字节，如果小于 64 个字节，说明是假帧，则丢弃该帧；如果大于 64 个字节，则发送该帧。这种方式也不提供数据校验，它的数据处理速度比存储转发方式要快，比直通式要慢。

（4）对等网

在以太网中有很多种组网方式，对等网是最常见的，也是最基本的一种组网方式。对等网规模比较小，一般是由几十台以内的计算机构成的局域网，根据构成的数量不同，可以分为两台、三台、三台以上计算机构成的对等网。对等网中各计算机构成一个工作组，也称工作组网。因此，在组建对等网时，需要对工作组进行配置，对等网各计算机之间分享网络资源。对等网结构简单，网络成本低，网络建设和维护比较容易，易于实现，组网方式灵活，可以选用的传输介质较多，常见的传输介质是双绞线。

1）两台计算机组成的对等网

使用交叉线将两台计算机通过网卡相连，便组成了双机直连的对等网，如图 6-5 所示。

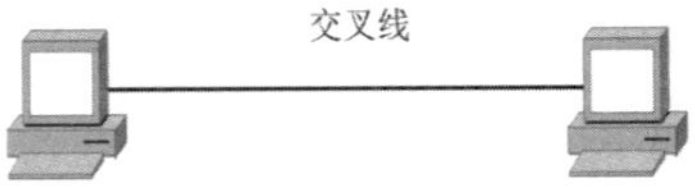

交叉线

图 6-5　双机直连对等网

提 示

两台计算机的对等网也可以使用串/并电缆（俗称“零调制解调器”）直连，这样可以省去网卡投资，但是传输速率很低，且自制串/并电缆比较复杂。所以，现在这种对等网连接方式比较少见。

2）三台或三台以上计算机对等网

两台计算机可以是直连，但是三台计算机需要使用交换机作为网络互联设备。组建一个星形对等网，计算机通过直通双绞线与交换机相连。图 6-6 所示是三台计算机组成的对等网。

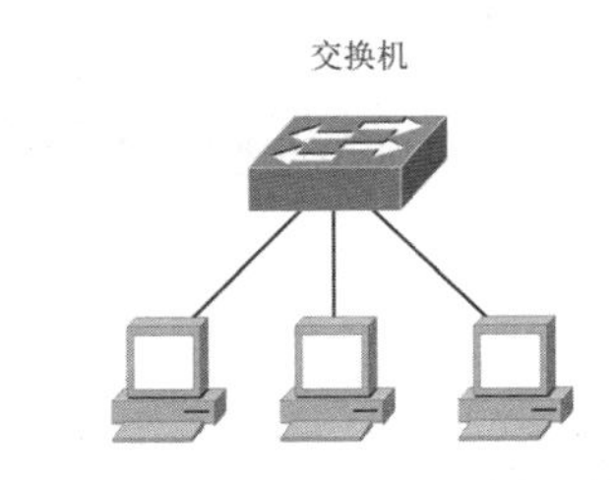

图 6-6　三台计算机组成的对等网

首先，通过拓扑连接后配置网络协议（如安装网卡驱动、配置工作组和配置 IP 地址）；其次，通过 ping 命令测试网络连通性；最后，在此基础上应用网络操作系统进行网络资源服务配置，如共享文件夹、共享打印机、映射网络驱动器等。

课堂同步

观察身边对等网的组成，并以宿舍为单位组建自己的对等网络，将“我的靓照”共享给同学。

6.2　交换机的基本配置

学习任务

（1）了解交换机的管理方式。
（2）认识交换机的基本配置命令。
（3）查看交换机的配置信息。

如果要组建较大规模的以太网，就必须对连网的交换机进行必要的配置和管理，连通网络并使网络性能得到优化。交换机可分为可网管交换机和非网管交换机，可网管交换机主要用于大中型局域网。

6.2.1　交换机管理方式

知识点

（1）带外管理和带内管理。
（2）超级终端。

交换机的管理可以分为带内管理和带外管理两种方式。

（1）带外管理

可网管交换机一般通过交换机的 Console 口进行连接和管理，属于带外管理，通过 Console 线连接计算机和交换机。交换机 Console 口及配置线如图 6-7 所示。需要使用配置线缆，需近距离配置。而且，当第一次对交换机进行配置时，必须通过 Console 口进行配置。

（2）带内管理

带内管理占用交换机的端口，通常有以下 3 种管理方式。

1）Telnet 方式管理。Telnet 协议是一种远程访问协议，可以通过它远程登录交换机，并进行配置。

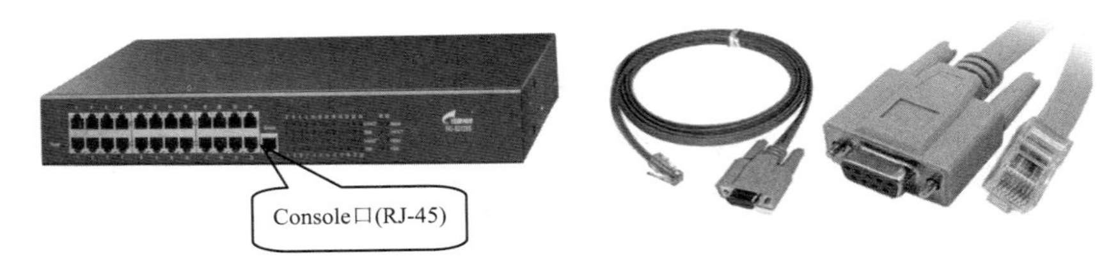

图 6-7　交换机 Console 口及配置线

实例

假设交换机的管理 IP 地址为 192.168.1.110，则在命令行提示符下输入“Telnet 192.168.1.110”，按回车键，与远程交换机建立连接，输入正确的用户名和密码，就可以根据实际需要对交换机进行相应的配置和管理。

2）网管工作站管理。这时需要支持 SNMP（简单网络管理协议）的网管软件，通过网管软件进行设备管理和维护。

3）Web 方式管理。通过 Web 网页形式进行设备管理和维护。

（3）使用超级终端程序连接交换机

运行“超级终端”程序和计算机建立连接，连接成功后即可登录交换机的配置界面。再根据不同交换机产品的配置命令（如华为、思科、H3C 等），对交换机进行配置及管理。具体步骤如下。

1）将 Console 线的 RJ-45 接头端连接在交换机的 Console 口上，将 Console 线的另一端的串行口连接到管理计算机的串行口 COM2 上。

2）运行“超级终端”程序。单击“开始”→“程序”→“附件”，选择“超级终端”程序并运行。打开“超级终端”界面，如图 6-8 所示。在“连接描述”窗口中为新建的管理计算机与交换机连接输入名称，如本例中输入“S2328”。

3）如图 6-9 所示，在“连接到”窗口的“连接时使用”选项中选择使用的方式，如“COM2”（本例交换机和管理计算机连接的串行口是 COM2 口，如果使用 Telnet，则选择“TCP/IP（Winsock）”），其他“国家、区号、电话号码”等参数使用默认设置即可。

4）如图 6-10 所示，在“COM2 属性”设置窗口中，单击“还原为默认值”按钮，将初始参数更改为默认值。

图 6-8　“超级终端”界面

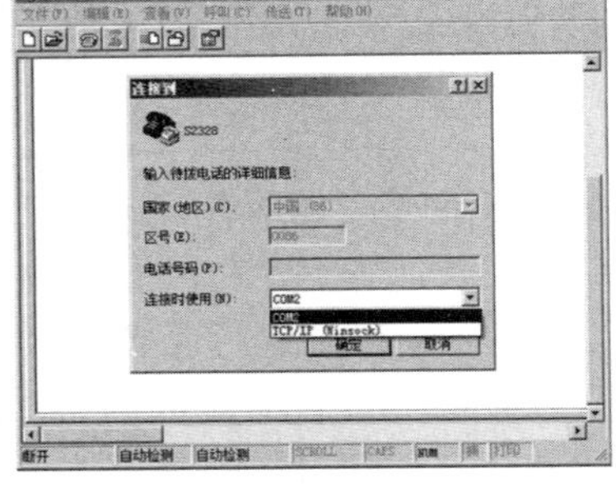

图 6-9　设置“连接到”各项参数

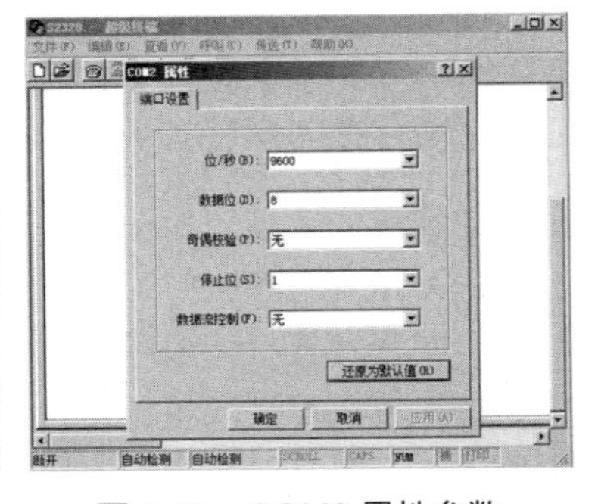

图 6-10　COM2 属性参数

5）完成以上步骤后，在“超级终端”界面按回车键即可登入交换机，使用命令对交换机进行配置和管理。

提 示

除了使用操作系统自带的“超级终端”程序外，还可以使用其他程序软件，如SecureCRT。

课堂同步

请下载SecureCRT程序软件或运行“超级终端”，体验成功连接交换机的过程。

6.2.2 交换机基本配置命令

知识点

（1）命令行操作模式。

（2）交换机基本配置命令。

不同品牌的网络产品使用的配置命令有所不同，但是原理基本是一样的。本书以思科交换机的命令为例进行介绍。Cisco IOS（Cisco Internetwork Operating System，思科网络操作系统）配置通常是通过基于文本的命令行接口（Command Line Interface，CLI）进行的。

（1）交换机命令行操作模式

交换机的命令行操作模式主要包括用户模式、特权模式、全局配置模式和端口模式等，各个模式的功能、权限和使用命令不同。

1）用户模式

用户模式是进入交换机系统后的第一个操作模式，该模式下可以简单查看交换机的软件、硬件版本信息，并进行简单的测试。用户模式提示符如下：

```
Switch>
```

2）特权模式

从用户模式进入的高一级模式就是特权模式，该模式下可以对交换机的配置文件进行管理，如查看交换机的配置信息、进行网络测试和调试等。特权模式提示符如下：

```
Switch#
```

进入特权模式的命令如下：

```
Switch>enable
Switch#
```

返回用户模式的命令如下：

```
Switch#disable
或 Switch#exit
```

3）全局配置模式

特权模式的高一级模式是全局配置模式，该模式下可以配置交换机的全局性参数（如名称、登录信息等）。全局模式提示符如下：

```
Switch(config)#
```

进入全局配置模式及返回特权的命令如下：

```
Switch#configure terminal
Switch(config)#exit
```

```
Switch#
```

4）端口模式

在全局配置模式的基础上进入端口模式，该模式下可以对交换机的端口进行参数配置。交换机的接口分为以太网端口（如 Ethernet0/1，这里的 0 为模块编号，1 为端口编号）、快速以太网端口（如 fastEthernet 0/1）和千兆以太网端口（gigabitEthernet 0/1）等。端口模式提示符如下：

```
Switch(config-if)#
```

进入端口模式和返回全局模式的命令如下：

```
Switch(config)#interface fastEthernet 0/1
Switch(config-if)#exit
Switch(config)#
```

> **提 示**
>
> exit 命令是返回到上一级操作模式。end 命令是指从特权模式以上级别直接返回到特权模式。

（2）交换机基本配置命令

交换机命令行支持获取帮助信息、命令简写、命令自动补齐（使用 Tab 键）和快捷键功能。基本 Cisco IOS 命令结构如图 6-11 所示。

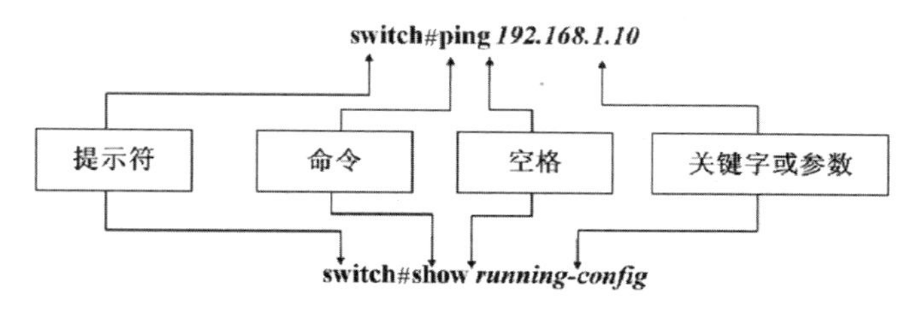

图 6-11　基本 Cisco IOS 命令结构

> **提 示**
>
> 书中所出现的命令语法遵循的规范与 IOS 命令手册使用的规范相同。其语法规范描述如下：
>
> 粗体字：表示命令关键字，用户必须输入。
>
> 斜体字：表示由用户输入的技术参数。
>
> 竖线 |：用于分隔可选项。
>
> 方括号 [ ]：表示可选项。
>
> 方括号中的花括号 [{ }]：表示必须在可选项中任选一项。

1）帮助、命令简写和命令自动补齐

在每种操作模式下直接输入“?”可显示该模式下所有的命令，命令空格“?”用于显示命令参数及解释说明。示例如下：

```
switch#co?                    !显示当前模式下所有以“co”开头的命令
configure  connect  copy
switch#copy ?                 !显示 copy 命令后可执行的参数，具体如下：
    flash: Copy from flash: file system
    ftp:   Copy from ftp: file system
```

```
    running-config  Copy from current system configuration
    scp:            Copy from scp: file system
    startup-config  Copy from startup configuration
    tftp:           Copy from tftp: file system
switch#copy
```

支持命令简写（按键盘上的Tab键将命令补充完整）。

```
switch#conf t  !命令的简写，该命令代表configure terminal
switch(config)#
```

按键盘上的Tab键，可以实现命令单词的"自动补齐"。命令的简写没有固定的长度，只需要注意一个原则，输入的前缀没有二义性，也就是唯一标识一个命令或者参数。

```
Switch#conf 【Tab键】            !自动补齐configure
Switch#configure
Switch#configure t 【Tab键】     !自动补齐configure terminal
Switch#configure terminal
```

命令的快捷键功能

【Ctrl+Z】组合键，从任何模式直接返回特权模式。

```
switch(config-if)# ^Z
switch#
```

【Ctrl+C】组合键，可以强行终止当前命令

```
switch#ping 1.1.1.1    !探测一个不存在的目标
```

2）配置交换机名称

CLI提示符中会使用主机名。出厂时默认的主机名为"Switch"。配置交换机名称的命令如下：

```
Switch(config)#hostname S2328
S2328(config)#
```

3）交换机密码配置

Cisco IOS设备的控制台端口具有特别权限。作为最低限度的安全措施，必须为所有网络设备的控制台端口配置强密码。在全局配置模式下，配置命令如下：

```
Switch(config)#line console 0
Switch(config-line)#password password          !斜体字符替换为实际使用的密码(下同)
Switch(config-line)#login
```

可使用enable password命令或enable secret命令（配置特权密码和特权加密密码），提供更高的安全性。

```
Switch(config)#enable password password      !配置的密码不会被加密
Switch(config)#enable secret password        !配置的密码会被加密
```

注意：如果上述两个命令都设置了，交换机IOS期待用户输入的是在enable secret命令中设置的密码，也就是说，交换机将忽略enable password中设置的命令。

4）管理配置文件

① 保存更改后的配置成为新的启动配置，可执行copy running-config startup-config命令或执行write memory命令。

```
Switch#copy running-config startup-config
或Switch#write memory（简写为wr）
```

② 使设备恢复为原始配置及提示。

```
Switch#reload
System configuration has been modified. Save?[yes/no]:
```

选择“yes”，之前的交换机配置会被保留，新的配置不会生效，交换机重新启动后，重新加载时，IOS 会检测到用户对运行配置的更改尚未保存，startup-config 配置文件作为启动文件。选择“no”，之前的交换机配置不被保留，新的配置生效。

③ 恢复出厂设置

在特权模式下使用 erase startup-config 命令，可恢复出厂设置。

```
Switch#erase startup-config
Erasing the nvram filesystem will remove all configuration files! Continue? [confirm]
[OK]
Erase of nvram: complete
%SYS-7-NV_BLOCK_INIT: Initialized the geometry of nvram
Switch#reload
Proceed with reload? [confirm]
```

confirm 是默认回答。要确认该操作，请按 Enter 键。按其他任何键将中止该过程。

5）标识端口

指定端口注释或描述，可在端口模式下输入如下命令，description-string 是描述或注释的字符串。

```
Switch(config-if)#description description-string
```

6）端口速率

配置以太网端口的端口速率，在端口模式下使用如下命令：

```
Switch(config-if)#speed {10|100|auto}
```

配置端口速率为 10Mb/s、100Mb/s，默认为“auto”。

7）端口的工作模式

配置端口的工作模式命令如下：

```
Switch(config-if)#duplex {auto | full | half}
```

“full”表示全双工，“half”表示半双工，默认为“auto”。

8）激活交换机端口

对于没有进行网络连接的端口，其初始状态是 shutdown。对于工作的端口，可以根据管理需要，通过 no shutdown 对端口进行重新激活。例如，激活交换机的 fastEthernet0/2 端口的配置命令如下：

```
Switch(config)#interface fastEthernet 0/2
Switch(config-if)#no shutdown
```

9）查看配置信息，诊断和调试网络故障

① 显示交换机当前配置信息，命令如下：

```
Switch#show running-config
```

② 查看端口状态。

例如，查看 fastEthernet 0/2 端口状态信息的命令如下：

```
Switch#show interfaces fastEthernet 0/2
FastEthernet0/2 is up, line protocol is up (connected)  ! 端口 up，协议是 up，说明端口正常
Hardware is Lance, address is 0090.0cdd.0802 (bia 0090.0cdd.0802) !显示端口物理地址
BW 100000 Kbit, DLY 1000 usec,
reliability 255/255, txload 1/255, rxload 1/255
Encapsulation ARPA, loopback not set
Keepalive set (10 sec)
Half-duplex, 100Mb/s
input flow-control is off, output flow-control is off
ARP type: ARPA, ARP Timeout 04:00:00
……
```

③ 查看交换机的 MAC 地址表，命令如下：

```
Switch#switch#show mac-address-table
          Mac Address Table
-------------------------------------------
Vlan    Mac Address       Type        Ports
----    -----------       --------    -----
   1    0001.42db.7335    DYNAMIC     Fa0/2
   1    0001.643a.411e    DYNAMIC     Fa0/3
   1    0002.165d.7ad1    DYNAMIC     Fa0/4
   1    0030.a3c7.8ecd    DYNAMIC     Fa0/6
   1    0090.2133.25aa    DYNAMIC     Fa0/5
   1    00d0.bcd3.9c4e    DYNAMIC     Fa0/1
```

通过 MAC 地址表可以查看端口和 MAC 地址的映射。

10）配置交换机管理 IP 地址

交换机的 IP 地址实际上是在 VLAN 1 上进行配置的，默认时交换机的每个端口都是 VLAN 1 的成员。

```
Switch(config)#interface vlan 1                          !进入 VLAN 1
Switch(config-if)#ip address 192.168.1.1 255.255.255.0  !配置交换机管理 IP 地址
Switch(config-if)#no shutdown                            !激活端口
Switch(config-if)#end
```

注意：（1）对于初学者来说，需要特别注意命令所在的操作模式。

（2）交换机所有端口默认都属于 VLAN 1，一般情况下给 VLAN 1 配置 IP 地址。交换机端口不可以配置 IP 地址。

课堂同步

请下载并安装 Cisco Packet Tracer 模拟软件，练习交换机的基本配置。

6.3 虚拟局域网技术

学习任务

（1）理解虚拟局域网的概念及应用。

（2）了解虚拟局域网的划分方法。

（3）了解虚拟局域网的基本配置。

虚拟局域网（Virtual Local Area Network，VLAN）技术标准 IEEE 802.1Q 在 1999 年由 IEEE 委员会发布。VLAN 是为解决以太网的广播问题和安全性提出的一种协议。VLAN 在企业网络中的应用非常广泛，已成为当前最为热门的一种以太网技术。

6.3.1 虚拟局域网概念

知识点

VLAN 概念及优点。

利用以太网交换机可以很方便地实现虚拟局域网，IEEE 802.1Q 对虚拟局域网 VLAN 的定义：虚拟局域网是由一些局域网网段构成的与物理位置无关的逻辑组，而这些网段具有某些共同的需求。每一个 VLAN 的帧都有一个明确的标识符，指明发送这个帧的计算机是属于哪一个 VLAN。虚拟局域网主要是通过交换和路由设备在物理网络拓扑结构上建立逻辑网络。这里的交换和路由设备，通常指交换机和路由器，但是主流应用还是在交换机之中，只有支持 VLAN 协议的交换机才具有此功能。VLAN 是一组逻辑上的设备和用户，这些用户和设备可以跨越不同网段、不同网络，不受地理位置的限制，可以根据功能、部门和应用等因素将它们组织起来，有效地隔离广播域，实现相互之间的通信，就好像它们在同一个网段中一样。如图 6-12 所示，办公室设在 1 楼，财务处设在 3 楼，开发部的一部分设在 3 楼，另一部分设在 5 楼。财务处、开发部和办公室三个部门使用交换机将它们连接在一起，以便相互访问，但又产生了其他问题，增大了广播域和广播流量，可能引起广播风暴。为了隔离广播风暴，提高网络性能，对于这种分布在不同物理位置的部门，采用 VLAN 技术，可以在不改变任何布线、不插拔交换机端口的基础上，轻松地对各部门的广播数据的隔离。将与财务处连接的交换机端口划到财务处的 VLAN 10 中，将与办公室连接的交换机端口划到办公室的 VLAN 20 中，将与开发部连接的交换机端口划到开发部的 VLAN 30 中，实现部门内部之间的相互通信。部门之间通信还需要借助路由器或三层交换机实现其相互通信。

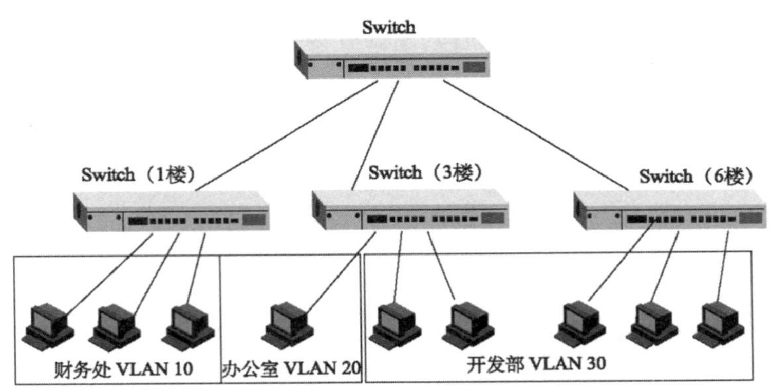

图 6-12　VLAN 划分示意图

每个 VLAN 都有一个 VLAN 标识号（称为 VLAN ID），在整个局域网中唯一地标识该 VLAN。每个 VLAN 在逻辑上就像一个独立的局域网，每个 VLAN 是一个广播域，同一个 VLAN 中的所有帧流量都被限制在该 VLAN 中，VLAN 中的成员可以直接通信，而不会传输到其他 VLAN 中去，不同的 VLAN 成员之间不可以直接通信。这样可以很好地减少网络数据流量和广播风暴的产生，有效地节省带宽，从而提高网络的性能。

要实现不同 VLAN 之间的通信，跨 VLAN 的访问只能通过三层设备转发，也就是通过三层交换机或路由器配置才能实现访问。因此，组建虚拟局域网，需要物理局域网的交换机支持 IEEE 802.1Q 标准，这样就可以实现 VLAN 的配置。另外，还需要三层交换机或路由器，通过配置实现不同 VLAN 之间的通信。为了提高转发性能，建议采用三层交换机。

在 VLAN 中，对广播数据的抑制由交换机完成。与传统的局域网相比，VLAN 技术更加灵活，可以控制广播活动，提高网络性能和网络安全性。虚拟局域网的主要优点如下。

（1）减少网络上的广播风暴，优化网络性能。广播域被限制在一个 VLAN 内，节省了带宽，提高了网络处理能力。

（2）增强网络的安全性。不同 VLAN 内的数据在传输时是相互隔离的，即一个 VLAN 内的成员不能和其他 VLAN 内的成员直接通信。

（3）灵活构建虚拟工作组，动态管理网络，管理简单、直观。用 VLAN 可以划分不同用户到不同工作组中，同一工作组中的用户也不必局限于某一固定的物理范围，因而网络构建和维护也更加方便灵活。

提 示

（1）虚拟局域网其实只是局域网给用户提供的一种服务，而并不是一种新型局域网。

（2）三层交换机就是具有部分路由器功能的交换机，工作在 OSI 网络参考模型的第 3 层（网络层）。三层交换机最重要目的是，加快局域网内部的数据交换，所具有的路由功能也是为这个目的服务的，能够做到一次路由，多次转发。

课堂同步

请上网查阅支持 VLAN 协议的交换机的特点，并比较它与传统交换机的不同。

6.3.2 VLAN 划分方法

知识点

（1）基于端口的 VLAN。

（2）基于 MAC 地址的 VLAN。

（3）基于协议的 VLAN。

虚拟局域网是一个软技术，如何划分，将决定此技术在网络中是否能达到预期目的。VLAN 划分方法一般分为 3 种，具体如下。

（1）基于端口的 VLAN

网络管理员以手动方式把交换机某一端口指定为某一 VLAN 的成员。这是目前最简单的划分方法，也是最有效的。属于同一 VLAN 的端口可以不连续；一个 VLAN 可以跨越多个以太网交换机。基于端口的 VLAN 的特点是，将交换机按照端口进行分组，每一组定义了一个虚拟局域网。这种划分原则简单直观、实现容易，也比较安全。

（2）基于 MAC 地址划分 VLAN

基于 MAC 地址的 VLAN 根据每个主机的 MAC 地址来划分 VLAN 成员，即对每个 MAC 地址的主机都配置它所属的组。这种 VLAN 划分方法最大的优点是，网络成员从一个物理位置移到另一个物理位置时，自动保留其所属 VLAN 的成员身份。不用重新配置 VLAN，它是基于成员 MAC 地址的，而不是基于交换机的端口。这种划分原则实现起来稍显复杂，但灵活性得到了显著地提高。

注意：基于 MAC 地址的 VLAN 的安全性不是很高，因为一些恶意的计算机是很容易伪造 MAC 地址的。

（3）基于协议的 VLAN

基于协议的 VLAN 是这几种划分方法中最为复杂的，它基于网络层协议或网络地址（IP 中的子网段地址）来确定 VLAN 成员。

课堂同步

单选题：下列关于虚拟局域网的描述中，错误的是（　　）。

A. 虚拟局域网的技术基础是交换技术

B. 虚拟局域网以软件的形式实现逻辑工作组的划分与管理

C. 可以使用交换机端口来定义 VLAN 成员

D. 可以使用 MAC 地址来定义 VLAN 成员

E. 不可以使用网络地址来定义 VLAN 成员

6.3.3 VLAN 的基本配置

知识点

（1）创建 VLAN。

（2）VLAN 基本配置。

基于端口的 VLAN 在实现上比较简单，只需两步即可完成基于端口的 VLAN 的划分。首先定义 VLAN 标识，即 VLAN ID，然后将交换机端口加入 VLAN 中，具体如下。

（1）创建 VLAN，可以指定一个名称

配置命令如下：

```
Switch(config)#vlan vlan-id
```

其中，vlan-id 是 VLAN 的变化，ID 的取值范围为 1～4094。

```
Switch(config-vlan)#name vlan-name
```

可以给 VLAN 起个名称，但必须保证这个名称在管理域中是唯一的。

（2）分配端口加入 VLAN

可以将一个或多个端口加入创建的 VLAN。在接口配置模式下，分配 VLAN 端口的命令如下：

```
Switch(config)#interface type mod/num
Switch(config-if)#switchport mode access
Switch(config-if)#switchport access vlan vlan-id
```

实例

创建 VLAN 20，并将它命名为“test”，并将 fastEthernet 0/10 加入 VLAN 10。命令如下：

```
Switch#configure terminal
Switch(config)#vlan 20
Switch(config-vlan)#name test 20
Switch(config-vlan)#exit
Switch(config)#interface fastethernet 0/10
Switch(config-if)#switchport mode access
Switch(config-if)#switchport access vlan 20
```

（3）查看 VLAN 配置

配置 VLAN 后，可以使用 Cisco IOS show 命令检验 VLAN 配置。

```
Switch#show vlan
VLAN Name          Status     Ports
------------------------------------------------------------
1    default       active      Fa0/1             !默认情况下，所有端口都属于 VLAN 1
10   test10        active      Fa0/2, Fa0/3, Fa0/4
                               Fa0/5, Fa0/6, Fa0/7
                               Fa0/8
20   test20        active      Fa0/9, Fa0/10
                               Fa0/11,Fa0/12, Fa0/13
                               Fa0/14, Fa0/15, Fa0/16
                               Fa0/17, Fa0/18
30   test30       active       Fa0/19, Fa0/20, Fa0/21
                               Fa0/22, Fa0/23, Fa0/24
```

注意：VLAN 1 属于系统的默认 VLAN，不可以删除。默认情况下，所有的端口都属于 VLAN 1。

（4）更改和删除 VLAN

在接口配置模式下，使用 no switchport access vlan 命令，可以将该端口重新分配到默认的 VLAN 1 中，即把该端口从 VLAN 中删除。删除某个 VLAN 时，注意要先将属于该 VLAN 的成员移除，然后再删除该 VLAN。

实例

将 fastEthernet 0/2 从 VLAN 10 中移除，并删除 VLAN 10，命令如下：

```
Switch (config) #interface fastethernet 0/2
Switch(config-if)#no switchport access vlan Switch (config-if) #exit
Switch (config) #no vlan 10
```

课堂同步

请使用 Cisco Packet Tracer 模拟软件，练习 VLAN 的基本配置。

6.4　无线局域网

学习任务

（1）掌握无线局域网的概念及特点。

（2）了解无线局域网标准。

（3）掌握无线局域网组网模式。

局域网的有线传输介质有双绞线、同轴电缆和光纤，但是这些有线介质存在维护成本高、覆盖范围不全面等问题，而且目前日益流行的移动终端设备的使用，使得无线技术得到了越来越广泛的应用。无线局域网（Wireless Local Area Networks，WLAN）是计算机网络和无线通信技术相结合的产物，在人们的日常生活和工作中发挥了很大的作用。目前，无线局域网使用无线标准 IEEE 802.11 和蓝牙等技术，是有线网络的重要补充和延伸，并逐步成为网络中至关重要的组成部分。

6.4.1 无线局域网概述

知识点

WLAN 的概念及优势。

无线局域网是应用无线通信技术在局部范围内建立的网络，它需要实现移动节点物理层和数据链路层的功能。无线局域网利用无线通信手段发送和接收数据，提供有线局域网的所有功能，为用户随时、随地、随意提供网络服务。无线局域网的发展非常迅速，应用也越来越广泛。近年来，无线局域网在商场、公司、学校等各个行业普遍应用。与有线局域网相比，无线局域网主要有以下优势。

（1）安装便捷

一般在网络建设中，施工周期最长、对周边环境影响最大的就是网络布线工程。而 WLAN 最大的优势就是，免去或减少了网络布线的工作量，一般只需要合理地设置接入点（Access Point，AP）位置与数量，就可以建立覆盖整个建筑或地区的局域网络。

（2）使用灵活

在无线局域网中，由于不受线缆的限制，只要是在无线网络的信号覆盖范围内，用户就可以接入网络。

（3）易于扩展

可以轻松扩展网络，让更多用户接入或增大覆盖范围。既能保证小型局域网的构建，又可以组成拥有大量接入点的大型局域网。

（4）节约成本

随着技术的不断成熟，设备成本在不断下降；另外，无线局域网可以避免使用率低下造成的接入点花费过大等问题。

虽然无线组网非常灵活，有很多优点，但也存在一些局限性和风险。例如，数据传输速率低，有时会存在盲区，会受到其他信号的干扰，安全性相对较低。所以，通常局域网建设中还是以有线通信为主干，无线通信作为一种补充和延伸，而不是一种替代。

课堂同步

请将移动终端接入校园无线网络，谈谈你对无线局域网的理解。

6.4.2 无线局域网标准

知识点

无线局域网标准：802.11、802.11b、802.11a、802.11g、802.11n。

IEEE 802.11 标准用于管理 WLAN 环境。该标准有 IEEE 802.11、IEEE 802.11a、IEEE 802.11b、IEEE 802.11g、IEEE 802.11n 几种技术标准，用于描述无线通信的不同特征，这些技术标准统称为无线标准（Wireless Fidelity，Wi-Fi）。

（1）IEEE 802.11

IEEE 802.11 标准是 IEEE 在 1997 年颁布的无线网络标准，使用 2.4GHz 频带，速率最高只能达到 2Mb/s，覆盖范围一般为 100m。此后，这一标准经过不断补充和完善，形成了 IEEE 802.11x 系列标准。IEEE 802.11 标准规定了物理层和介质访问控制 MAC 协议的规范，使用的传输技术为红外、直接序列扩频（DSSS）和跳频扩频技术。IEEE 802.11 与 IEEE 802.3 类似，IEEE 802.11 也是在一个共享介质上支持多个用户共享资源，IEEE 802.3 采用 CSMA/CD 介质访问控制方法，而无线局域网使用 CSMA/CA（载波侦听多路访问/冲突停止协议）解决资源共享问题。CSMA/CA 采用确认信号来避免冲突，即只有客户端接收到网络资源上返回的确认信号后才能确认传输出去的数据已经到达目的地址。CSMA/CA 采用能量检测（ED）、载波检测（CS）、能量载波混合检测 3 种方式来检测信道是否空闲。

（2）IEEE 802.11a

IEEE 802.11a（Wi-Fi 5）标准工作在 5GHz 频带，传输速率可达 54Mb/s。由于 IEEE 802.11a 工作在 5GHz，所以与 802.11/b/g 不兼容。

（3）IEEE 802.11b

IEEE 802.11b 使用开放的 2.4GHz 频段。最高传输速率可达 11Mb/s，扩大了无线局域网的应用领域。与普通的 10Base-T 规格有线局域网几乎处于同一水平。支持范围在室外可以达到 300m，在办公环境中可以达到 100m。

（4）IEEE 802.11g

IEEE 802.11g 可以看作 IEEE 802.11 b 的高速版，使用 2.4GHz 频段，IEEE 802.11g 采用了与 802.11b 不同的正交频分复用（OFDM）调制方式，使得传输速率提高至 54Mb/s。

（5）IEEE 802.11n

2009 年最新颁布的 IEEE 802.11n 标准，采用双频工作模式（支持 2GHz 和 5GH 两个频段），与 IEEE 802.11a、IEEE 802.11b 和 IEEE 802.11g 兼容。可以将 WLAN 的传输速率提高到 300Mb/s 甚至是 600Mb/s。WLAN 的传输速率大幅提高得益于将多入多出技术（MIMO）与正交频分复用（OFDM）技术相结合。

IEEE 802.11 系列主要标准的对比如表 6-1 所示。

表 6-1　IEEE 802.11 系列主要标准对比表

	IEEE 802.11	IEEE 802.11a	IEEE 802.11b	IEEE 802.11g	IEEE 802.11n	IEEE 802.11ac
频率	2.4GHz	5GHz	2.4GHz	2.4GHz	2.4GHz /5GHz	5GHz
最高传输速率	2Mb/s	54Mb/s	11Mb/s	54Mb/s	54Mb/s 和 108Mb/s 提速可达 300～600Mb/s	可达 1Gb/s
距离	100m	20～50m	100～300m	150m 以上	100m 以上（室内 12～70m）	12～35m（室内）
业务	数据	数据、图像	数据、图像	语音、数据、图像	语音、数据、图像	语音、数据、图像
成本	高	低	低	低	低	低

注意：通常提到的 Wi-Fi，它不是标准，是 Wi-Fi 联盟的商标，是一个非营利性国际组织。Wi-Fi 联盟通过其互操作性测试的产品发给“Wi-Fi 认证”这样的注册商标。

提示

接入加密方案 WEP（Wired Equivalent Privacy，有线等效的保密）是 IEEE 802.11b 标准的一部分，该加密方案相对比较容易破解。因此，现在的无线局域网普遍采用保密性更好的加密方案 WPA（Wi-Fi Protected Access，无线局域网受保护的接入）或其第二个版本 WPA2。现在的 WPA2 是 2004 年颁布的 IEEE 802.11i 标准中强制执行的加密方案。

另外，还有 IEEE 802.15 标准和 IEEE 802.16 标准。

IEEE 802.15 标准：无线个人局域网技术（WPAN），通常称为蓝牙。只有通过设备配对后才可以进行短距离通信，一般传输距离为 1～100m。

IEEE 802.16 标准：微波接入全球互通（WiMAX），采用点到多点拓扑，提供无线宽带接入。

课堂同步

请观察你所使用的笔记本电脑或其他无线终端的接入频率、加密方式等信息，并说明其使用的是哪种无线局域网标准。

6.4.3 无线局域网设备

知识点

无线局域网设备：无线网卡、无线 AP、无线网桥、无线路由器、天线。

随着无线技术的日渐成熟，相关产品越来越丰富，主要包括无线网卡、无线访问接入点、无线网桥、无线路由器和天线等，几乎所有的无线网络设备产品都自带无线发射/接收功能。

（1）无线网卡

无线网卡的作用和以太网中网卡的作用基本相同，能够实现无线局域网各节点之间的连接与通信。常见的无线网卡如图 6-13 所示。

（a）PCI 接口无线网卡　（b）PCMCIA 接口无线网卡　（c）USB 接口无线网卡

图 6-13　无线网卡

PCI 接口的无线网卡一般用于台式计算机；PCMCIA 接口的无线网卡一般是笔记本电脑等移动设备专用的无线网卡；USB 接口的无线网卡可以使用在台式机上，也可以使用在笔记本上。

（2）无线访问接入点

无线 AP 是将无线网络和有线局域网相连的设备，不仅包含单纯的无线接入点，也包含无线路由（含无线网关、无线网桥）等设备。图 6-14 所示为室内无线 AP 和室外无线 AP，其作用类似于以太网中的集线器或交换机。使用无线 AP 可以将无线网络接入局域网或互联网。无线 AP 一般用于大楼内部、校园内部或园区网络，其覆盖距离为几十米到几百米。在网络中增加一个无线 AP，就可以扩展网络覆盖范围。

（a）室内无线 AP

（b）室外无线 AP

图 6-14　无线 AP

（3）无线网桥

无线网桥用于提供远距离点到点或单点到多点的连接，它很少用于连接无线客户端，而是使用无线技术将两个局域网网段连接起来使用，无须许可的 RF 频段时，桥接技术可以连接相隔 40km 甚至更远的网络。

（4）无线路由器

无线路由器兼备无线 AP、交换机和路由的功能。它可以视为一个转发器，将宽带信号通过天线转发给附近的无线网络设备，如笔记本电脑。借助于无线路由器，可实现无线网络中的 Internet 连接共享，实现 xDSL、Cable Modem 和 PPTP（点对点隧道协议）等无线共享接入，还提供了一些简单的网络管理功能，如 DHCP 服务、MAC 地址过滤等。适用于家庭用户或小规模的无线局域网使用。常见的无线路由器如图 6-15 所示。

图 6-15　常见的无线路由器

无线 AP 和无线路由的区别主要有：一是功能不同。无线 AP 将有线网络转换成无线网络；无线路由器是一个带路由功能的 AP，当接入宽带后，通过路由器实现自动拨号，使用无线功能建立独立的无线网络。二是应用场景不同。无线 AP 应用于大量节点，可用于覆盖大面积的网络范围；无线路由器普遍应用于家庭等覆盖面积有限的场所。三是连接方式不同。无线 AP 需要借助交换机或路由器作为中介，实现网络接入。无线路由器可以直接和 Modem 相连拨号，实现无线网络覆盖。

（5）天线

天线用于 AP、无线客户端和无线网桥中，以提高无线设备输出的信号强度。一般来说，发射信号越强，覆盖范围就越大，这意味着天线的增益（发射功率的提高）越大，信号传输的范围也就越远。

天线按照辐射和接收在水平面上的方向性，可分为定向天线与全向天线两种。定向天线是将信号集中到一个方向发射，具有较大的信号强度、较高的增益、较强的抗干扰能力，通常用于点对点的远距离传输。全向天线则朝所有方向均发射信号，具有较大的覆盖区域、较低的增益，常用于一点对多点的传输。还有一种介于定向天线与全向天线之间的扇形天线，它具有能量定向聚焦功能，可在水平 180°、120°、90°的范围内进行有效覆盖，如图 6-16 所示。

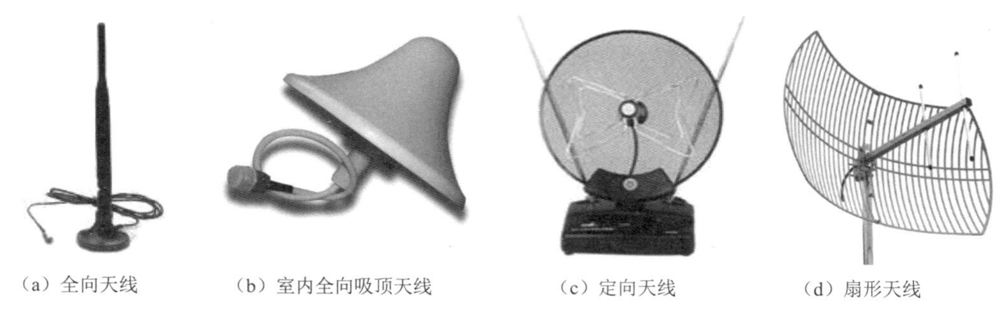

（a）全向天线　（b）室内全向吸顶天线　（c）定向天线　（d）扇形天线

图 6-16　天线

提 示

无线 AP 通常使用全向天线，以便在较大区域内提供接入。

课堂同步

请上网查阅相关资料，熟悉无线局域网组网设备，并能列举主要生产厂商及品牌。

6.4.4　无线局域网的两种模式

知识点

（1）对等模式。
（2）基础架构模式

在无线局域网中，无线局域网的配置有对等模式和基础架构模式两种，对等模式又称 Ad-Hoc 结构，基础架构模式又称 Infrastructure 模式。

（1）对等模式

在点对点的网络中，将两台或两台以上的客户端连接在一起，就可以创建简单的无线网络。以这种方式建立的简单无线网络称为对等无线网络。其不含集中设备 AP。对等网络覆盖的区域称为独立的基本服务集（IBSS）。这种无线网络通信效率较低，通信距离较短，且用户在数量较多时性能较差。如图 6-17 所示，计算机通过 Ad-Hoc 结构互联。对等模式的无线网络通常只适用于临时的无线应用环境，如小型会议室、家庭无线网络等。

（2）基础架构模式

基础架构模式属于集中式结构，通常将其作为有线网络的扩展和延伸。基于无线 AP 的基础架构模式与有线网络中的星形拓扑网络相似，无线 AP 相当于有线网络中的交换机，起着集中连接和数据交换的作用。在这种无线网络模式中，除了需要安装无线网卡，还需要一个 AP。这个 AP 用于集中连接所有无线节点，并进行集中管理。图 6-18 所示为基于无线 AP 的基础架构模式。基础架构模式的无线局域网不仅可以应用于独立的无线局域网中，还可以应用于大型网络中，如宾馆、机场等。

单个 AP 覆盖的区域称为蜂窝或基本服务集（BSS），基本服务集是无线局域网的最小构成单位。单个 AP 的覆盖区域有限，要想扩大覆盖范围，可以通过分布系统（DS）连接多个 BSS，从而构成更大的扩展服务集（ESS）。ESS 使用了多个 AP，每个 AP 都位于独立的 BSS

中，但是整个 ESS 必须使用相同的 SSID。为了客户端在 BSS 之间移动时能实现无缝漫游，需要两个 BSS 之间有大约 10%的重叠。

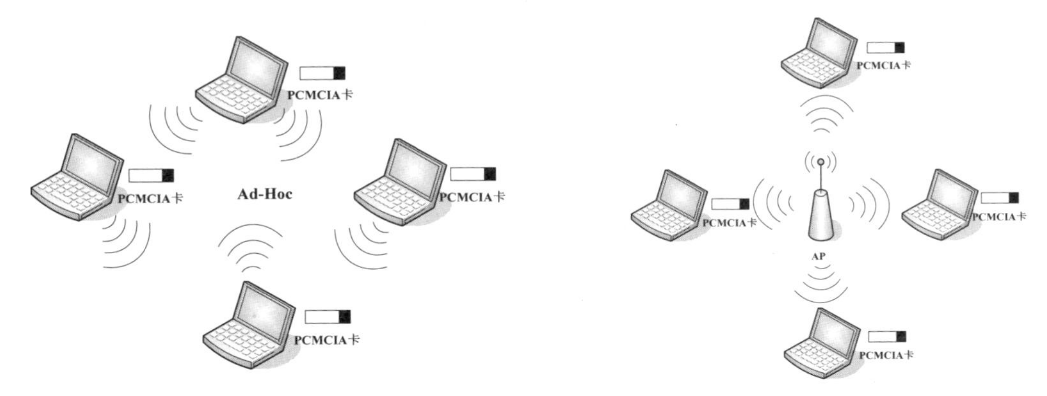

图 6-17　对等模式　　　图 6-18　基于无线 AP 的基础架构模式

课堂同步

请观察身边的无线网络，并分析其属于对等模式，还是基础架构模式。

6.5　工程实例——组建局域网

学习任务

（1）掌握局域网组建与维护的基本技能。
（2）掌握一般网络故障的排除方法和技能。

组建局域网是一个较为复杂的过程。首先，要了解网络建设单位的实际需求，根据需求调研分析进行网络设计，包括网络拓扑设计、功能设计和技术标准设计等。然后，进行设备及介质选型，进而进行设备安装、配置和调试。在网络运行良好的情况下才可以交付使用。常见的典型网络拓扑设计如下。

（1）家庭/小型局域网

家庭网络是一个小型网络，连网设备有限，通常使用无线路由器就可以把各种网络设备连在一起，构成一个简单的家庭局域网，如图 6-19 所示。终端设备包括 iPad、手机、电视机等。

（2）基于 VLAN 的中小型局域网

随着网络规模的增大，可能需要多个交换机互联构成一个较大的局域网，为了提高网络性能、防止广播风暴，可使用 VLAN 技术，对局域网进行合理的逻辑划分。通常以部门为单位进行虚拟局域网的划分，图 6-20 所示为一个小型局域网。

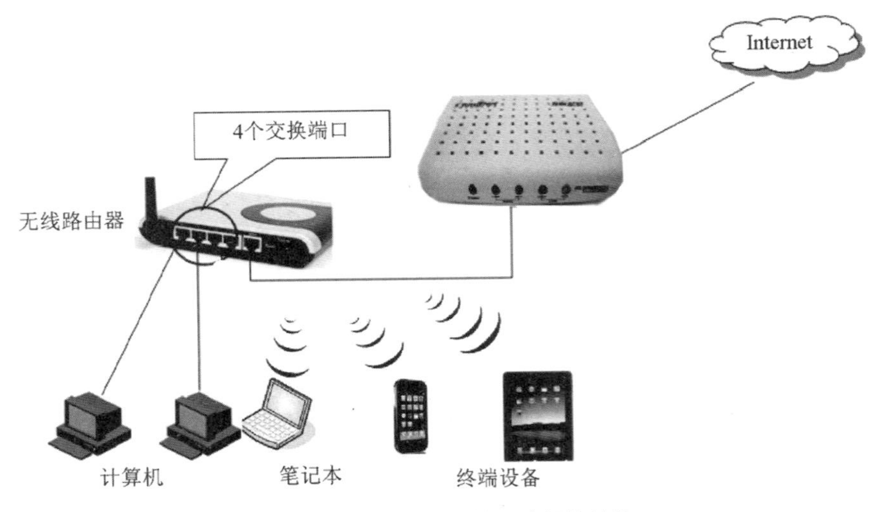

图 6-19　家庭局域网的网络拓扑结构

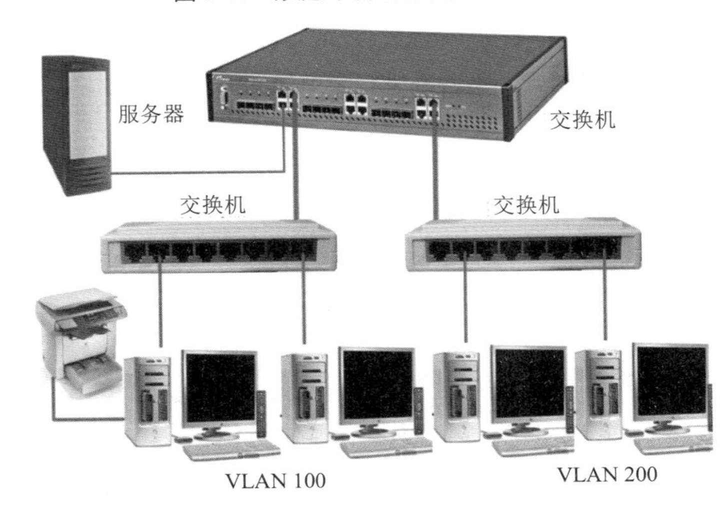

图 6-20　典型中小型局域网的网络拓扑结构

（3）中大型局域网

当网络规模较大时，必须将更多的交换机连接在一起，以成倍地拓展网络覆盖范围。特别是由于物理距离的原因，如某些设备在某个建筑物中，而其他设备在另一个建筑物中，这就需要使用性能较高的核心交换机、汇聚交换机和接入交换机将各个小型局域网连成一个较大型的局域网，按照“万兆骨干，百兆接入”的原则规划、设计和组建网络，图 6-21 为某学校校园的网络拓扑结构示意图。

在覆盖范围增大的同时，为了提高网络性能、防止广播风暴，可以使用 VLAN 技术。同时，使用无线局域网技术拓展和延伸网络覆盖范围，为用户提供无线漫游网络服务。

需要注意的是，如何从性能、管理和成本等因素进行综合考虑，合理地设计交换机的数量、位置和功能，显得非常重要。

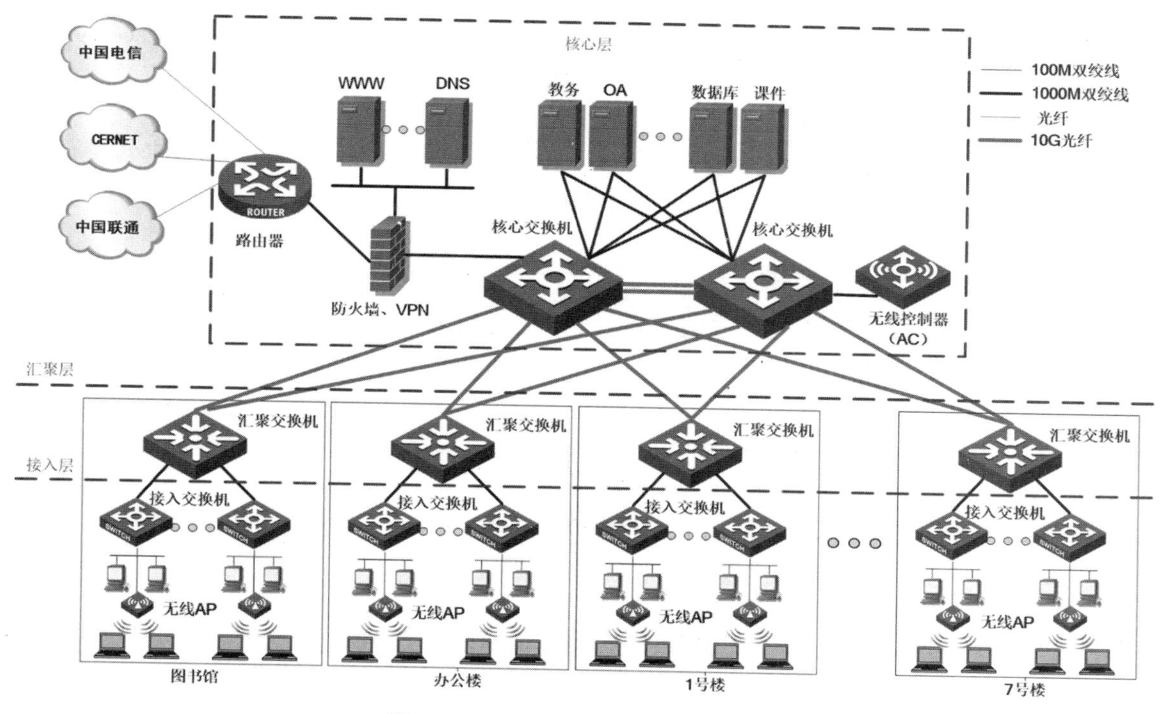

图 6-21 某学校校园的网络拓扑结构

实践练习

请根据你校的实际情况，合理地运用网络技术，设计规划一个包含无线网络的校园网。

思考与练习

一、选择题

1. 交换式以太网的核心设备是（　　）。

A. 集线器　　B. 交换机　　C. 路由器　　D. 网关

2. 下列不属于交换机技术特点的是（　　）。

A. 高交换延迟　　B. 支持不同的传输速率

C. 支持全双工和半双工两种工作方式　　D. 支持 VLAN

3. 如果以太网交换机一个端口的数据传输速率是 100Mb/s，该端口支持全双工通信，则这个端口的实际数据传输速率可以达到（　　）。

A. 50Mb/s　　B. 100Mb/s　　C. 200Mb/s　　D. 400Mb/s

4. 以下选项中属于交换机直接交换方式的是（　　）。

A. 接收到帧就直接转发

B. 先校验整个帧，然后再转发

C. 接收到帧，先校验帧的目的地址，然后再转发

D. 接收到帧，先校验帧的前 64 字节，然后再转发

5. 局域网交换机完整地接收一个数据帧，然后根据校验确定是否转发，这种交换方式叫作（　　）。
A. 直接交换　　B. 存储转发交换　　C. 改进的直接交换　　D. 查询交换
6. 虚拟局域网的技术基础是（　　）。
A. 路由技术　　B. 宽带分配　　C. 交换技术　　D. 冲突检测
7. 默认情况下，交换机上所有的端口属于 VLAN（　　）。
A. 0　　B. 1　　C. 1024　　D. 8081
8. 无线局域网的标准协议是（　　）。
A. IEEE 802. 11　　B. IEEE 802. 5　　C. IEEE 802. 3　　D. IEEE 802. 1
9. 要把学校里行政楼和实验楼的局域网互联，可以通过（　　）实现。
A. 网卡　　B. 中继器　　C. MODEM　　D. 交换机
10. 假设新购买了一台可网管交换机，须通过（　　）方式进行交换机的配置。
A. Console　　B. Tenlnet　　C. Web　　D. 网络
11. 下列关于共享式以太网的描述中，错误的是（　　）。
A. 共享式以太网的连接设备有集线器和交换机
B. 共享式以太网的覆盖范围有限
C. 共享式以太网不能提供不同速率的设备支持
D. 共享式以太网不适合传输实时性要求高的数据
12. 虚拟局域网采用（　　）方式实现逻辑工作组的划分和管理。
A. 地址表　　B. 软件　　C. 路由表　　D. 硬件
13. 以太网交换机的帧交换需要查询的是（　　）。
A. MAC 地址表　　B. 数据表　　C. 路由表　　D. 以上都不是
14. IEEE 802. 11 标准使用的频带是（　　）。
A. 900MHz　　B. 2. 4GHz　　C. 5GHz　　D. 5. 8GHz
15. IEEE 802. 11 使用的传输技术是（　　）。
A. 红外、跳频扩频和蓝牙　　B. 直接序列扩频、跳频扩频和蓝牙
C. 红外、跳频扩频和直接序列扩频　　D. 红外、直接序列扩频和蓝牙

二、填空题

1. 在网络互连设备中，Hub 表示的是（　　　　），Switch 表示的是（　　　　）。
2. 集线器的（　　　）是一个冲突域和一个广播域，多个集线器相连扩大了冲突域和广播域。
3. 交换机的（　　　）是一个广播域，但是（　　　　　　）是一个冲突域。
4. 虚拟局域网的英文缩写是（　　　　　　）。
5. WLAN 的含义是（　　　　　　）。

三、简答题

1. 什么是共享局域网？什么是交换式以太网？两者有什么区别？
2. 简述什么是冲突域，什么是广播域，以及两者有什么区别。
3. 简述以太网交换机的工作原理。
4. 什么是 VLAN？VLAN 的主要功能是什么？

5. 简述无线局域网的优缺点。

四、应用题

有一幢4层办公楼需要组建局域网。整栋楼采用1台1000Mb/s交换机、1台服务器、4台48口100Mb/s交换机（每层一台），每层有不超过40台工作用计算机。要求主干区域采用1000Base-T标准，楼层区域采用100Base-T标准，试画出该局域网的网络拓扑结构图，并做简要说明。

单元 7 Internet 基础

导 学

通过学习组建局域网和无线局域网，我们知道了局域网只能实现内部网络资源共享。如何把局域网接入资源丰富的 Internet 呢？这就需要进一步学习什么是 IP 地址，只有配置了 IP 地址的计算机或网络设备才可以接入 Internet，享受互联网服务。互联网中众多的计算机在通信时也是依靠唯一的 IP 地址相互识别。那么，什么是 IP 协议，什么是 IPv6，如何合理地规划 IP 地址，如何进行子网划分，是一个网络管理员必备的知识。通过本单元的学习，让我们一起来揭开 Internet 协议的神秘面纱。

学习目标

【知识目标】

◇ 理解 Internet 协议。

◇ 掌握 IPv4 编址的基础知识。

◇ 理解 IPv4 子网划分的原理。

◇ 理解子网掩码的作用。

◇ 理解 IP 数据报的格式。

◇ 理解 IPv6 地址的编址结构。

【技能目标】

◇ 具备正确应用和配置 IP 地址的能力。

◇ 具备进行子网划分及应用的能力。

◇ 具备合理规划设计局域网 IP 地址的能力。

◇ 具备使用网络命令排除简单网络故障的能力。

7.1　Internet 概述

学习任务

（1）理解 Internet 的基本概念与特点。
（2）熟悉 Internet 协议。

知识点

（1）Internet 的概念及特点。
（2）Internet 协议。

（1）Internet 的概念

Internet（互联网）又称因特网，是在世界范围内基于 TCP/IP 协议的一个巨大的网际网，是全球最大、最有影响力的计算机信息资源网。本质上，Internet 采用 TCP/IP 协议，是一个开放的、互联的、遍及世界的大型计算机网络系统。Internet 的主要功能是能够使不同的计算机系统（甚至不同系统的网络）彼此之间进行通信，从而使这些计算机系统的用户之间能够进行交互。现在 Internet 已经和人们的生活密切结合在一起。计算机之所以如此引人注目、发展如此迅速，Internet 在其中发挥了重要的作用。

（2）Internet 的特点

Internet 发展的速度越来越快，这与它所具有的显著特点是分不开的，其主要特点如下。

1）TCP/IP 协议是 Internet 的基础与核心。有了 TCP/IP 协议，Internet 实现了各种网络的互联。

2）灵活多样的 Internet 接入方式，TCP/IP 协议成功解决了不同硬件平台、不同网络产品和不同网络操作之间的兼容性问题。

3）采用 C/S 模式，提高了网络信息服务的灵活性。

4）把网络技术、多媒体技术和超文本技术融为一体，体现了信息技术相互融合的发展趋势。

5）Internet 是用户自己的网络，其中有丰富的信息资源，且许多都是免费的。Internet 上的通信没有集中式的管理机构，Internet 上的许多服务和功能都是由用户自己进行开发、经营和管理的。就像国外相关人士所说的，“Internet 是一个没有国家界限、没有领袖的自由网络空间”。

（3）Internet 协议

Internet 使用的通信协议主要是 TCP/IP 协议。TCP/IP 是一种网络通信协议，它规范了网络上的所有通信设备的所用协议，尤其是一台主机与另一台主机之间的数据往来格式及传送方式。TCP/IP 是 Internet 的基础协议，也是一种数据封装和寻址的标准方法。TCP 是传输控制协议，它的主要功能是保证数据有序地、无重复地可靠传输。IP 是网际协议，负责 Internet 上网络之间的通信，并规定了将数据从一个网络传输到另一个网络应遵循的规则，其主要功能是寻址和分段。普通用户并不需要了解网络协议的整个结构，仅需要了解 IP 地址格式，即可与世界各地进行网络通信。

从图 7-1 中可以看出 TCP/IP 的重要性，IP 协议类似沙漏，可以应用到各种网络上，在网络层起到了关键作用，向上屏蔽了应用程序的差异，向下屏蔽了物理网络的差异。

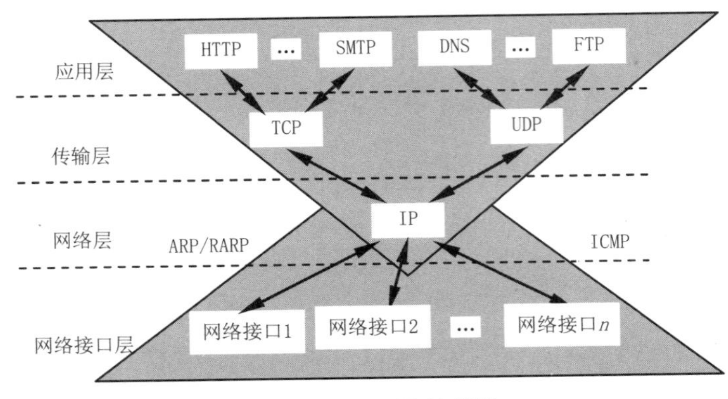

图 7-1　TCP/IP 协议栈

课堂同步

通过学习，请你谈谈你对 Internet 的理解。

7.2　IP 地址

学习任务

（1）掌握 IP 编址的基础知识。
（2）掌握 IP 地址的分类及应用。
（3）理解保留 IP 地址及其作用。
（4）理解公有 IP 地址和私有 IP 地址的应用。

可以把 Internet 看成一个抽象的网络，IP 地址就是为 Internet 上的每台计算机的接口分配的一个全球范围内唯一的 32 位标识符。在网络层中使用这种统一格式的 IP 地址来实现网络通信。

7.2.1　分类 IP 地址

知识点

（1）IP 地址及其结构。
（2）IP 地址的分类及应用。

为了使接入 Internet 的众多主机在通信时能够相互识别，接入 Internet 中的每一台主机都被分配了一个唯一的标识——32 位二进制地址，该地址称为 IP 地址。IP 地址是通过 IP 协议来规范和管理的，IP 协议保证了一个 IP 地址在 Internet 中唯一对应一台主机。

提 示

所有公有 IP 地址都由互联网名称和数字地址分配机构（ICANN，The Internet Corporation for Assigned Names and Numbers）负责全球 Internet 上的 IP 地址的分配。ICANN 将部分 IP 地址分配给地区性 Internet 注册机构，全球现有 5 个：ARIN 主要负责北美地区。RIPE 主要负责欧洲地区。LACNIC 主要负责拉丁美洲。APNIC 主要负责亚太地区。AfriNIC 负责非洲地区。在地区性 Internet 注册机构下，还存在一些注册机构，如我国的国家级注册机构是中国互联网络信息中心（CNNIC）。公有 IP 地址一般是运营商等机构向 Inter NIC（互联网信息中心）申请，用户再向运营商租用。

（1）IP 地址的结构及表示

1）IP 地址两级层次结构

IP 地址以 32 位二进制形式存储于计算机中，采用两级层次地址结构，由网络号和主机号两部分组成，如图 7-2 所示。类似于常用的电话号码，如 0314－2375688，0314 表示的是河北承德的区号（类似网络号），2375688 表示的是承德石油高等专科学校计算机系具体的一部办公电话（类似主机号）。

两级层次 IP 地址	Net_id（网络号）	Host_id（主机号）
电话号码	电话区号	电话号码

图 7-2 IP 地址两级层次结构与电话号码类比

网络号用于标识一个网络（也称网段）。在同一个网络中，所有主机 IP 地址的网络号必须相同，而且主机号是唯一的。如果两台主机 IP 地址的网络部分相同，则表明这两台设备处于同一个网络。主机号用于标识网络内的某个节点。在同一个网络中，所有 IP 地址的网络号都相同，但主机号在一个网络内必须唯一。就像在电话系统中，根据区号是否一致来判断是本地市话还是长途电话一样。

提 示

只有处在同一网络内的主机才能相互直接通信，不同网络之间的主机可以通过间接方式通信，如使用路由器。

2）IP 地址表示

IP 协议规定，IP 地址由 32 位二进制数组成，占 4 个字节。为了方便记忆和使用，IPv4 采用点分十进制表示，即按照每 8 位二进制数字转换成一个十进制数字，并用小数点隔开。

实例

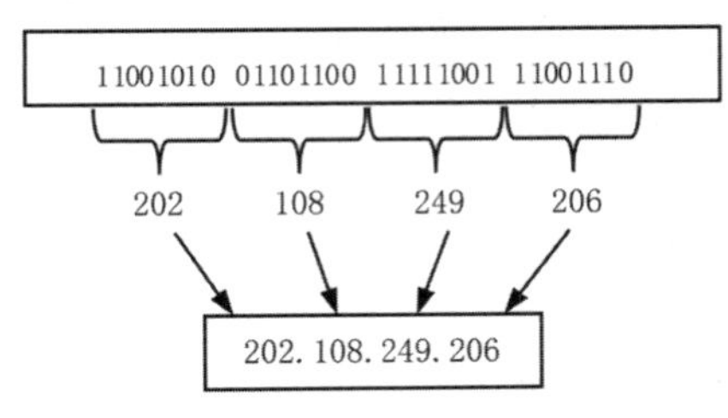

图 7-3 点分十进制表示 IP 地址

例 1 在主机中存放的 IP 地址是 32 位二进制代码“11001010011011001111100111001110”，每 8 位换成一组十进制数，4 组数之间用“ . ”分开，以提高可阅读性和可记忆性，如图 7-3 所示。

在 IP 地址中，8 位二进制的最小值是 00000000，最大值是 11111111。采用点分十进制表示 IP 地址时，IP 地址的取值范围为 0.0.0.0～255.255.255.255。

实例

例 2 256.1.111.239 是不正确的 IP 地址。

（2）IP 地址的分类

IP 地址的总数为 2^{32} =4294967296 个，接近 43 亿个。为了便于管理并适用不同规模的网络，将 IP 地址分为 A、B、C、D、E 五类，这就是分类编址。在五类地址中，最常用的是 A、B、C 类，D 和 E 类应用很少。D 类地址是多播地址或组播地址；E 类地址是保留地址，作为科研使用。在每类 IP 地址中，都定义了网络号和主机号两个部分。也就是每类 IP 地址中都规定了可以容纳多少个网络，以及在这个网络中可以容纳多少台主机。

提 示

这里需要特别指出的是，由于近年来已经广泛使用无分类 IP 地址进行路由选择，A、B、C 类地址的区分已经成为历史，但是很多文献和资料都还使用传统的分类 IP 地址。

A、B、C、D、E 各类 IP 地址的网络号和主机号，如图 7-4 所示。

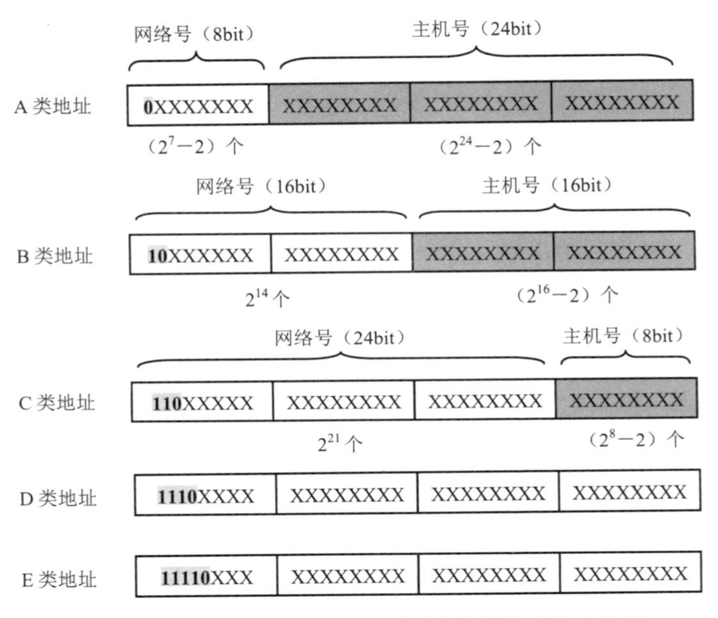

图 7-4 A、B、C、D、E 类 IP 地址中的网络号和主机号

1）A 类地址（用于大型网络）

第 1 个字节表示网络号，后 3 个字节表示主机号。第 1 个字节的首位被定义为“0”。网络号最小数为 00000001，即 1；最大数为 01111110，即 2^7-2=126（减去的 2 个 IP 地址分别是网络号全为“0”的是保留地址，表示“本网络”；网络号为 127 的保留，用作本地软件环回测试）。在每个网络内，可容纳的最大主机数是 $2^{24}-2$=16777214 台。

A 类 IP 地址范围的二进制表示为：

00000001 00000000 00000000 00000000～01111110 11111111 11111111 11111111

即十进制表示的范围是：1.0.0.0～126.255.255.255。

其中，$2^{24}-2$ 中的减去是：一是减去主机号全为“0”的 IP 地址，该地址表示该 IP 地址对应的网络地址；二是减去主机号全为“1”的 IP 地址，该地址对应的是该网络的广播地址。这两个地址属于特殊 IP 地址，一般不分配给主机。

2）B 类地址（用于中型网络）

前两个字节表示网络号，后两个字节表示主机号。第 1 个字节的前两位被定义为“10”，第一个字节十进制数值的大小范围是 128~191，B 类 IP 地址拥有 2^{14}=16384 个网络，每个网络可拥有 $2^{16}-2$=65534 个主机。B 类 IP 地址范围的二进制表示为：

10000000 00000000 00000000 00000000～10111111 11111111 11111111 11111111

即十进制表示的范围是 128.0.0.0～191.255.255.255。

3）C 类地址（用于小型网络）

前三个字节表示网络号，后一个字节表示主机号。第 1 个字节的前三位被定义为“110”，第一个字节十进制数值大小范围是 192~223，C 类 IP 地址拥有 2^{21}=2097152 个网络，每个网络可拥有 $2^{8}-2$=254 个主机。

C 类 IP 地址范围的二进制表示如下：

11000000 00000000 00000000 00000000～11011111 11111111 11111111 11111111

即十进制表示的范围是 192.0.0.0～223.255.255.255。

4）D 类地址

D 类地址用于支持网络组播，一般是各种路由与交换协议工作时使用的地址。第 1 个字节的前四位必须是 1110，用于标识组播通信地址，后面的 28 个比特用于区分不同的组播组。组播 IP 地址范围为 224.0.0.0～239.255.255.255。

5）E 类地址

E 类地址保留，主要用于科学研究。E 类地址第 1 个字节的前五位必须是 11110，IP 地址范围为 240.0.0.0～255.255.255.255。

各类地址所拥有的地址数目的比例，如图 7-5 所示。A 类 IP 地址的总数为 2^{31} 个，占有整个 IP 地址的 50%。B 类 IP 地址的总数约为 2^{30} 个，占整个 IP 地址的 25%。C 类 IP 地址的总数约为 2^{29} 个，占整个 IP 地址的 12.5%。

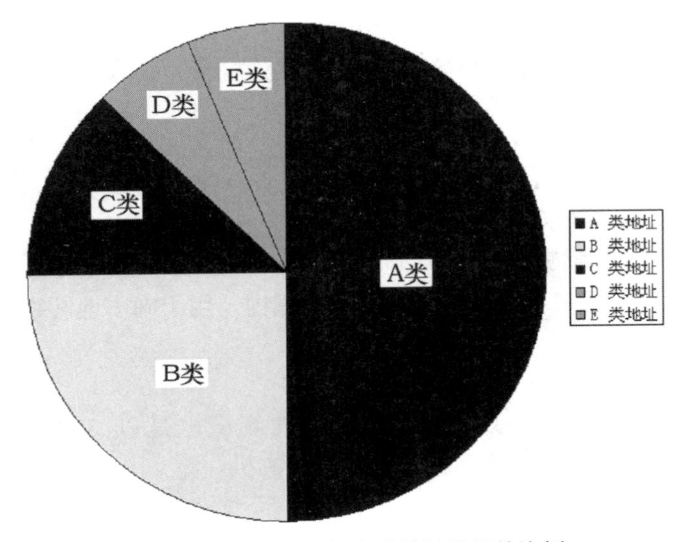

图 7-5　各类地址所拥有的地址数目的比例

注意：尽管A类IP地址的总数是C类IP地址的4倍，但IP地址是分配网络号的。在IP地址中，网络号位数多的网络，每个网络拥有的主机数就少；相反，网络号位数较少的网络，每个网络可拥有的主机数就多。

课堂同步

请判断下列IP地址是否正确，如果正确，请说明其属于A、B、C哪个IP地址类别，网络部分和主机部分各是什么。

（1）113.0.0.5　　（2）176.10.8.254

（3）202.32.66.9　　（4）288.8.8.8

7.2.2 特殊IP地址

知识点

（1）网络地址。

（2）广播地址。

（3）回环测试地址。

（1）网络地址

网络地址用于表示网络本身，是表示一个网络的形式包含一段连续的IP地址。网络地址标准格式是正常的网络部分保持不变，主机部分全部为“0”。网络中的所有主机共用一个网络地址，网络地址用于表示网络，不能用于主机通信。

实例

例3 61.0.0.0是A类IP地址中的一个网络地址，131.26.0.0是B类IP地址中的一个网络地址，210.31.208.0是C类IP地址中的一个网络地址。

IP地址中32位二进制数全为“0”时（0.0.0.0），代表所有的主机，即表示整个网络。当主机想在本网络内通信，但不知道本网的网络地址时，就可以利用0.0.0.0地址。

（2）广播地址

广播地址是一种特殊形式的IP地址。在IP地址中，最后一个IP地址一般保留作为广播地址，其标准格式是正常的网络部分保持不变，主机部分全部为“1”，也称为该网络的直接广播地址。

实例

例4 121.255.255.255是A类IP地址中121.88.0.0网络的直接广播地址；202.45.25.255就是C类IP地址中202.45.25.0网络的直接广播地址。

IP地址中32位二进制数全为“1”的IP地址（255.255.255.255）是一个特殊的广播地址，又称有限广播地址，将广播限制在本地网络范围内，用于向本地网络中的所有主机发送广播数据包。

（3）回环测试地址

回环测试地址也称回送地址，用于网络软件测试，是以127开头的IP地址，如127.0.0.1，一旦使用该地址发送数据，则立即返回给本机。

实例

例5 使用ping 127.0.0.1命令，则立即收到自己的回复，一般检测本机TCP/IP协议是否安装正确，如图 7-6 所示。

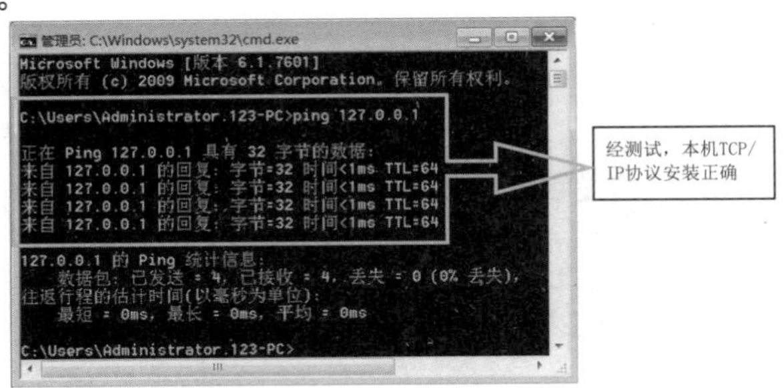

图 7-6　回环测试

对于特殊的 IP 地址，一般只能在特定情况下使用，具体如表 7-1 所示。

表 7-1　特殊 IP 地址及其用途

网络号	主机号	源地址	目的地址	地址类型	举　例	用　途
全 0		可以	不可以	整个网络（所有主机）	0.0.0.0	在本网络内通信
全 1		不可以	可以	有限广播地址	255.255.255.255	只在本网络上广播（各路由器不转发）
net-id	全 1	不可以	可以	直接广播地址	210.31.208.255	对 net-id 上的所有主机进行广播
net-id	全 0	不可以	可以	网络地址	121.26.0.0	标识一个网络
127	任意	可以	可以	回环测试地址	127.0.0.1	用作本地回环测试

课堂同步

单选题：某主机使用的 C 类 IP 地址是 202.115.25.55，请问该主机使用的回送地址是（　　　）。

A. 202.115.25.0　　B. 202.115.25.255

C. 255.255.255.255　　D. 127.0.0.1

7.2.3　私有 IP 地址与公有 IP 地址

知识点

（1）公有 IP 地址。
（2）私有 IP 地址。

IP 地址按使用范围的不同，可分为公有地址和私有地址。其中，公有地址允许在 Internet 上使用，并且在 Internet 范围内是唯一的，需要从 ISP 或地址注册机构获得。

私有地址也称保留地址，只能在某个企业或机构的内部网络中使用，可以被任何组织任意使用，无须注册申请。但是，不允许用于 Internet 中。在 RFC 1918 中规定，私有 IP 地址如表 7-2 所示。

表 7-2　私有 IP 地址

类　别	起始地址	结束地址	网络数
A 类（适合大型网络）	10.0.0.0	10.255.255.255	1
B 类（适合中型网络）	172.16.0.0	172.31.255.255	16
C 类（适合小型网络）	192.168.0.0	192.168.255.255	256

私有地址一般用于与互联网隔离的网络中。这些网络中的主机若要接入互联网必须采用代理或网络地址转换（NAT）等方式。

私有 IP 地址的典型应用案例如图 7-7 所示，私有 IP 地址既经济实用，又解决了公网 IP 地址紧缺的问题。需要注意的是，内部计算机对应的子网掩码按标准子网掩码设置，即 255.255.255.0。内部计算机的网关设置为内网网卡 IP 地址，即 192.168.1.1。

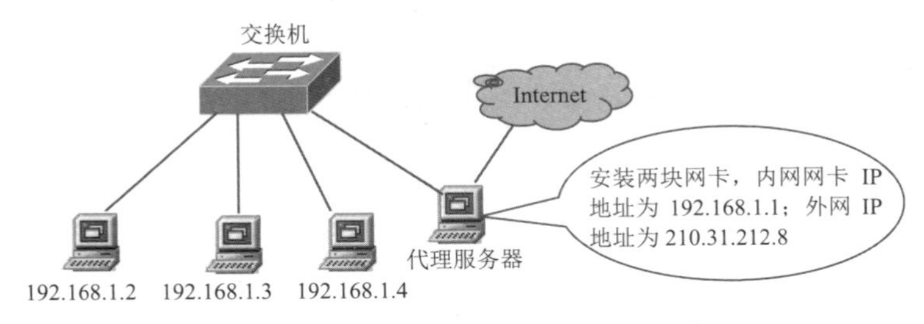

图 7-7　私有 IP 地址典型应用网络拓扑

课堂同步

多选题：以下 IP 地址中，不能在 Internet 范围内使用的是（　　　　）。

A. 192.168.1.1　　B. 172.21.53.6

C. 10.1.1.1　　D. 121.26.225.4

7.3　子网划分

学习任务

（1）掌握子网划分的概念。

（2）理解子网划分的原理。

（3）理解子网掩码的作用。

（4）掌握子网划分及应用。

在 ARPANET 的早期，IP 地址的设计出现了不合理的现象。例如，A 类 IP 地址中，默认一个网络中可以容纳 $2^{24}-2=16777214$ 台主机，B 类 IP 地址中，默认一个网络可以支持 $2^{16}-2=65534$ 台主机。请仔细考虑，哪个网络拥有这么多台主机？拥有这么多台主机的网络如何管理呢？所以，IP 地址设计得不合理主要体现在以下几个方面。

（1）两级 IP 地址不够灵活。

（2）有时 IP 地址利用率很低，浪费较大。

（3）给每个物理网络分配一个网络号，会使路由表变得太大，影响网络性能。

（4）网络拥有过多的主机，网络性能和管理都会受到影响。

为了解决 IP 地址资源短缺的问题，同时为提高 IP 地址的利用率，引入了子网划分技术。

7.3.1　子网划分方法

知识点

（1）子网的概念。

（2）子网划分方法。

由网络管理员将一个 A 类、B 类或 C 类网络划分成若干个规模更小的逻辑网络，这个更小的逻辑网络简称子网（Subnet）。划分子网的好处是，可以使 IP 地址的使用更加灵活，缩小了网络广播域范围，便于网络管理，解决了 IP 地址资源不够用的问题。

提 示

需要特别说明的是，子网的划分属于单位内部的事情。从外部来看，这个单位仍只是一个网络，看不到具体的子网划分。

子网的划分方法是从主机位中借若干高位充当子网号，即 IP 地址中的主机号再分成两个部分：一部分是子网号，用于子网编址；另一部分是主机号，用于主机编址，如图 7-8 所示。划分子网以后，原 IP 地址结构变成了三级层次结构：网络号、子网号和主机号。也就是说，子网的概念延伸了原网络号部分，允许将一个网络分解为多个子网。

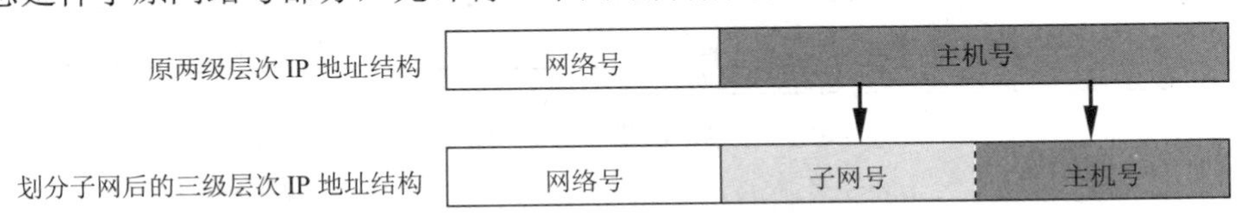

图 7-8　子网划分原理

注意： 借用的子网位数是可变的，但必须从高位连续借用，中间不能跳位。

在进行子网划分时，首先必须明确划分后所要得到的子网数量和每个子网所拥有的主机数，然后才能确定从主机位中借出的子网号位数。原则上，根据全“0”和全“1”IP 地址保留的规定，子网划分至少要从主机位中选取 1 位作为子网号。显然，子网号所占的位数越多，拥有的子网数就越多，可分配给主机的位数就越少，所包含的主机就越少。反之，子网号所占的位数越少，拥有的子网数就越少，可分配的主机位数就越多，包含的主机数就越多。

实例

例 6 一个 B 类网络 131.26.0.0，将主机号分为两个部分，借用前 6 位作为子网号，后 10 位为主机号。那么，这个 B 类网络就可划分为 2^6=64 个子网，每个子网可以容纳 $2^{10}-2$=1022 台主机。

7.3.2　子网掩码

知识点

（1）子网掩码。
（2）网络地址的计算。
（3）网络前缀。

（1）子网掩码

子网掩码（Subnet Mask）由 32 位二进制数组成，与 IP 地址具有相同的编码格式，也采用点分十进制表示。子网掩码通常与 IP 地址配对出现，它将 IP 地址中网络号（包含子网号）部分对应的所有位设置为“1”，对应于主机号部分的所有位取值为“0”。子网掩码的主要功能有两个：一是告知主机或路由设备，IP 地址中的哪些位是网络号部分、哪些位是主机号部分；二是应用子网掩码可以划分为多个子网。传统的 A 类、B 类和 C 类 IP 地址的子网掩码如图 7-9 所示。

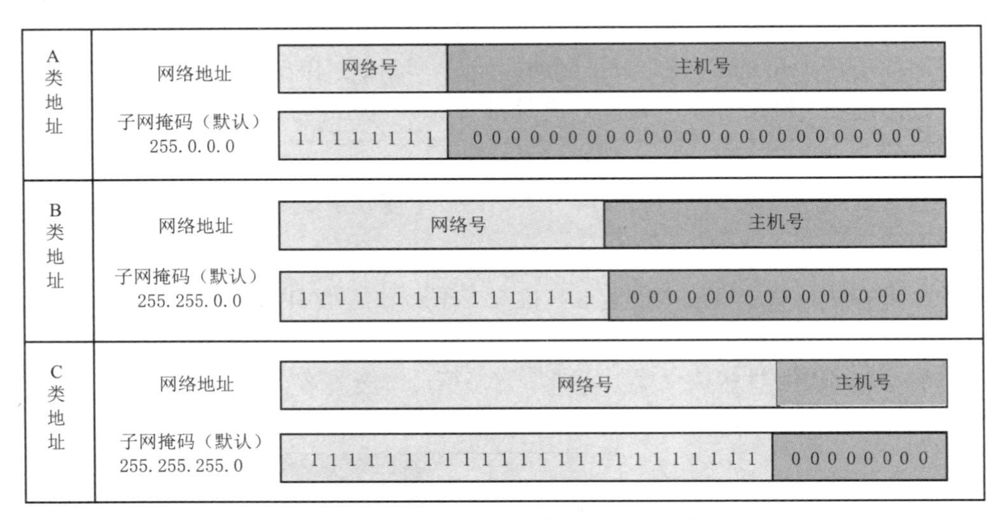

图 7-9　A、B、C 类 IP 地址默认子网掩码

若进行了子网划分，子网掩码的取值是将对应于 IP 地址中网络号部分的网络位和子网位都取值为“1”，主机号部分的所有位全部取值为“0”，如图 7-10 所示。

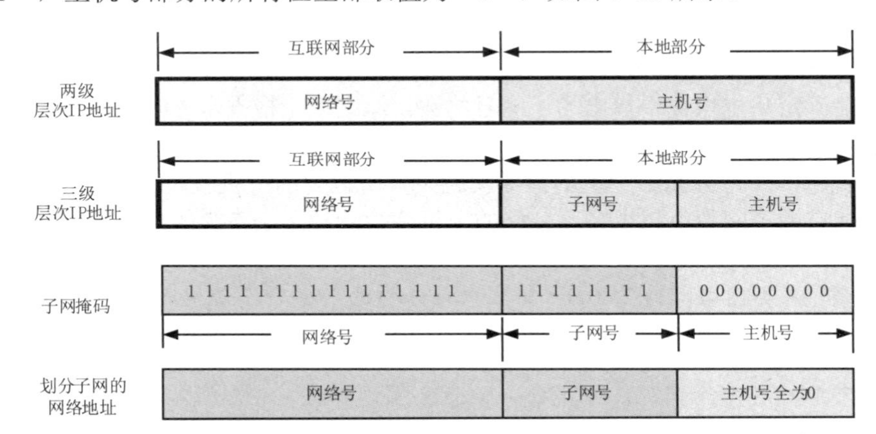

图 7-10　IP 地址的各字段和子网掩码

进行划分子网后，对子网掩码和 IP 地址进行“按位与”运算，可以计算出一个三级层次 IP 地址的网络地址，公式如下：

三级层次 IP 地址中的网络地址=（IP 地址）AND（子网掩码）

提 示

逻辑与（AND）运算是数学运算中的逻辑运算，其结果只有“0”或“1”两种。运算规则是 1 AND 1=1；1 AND 0=0；0 AND 1=0；0 AND 0=0。

实例

例 7　一个 C 类 IP 地址是 210.58.97.100，子网掩码是 255.255.255.224。则该 IP 地址的网络地址可按以下步骤计算：

第一步，将 IP 地址 210.58.97.100 转换为二进制形式，结果为 11010010.00111010.01100001 01100100。

第二步，将子网掩码 255.255.255.224 转换为二进制形式，结果为 11111111 11111111 11111111 11100000。

第三步，将子网掩码和 IP 地址的二进制数按位进行逻辑与（AND）运算，得出的结果即为该 IP 地址对应的网络地址，计算过程如表 7-3 所示。

表 7-3　网络地址的计算过程

名　称	十进制形式	二进制形式	
		网络 ID（含 3 位子网位）	主机 ID
IP 地址	210.58.97.100	11010010.00111010.01100001.011	00100
子网掩码	255.255.255.224	11111111.11111111.11111111.111	00000
按位与后，对应的网络地址	210.58.97.96	11010010.00111010.01100001.011	00000

利用子网掩码可以判断出两台主机是否在同一网络或子网中。若两台主机的 IP 地址分别与它们的子网掩码相“与”后的结果相同，则说明这两台主机在同一网络中。

注意：例如，IP 地址是 100.1.1.1，子网掩码是 255.255.255.0，那么 IP 地址属于哪一类呢？正确答案是 A 类。通常情况下，IP 地址的类别是指 A、B、C 分类方法，而子网掩码 255.255.255.0 只表示在这个 A 类地址中进行了子网划分，借用了主机位的前 16 位作为子网位。

（2）网络前缀

子网掩码是用来确定一个 IP 地址中的网络部分和主机部分的，子网掩码的表示通常采用一种比较烦琐的方式。网络前缀（network-prefix）是表示子网掩码的另一种方式，表示的是子网掩码中“1”的个数，使用斜线表示法，即“/”后面跟“1”的个数。例如，IP 地址 192.168.0.0/27，表示 IP 地址子网掩码的前 27 为“1”，即 255.255.255.224。

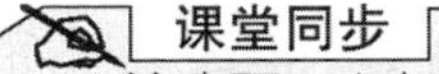

提 示

网络前缀和子网掩码都是用来说明 IP 地址中的网络部分和主机部分，只是两种不同的表示方法。

利用子网掩码可以判断两台主机是否在同一网络或子网中。若两台主机的 IP 地址分别与它们的子网掩码相“与”后的结果相同，则说明这两台主机在同一网络中。

课堂同步

单选题：主机的 IP 地址是 202.130.82.97，子网掩码是 255.255.192.0，它所处的网络地址是（　　）。

A. 202.130.64.0　　B. 202.64.0.0

C. 202.130.82.0　　D. 202.130.0.0

7.3.3　子网的规划设计

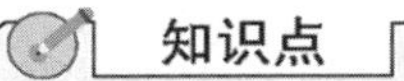

知识点

子网的规划设计：子网数目计算、主机数目计算、子网掩码计算、子网地址计算、广播地址计算、网络地址计算。

在设计子网划分方案时，需要考虑以下 6 个问题。

（1）需要规划多少个子网？

（2）每个子网中有多少台主机?

（3）符合网络要求的子网掩码是什么?

（4）每个子网的网络地址（每个子网的第一个地址）是什么?

（5）每个子网的广播地址（每个子网的最后一个地址）是什么?

（6）每个子网有效的 IP 地址范围是什么?

下面结合实例说明子网的规划设计过程。

假设某公司有 5 个部门，各部门拥有的计算机数分别为 10、20、30、15 和 28，申请到 C 类 IP 地址为 210.168.10.0，子网掩码为 255.255.255.0，为了方便管理，请运用子网划分的技术，对 IP 地址进行合理规划设计。

（1）子网数目计算

子网数目的计算公式如下：

$$X=2^m$$

其中，X 表示子网数，m 是向主机部分所借的位数，即子网掩码中连续“1”的个数。

因为该公司有 5 个部门，至少应该划分 5 个子网，需要从主机位中借 3 位来充当子网位，即 $2^3=8$ 个子网，符合该公司需要 5 个子网的需求，以后还可以扩充 3 个网，如图 7-11 所示。

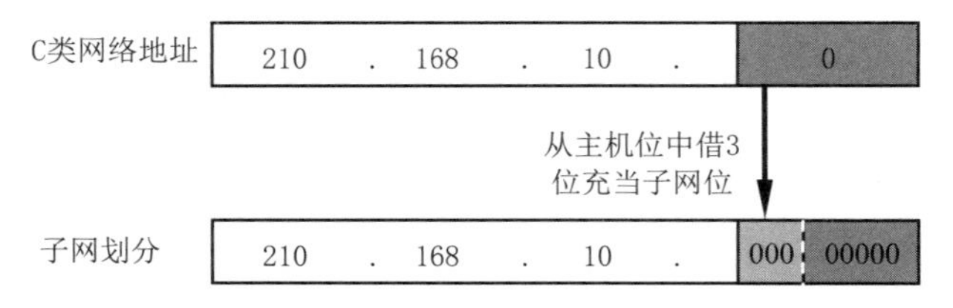

图 7-11　借用主机位中的 3 位进行子网划分

（2）主机数目的计算

主机数目的计算公式如下：

$$Y=2^n-2$$

其中，Y 表示主机数目，n 表示主机位数，是去除了子网位数后剩下的主机位数，即子网掩码中“0”的个数；减 2 的原因是主机号不能全部为“0”或“1”（全“0”表示网络地址，全“1”表示广播地址），所以，减去 2 剩下的就是有效的主机 IP 地址。

C 类 IP 地址 210.168.10.0 中，主机位数共有 8 位，现借去 3 位，还剩 8－3=5 位主机位。所以，每个子网中可以拥有 $2^5-2=30$ 台计算机。符合该公司部门最多有 30 台计算机的要求。

（3）子网掩码的计算

一般情况下，子网掩码是根据子网的数目来确定的，规则是网络位和子网位都为“1”，主机部分为“0”。从主机位中借 3 位充当子网位，所以子网掩码为 255.255.255.224，如图 7-12 所示。

	网络 ID	子网位	主机位
C 类 IP 地址：210.168.10.0	11010010.10101000.00001010.	0 0 0	0 0 0 0 0
子网掩码对应二进制	11111111.11111111.11111111.	1 1 1	0 0 0 0 0
子网掩码对应十进制	255.　255.　255.	224	

图 7-12　借用主机位中的 3 位划分子网后的子网掩码

C 类 IP 地址所有子网划分的可能如表 7-4 所示。

表 7-4　C 类 IP 地址子网划分表

子网位数	子网数	主机位数	可用主机数量	子网掩码
1	2	7	126	255.255.255.128
2	4	6	62	255.255.255.192
3	8	5	30	255.255.255.224
4	16	4	14	255.255.255.240
5	32	3	6	255.255.255.248
6	64	2	2	255.255.255.252

注意：进行子网划分后，主机位数最小为 2，而不是 1。

同理，B 类 IP 地址所有子网划分的可能如表 7-5 所示。

表 7-5　B 类 IP 地址子网划分表

子网位数	子网数	主机位数	可用主机数量	子网掩码
1	2^{1}	15	$2^{15}-2$	255.255.128.0
2	2^{2}	14	$2^{14}-2$	255.255.192.0
3	2^{3}	13	$2^{13}-2$	255.255.224.0
4	2^{4}	12	$2^{12}-2$	255.255.240.0
5	2^{5}	11	$2^{1}-2$	255.255.248.0
6	2^{6}	10	$2^{10}-2$	255.255.252.0
7	2^{7}	9	$2^{9}-2$	255.255.254.0
8	2^{8}	8	$2^{8}-2$	255.255.255.0
9	2^{9}	7	$2^{7}-2$	255.255.255.128
10	2^{10}	6	$2^{6}-2$	255.255.255.192
11	2^{11}	5	$2^{5}-2$	255.255.255.224
12	2^{12}	4	$2^{4}-2$	255.255.255.240
13	2^{13}	3	$2^{3}-2$	255.255.255.248
14	2^{14}	2	$2^{2}-2$	255.255.255.252

以此类推，可以得到 A 类 IP 地址所有子网划分的可能，这里不再赘述，请读者自己尝试划分。

（4）网络地址的计算

每个子网的网络地址，就是网络位数和子网位数保持不变，主机位全部为“0”。如图 7-13 所示，第 1 个可用子网的网络地址为 210.168.10.0；第 2 个可用子网的网络地址为 210.168.10.32，以此类推。

（5）广播地址计算

每个子网的广播地址，就是网络位数和子网位数保持不变，主机位全部为“1”，如图 7-14 所示。

（6）有效 IP 地址范围

可用主机范围是减去每个子网的网络地址和广播地址。每个子网的可用主机范围如图 7-15 所示，即每个子网可用主机范围等于每个子网的网络地址加 1～每个子网的广播地址减 1。

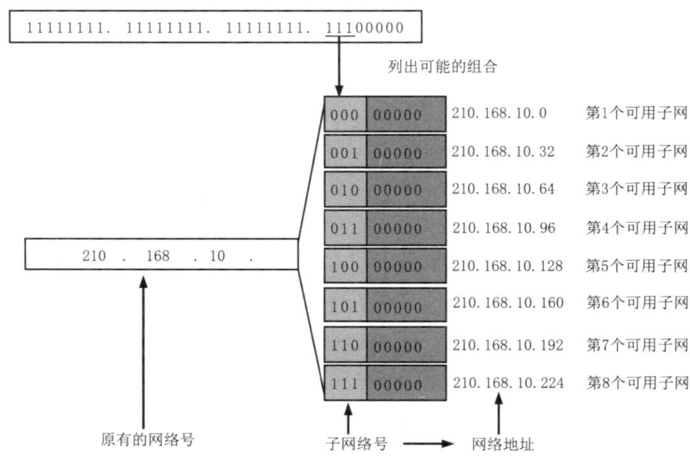

图 7-13　每个子网的网络地址

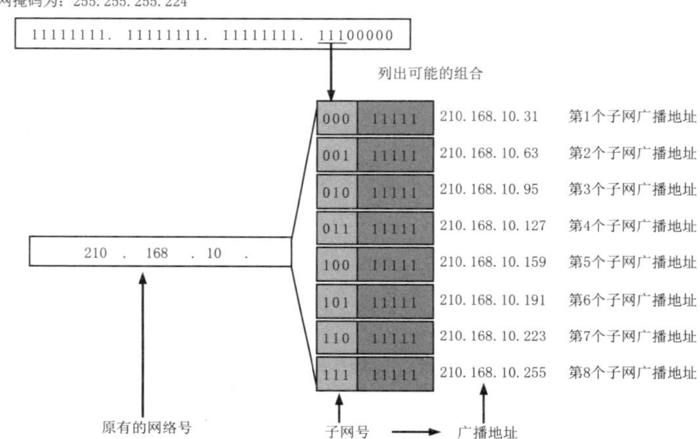

图 7-14　每个子网的广播地址

子网网络地址			每个子网的可用主机范围	
210.168.10.0	210 . 168 . 10 .	000 00001 000 11110	210.168.10.1 ～ 210.168.10.30	第1个子网
210.168.10.32	210 . 168 . 10 .	001 00001 001 11110	210.168.10.33 ～ 210.168.10.62	第2个子网
210.168.10.64	210 . 168 . 10 .	010 00001 010 11110	210.168.10.65 ～ 210.168.10.94	第3个子网
210.168.10.96	210 . 168 . 10 .	011 00001 011 11110	210.168.10.97 ～ 210.168.10.126	第4个子网
210.168.10.128	210 . 168 . 10 .	100 00001 100 11110	210.168.10.129 ～ 210.168.10.158	第5个子网
210.168.10.160	210 . 168 . 10 .	101 00001 101 11110	210.168.10.161 ～ 210.168.10.190	第6个子网
210.168.10.192	210 . 168 . 10 .	110 00001 110 11110	210.168.10.193 ～ 210.168.10.222	第7个子网
210.168.10.224	210 . 168 . 10 .	111 00001 111 11110	210.168.10.225 ～ 210.168.10.254	第8个子网

图 7-15　每个子网的可用主机范围

从上述实例中可以看出，如果进行了子网划分，则网络地址、子网掩码和广播地址均发生变化。

注意：根据 RFC 950 规定，禁止使用子网号全为“0”的和子网号全为“1”的子网。但在实际中，很多产品支持全为“0”和全为“1”的子网。而且，后面还介绍无类域间路由（CIDR）和可变长子网掩码（VLSM），全“0”子网和全“1”子网可以使用。

实例

例 8 某学校需要新建两个机房，每个机房有 60 台计算机，使用私有 IP 地址 192.168.1.0，子网掩码为 255.255.255.0，为了方便管理，请运用子网划分的技术，对两个新建的机房进行 IP 地址的合理规划。

问题 1：需要借多少位作为子网位？

回答：有两个机房，应该划分两个以上的子网，需要从主机位中借 2 位充当子网位，即可以划分 4 个子网。

问题 2：每个子网拥有多少台计算机？

回答：每个子网拥有 $2^6-2=62$ 台计算机，62>60（每个机房所拥有的计算机数），符合要求。

问题 3：每个子网的子网掩码、网络地址、广播地址和可用主机地址范围是什么？

回答：具体如表 7-6 所示。

表 7-6　每个子网的子网掩码、网络地址、广播地址和可用主机 IP 地址范围

子网编号	子网网络地址	子网广播地址	子网的主机 IP 地址范围	子网掩码
子网 1	192.168.1.0	192.168.1.63	192.168.1.1 ～ 192.168.1.62	255.255.255.192
子网 2	192.168.1.64	192.168.1.127	192.168.1.65 ～ 192.168.1.126	
子网 3	192.168.1.128	192.168.1.191	192.168.1.129 ～ 192.168.1.190	
子网 4	192.168.1.192	192.168.1.255	192.168.1.193 ～ 192.168.1.254	

不同的子网掩码得出相同的网络地址，但不同掩码的效果是不同的。请结合例 9 和例 10 两个实例来理解。

实例

例 9 已知 IP 地址是 141.14.72.24，子网掩码是 255.255.192.0。求该 IP 地址对应子网的网络地址和广播地址。

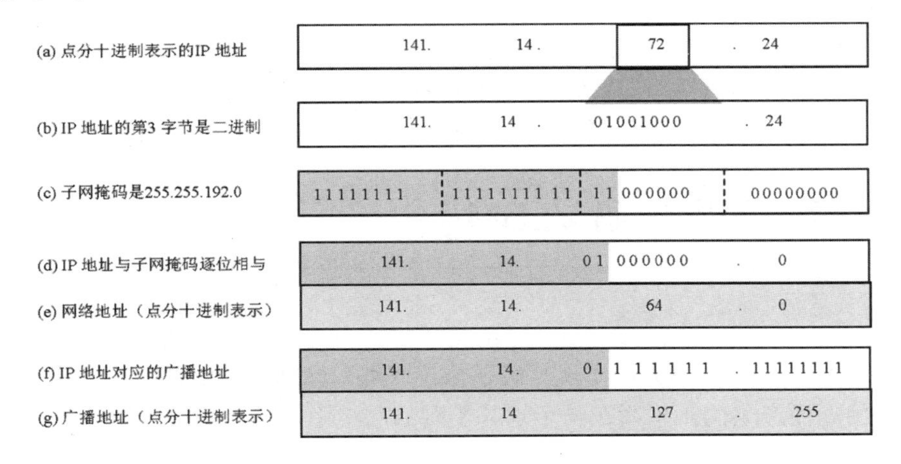

例 10 在例 9 中，若子网掩码改为 255.255.224.0。求该 IP 地址对应子网的网络地址和广播地址，讨论所得结果。

(a) 点分十进制表示的IP 地址	141.	14 .	72	. 24
(b) IP 地址的第3 字节是二进制	141.	14 .	01001000	. 24
(c) 子网掩码是255.255.224.0	11111111	11111111	111 00000	00000000
(d) IP 地址与子网掩码逐位相与	141.	14.	010 00000	. 0
(e) 网络地址（点分十进制表示）	141.	14 .	64	. 0
(f) IP 地址对应的广播地址	141.	14.	010 11111	.11111111
(g) 广播地址（点分十进制表示）	141.	14.	95	. 255

课堂同步

设有一个网络地址为 138.31.208.0，此网络的子网掩码是 255.255.192.0。请回答以下问题:

（1）此网络划分了多少个子网?

（2）每个子网可以拥有多少台可用的计算机?

（3）每个子网的网络地址是多少?

（4）每个子网的广播地址是多少?

（5）每个子网的有效主机范围是多少?

7.4 VLSM 和 CIDR

学习任务

（1）理解可变长子网掩码 VLSM 的用途。

（2）理解无分类域间路由 CIDR 的作用。

子网划分虽然在一定程度上缓解了 IP 地址不够用的问题，但是 IPv4 的地址空间基本耗尽，为解决 IP 地址日益紧张的问题，提高利用率，出现了可变长子网掩码（Variable Length Subnet Masks，VLSM）和无分类域间路由（Classless Inter-Domain Routing，CIDR）。

7.4.1 可变长子网掩码 VLSM

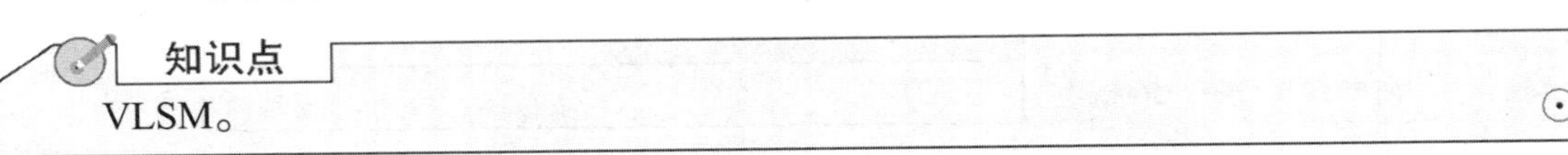

知识点

VLSM。

可变长子网掩码（VLSM）的出现打破了传统以类为标准的地址划分方法，它是为了缓解 IP 地址紧缺问题而产生的，指明在一个划分子网的网络中，可以同时使用几个不同的子网掩码。例如，某个公司总部有很多的主机，而分公司或部门的主机数会相对较少。为了尽可能提高地址的利用率，必须根据不同子网的主机规模来进行不同位数的子网划分，这样在网络内就会出现不同长度的子网掩码并存的情况。通常将这种允许在同一网络范围内使用不同长度子网掩码的情况，称为可变长子网掩码。

VLSM 在进行编址方案设计时，要充分考虑以下两个原则。

（1）划分子网的时候，一般情况下根据子网中拥有的主机数目按从大到小的顺序安排。

（2）需要连续安排网络地址（不可跳用地址），直到地址空间用完。

VLSM 规划设计和计算一般按照以下步骤完成。

（1）确定所需的子网数量。

（2）确定每个子网所需的主机数量。

（3）根据主机数量与子网数量设计合适的编址方案。

假设某公司总部和分部的网络拓扑结构如图 7-16 所示，申请到的 IP 地址是 198.168.1.0/24，公司总部有 101 台计算机，公司分部有 54 台计算机。如果你是该公司的网络管理员，请合理规划 IP 地址。

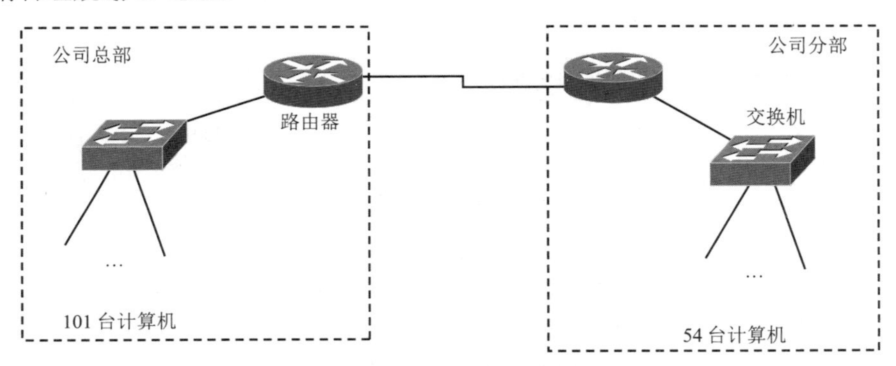

图 7-16 某公司的网络拓扑结构

根据需求，将 IP 地址 198.168.1.0/24 划分为 3 个子网，子网 A 为公司总部，有 101 台计算机，至少需要 101 个 IP 地址；子网 B 为公司分部，有 54 台计算机，至少需要 54 个 IP 地址；子网 C 为两个互连路由器，至少需要两个 IP 地址。由于各个子网的主机数量不同，为了保证 IP 地址的充分利用，不能使用传统的子网划分（等长子网掩码）方式，需要使用可变长子网掩码。

第一步，在划分子网时优先考虑最大主机数。满足子网 1 的 IP 地址需求，利用公式 $2^n-2\geqslant 101$，得出主机位数为 n=7，应用子网划分方法，划分的第一个子网 198.168.1.0/25 分配给公司总部的子网 A，子网掩码是 255.255.255.128。

第二步，将上述子网划分剩下的第二个子网 198.168.1.128/25 分配给公司分部的子网 B 和路由器之间的子网 C 使用。由于公司分部需要的 IP 较多。再利用公式 2^n-2≥54，得出主机位数为 n=6，应用子网划分方法，划分的新的第一个子网 198.168.1.128/26 分配给公司分部的子网 B，子网掩码是 255.255.255.192。

第三步，由于两个路由器连接只需要两个 IP 地址，因此继续对 198.168.1.192/26 进行子网划分，再利用公式 2^n-2≥2，得出主机位数为 n=2，应用子网划分方法，划分的另外一个新的第一个子网 198.168.1.192/30 分配给两个路由器相连的子网 C，子网掩码是 255.255.255.252。

通过使用可变长子网掩码，某公司的网络地址规划编址，各网络使用的网络地址如表 7-7 所示。

表 7-7　每个子网的子网掩码、网络地址、广播地址和可用主机 IP 地址范围

部　门	网络地址/网络前缀	广播地址	子网掩码	IP 地址范围
公司总部	198.168.1.0/25	198.168.1.127	255.255.255.128	198.168.1.1～198.168.1.126
公司分部	198.168.1.128/26	198.168.1.191	255.255.255.192	198.168.1.129～198.168.1.190
路由器之间网络	198.168.1.192/30	198.168.1.195	255.255.255.252	198.168.1.193～198.168.1.194

课堂同步

请读者结合子网划分的方法，使用类似图 7-13 所示的图例进行深入分析。

7.4.2　无分类域间路由 CIDR

知识点

CIDR（Classless Inter Domain Routing）。

CIDR 消除了传统的 A、B、C 类地址及子网划分的概念，因而可以更加有效地分配 IP 地址空间。CIDR 使用各种长度的“网络前缀”来代替分类地址中的网络号和子网号。IP 地址从使用子网掩码的三级层次编址又回到两级层次编址。CIDR 使用“斜线记法”(slash notation)，它又称为 CIDR 记法，即在 IP 地址面加上一个斜线“/”，然后写上网络前缀所占的位数（这个数值对应于三级编址中子网掩码中 1 的个数）。例如：100.0.0.0/10 隐含地指出 IP 地址 100.0.0.0 的掩码是 255.192.0.0。

例如，130.14.32.0/20 表示的地址块共有 2^{12} 个地址（20 是网络前缀，所以主机位数是 32-20=12 位），如图 7-17 所示。具有相同网络前缀的连续的 IP 地址称为 CIDR 地址块。130.14.32.0/20 地址块的最小地址是 130.14.32.0。最大地址是 130.14.47.255。全“0”和全“1”的主机号地址一般不使用。

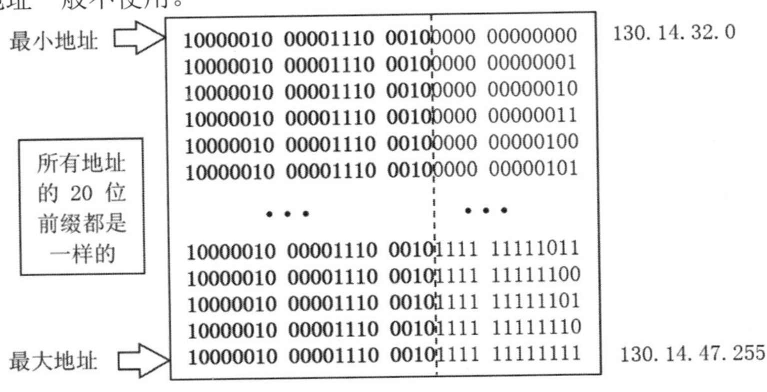

图 7-17　130.14.32.0/20 表示的地址

一个 CIDR 地址块可以表示很多地址，其聚合通常称为路由聚合。将它作为路由表中的一个条目，可以包含很多个传统分类地址路由，从而大大减少路由表项目。CIDR 的优点如下。

（1）更加有效地分配 IP 地址空间，提高了 IP 地址空间利用率，缓解了 IP 地址紧张的状况。

（2）简化了路由表，提高了网络性能，降低了成本。

然而，由于 CIDR 出现得较晚，且需要主机软件的支持，全面推行十分困难，目前处于 CIDR 和基于分类 IP 地址的子网划分并存的状况，将被 IPv6 所取代。

实例

例 11 如果某企业申请到的地址块为 208.1.170.64/27，请计算该地址块的第一个地址和最后一个地址分别是多少，共有多少个地址。

解答：首先将 IP 地址转换为二进制，其次进行计算。由于网络前缀长度是 27，表示地址前 27 位是不变的；其余的 5 位为主机位，主机位全部为“0”是该地址块的第一个地址，即 208.1.170.64，主机位全部为“1”是该地址块的最后一个地址，即 208.1.170.127。有 5 个主机位，则共有地址为 $2^5=32$ 个。当然，全“0”的网络地址和全“1”的广播地址不能使用。因此，可用的地址数是 30 个。

课堂同步

请对比分析 VLSM 和 CIDR。

7.5 IP 数据报

学习任务

（1）理解 IP 数据报格式。

（2）理解 IP 数据报各字段的含义。

7.5.1 IP 数据报格式

网络层数据传输单元称数据包或数据分组，由于 IP 协议实现的是面向无连接的数据报服务，故 IP 数据 IP 分组通常又称为 IP 数据报（在具体调论细节时简称数据报）。

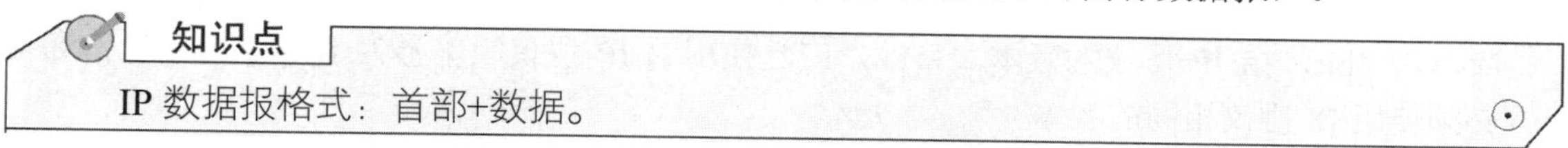

知识点

IP 数据报格式：首部+数据。

IP 数据报由首部和数据部分两个部分组成，数据报的一般格式如图 7-18 所示。

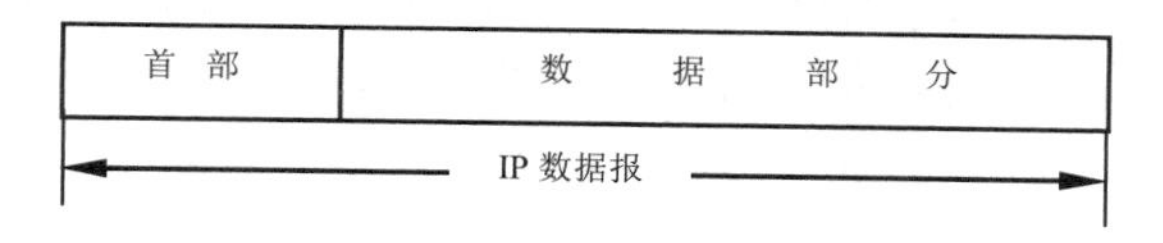

图 7-18 IP 数据报的构成

IP 规定了数据报首部格式，但没有规定数据部分的格式，这说明它可以用来传输任意数据。在 TCP/IP 标准中，报文格式常以 32 bit（4 字节）为单位来描述。

图 7-19 所示是 IP 数据报格式。IP 数据报首部包括固定首部和可变首部两个部分，固定首部长度为 20 字节，是每个 IP 数据报必须具有的。在固定首部的后面还有一些可选字段，其长度是可变的。

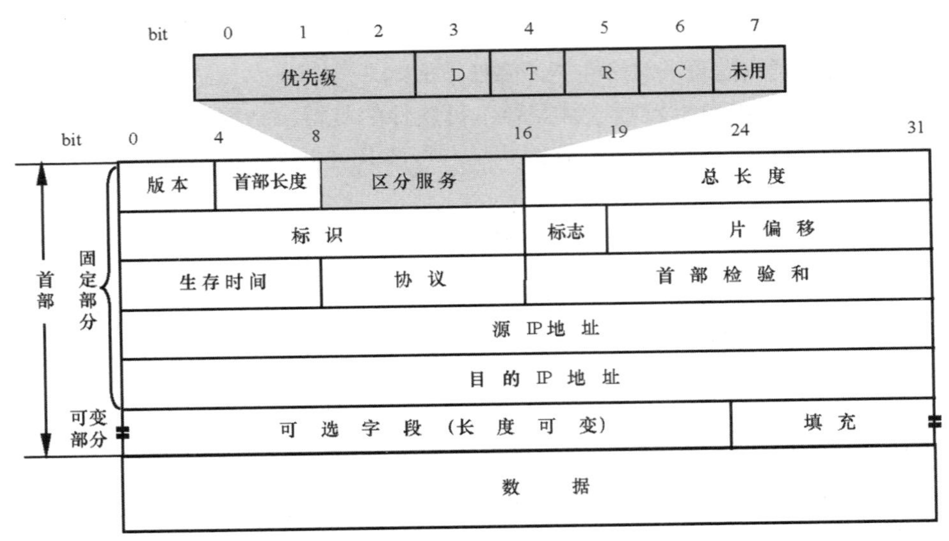

图 7-19 IP 数据报格式

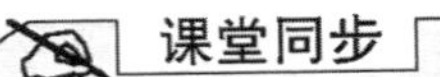

课堂同步

单选题：IP 数据报最小首部长度为（ ）个字节。

A. 20　　B. 50

C. 60　　D. 32

7.5.2 IP 数据报各字段的含义

知识点

IP 数据报各字段的含义：版本、首部长度、区分服务、总长度、标识、标志、片偏移、生存时间、协议、首部检验和、源 IP 地址、目的 IP 地址、可选字段和填充字段。

（1）固定首部部分

1）版本

版本占 4bit，指 IP 协议的版本。目前，广泛使用的 IP 协议版本号为 IPv4。原则上，通信双方必须使用 IP 协议相同的版本。

2）首部长度

"首部长度"占 4bit，表示 IP 数据报的首部的长度，首部长度字段是 32bit（4 字节）。由于"首部长度"占 4bit，所以所能表达的最大数值是 15，因此 IP 首部的长度最大值是 15×4=60 字节；最小值的长度为 5×4=20 字节。当 IP 数据分组的首部的长度不是 4 字节的整数倍时，必须使用填充字段进行填充。

3）区分服务

区分服务占 8bit，主机要求通信子网提供的服务类型，用来获得更好的服务，包括 3bit 长度的优先级和 4 个 bit 标志位 D、T、R、C（分别是延迟量（Delay）、吞吐量（Throughput）可靠性（Reliability）、代价（Cost））。另外，1bit 未用。通常文件传输更注重可靠性，而数字声音或图像的传输更注重延迟。这个字段在旧标准中叫作服务类型，1981 年 IETF 将其改名为区分服务，但一般情况下不使用这个字段。

4）总长度

总长度占 16bit，指首部和数据部分的长度之和，单位为字节。因此数据报的最大长度为 $2^{16}-1$=65535 字节。

IP 层下面的每一种数据链路层都有自己的帧格式，其中包括帧格式中数据字段的最大长度，称为最大传输单元 MTU（Maximum Transmission Unit）。当一个 IP 数据报封装成链路层的帧时，此数据报的总长度（首部加上数据部分）一定不能超过数据链路层的 MTU 值。虽然使用尽可能长的数据报会使传输效率提高，但以太网普遍使用的数据报长度很少超过 1500 字节。

5）标识

标识占 16 bit，用来标识数据报。当数据报的长度超过网络最大传输单元 MTU 时，数据报就需要分片。若数据报被分片，每片都具有唯一的标识，使得接收节点可将具有此标识的所有分片重组在一起。

6）标志

标志占 3 bit，分别为 MF、DF 和 X，指出数据报是否分片。目前，只有 MF 和 DF 有意义，X 未定义。标志字段的最低位是 MF（More Fragment）。MF=1 表示后面还有分片；MF=0 表示是后一个分片。标志字段中间的一位是 DF（Don't Fragment）。只有当 DF=0 时才允许分片，DF=1 时不分片。

7）片偏移

片偏移占 13 bit，表示较长的分组在分片后，某片在原分组中的相对位置，也就是说，相对于用户数据字段的起点，该片所处的位置。当分片数据到达目标主机时，IP 数据报利用 IP 报头中的片偏移和 MF 标志位重组数据报。以 8 个字节为偏移单位。每个分片长度一定是 8 字节的整数倍。图 7-20 所示为 IP 数据报分片示例。

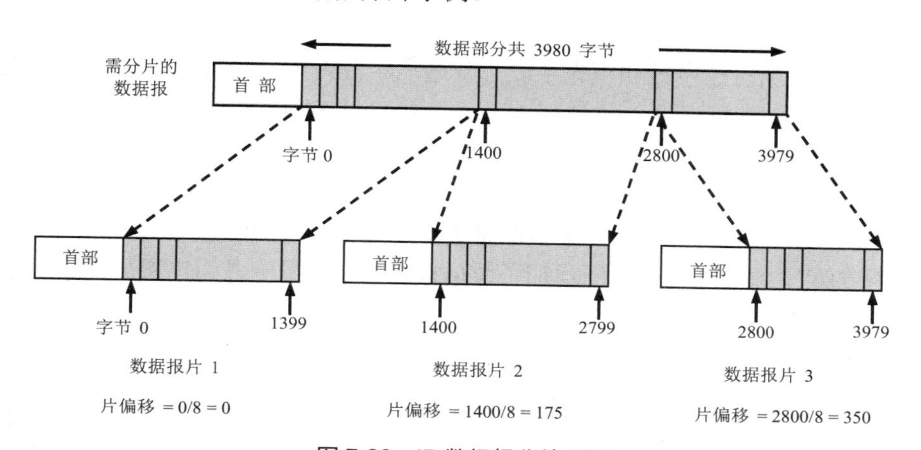

图 7-20　IP 数据报分片示例

分片可以在源主机或传输路径上的任何一台路由器上进行，而分片的重组只能在接收的目标主机上进行。分片重组控制主要是根据数据报首部中的标识、标志和片偏移字段。数据报的分片和重组操作对用户和编程人员都是透明的，分片和重组操作由网络操作系统自动完成。

8）TTL

TTL（Time To Live，生存时间）占 8bit，标明数据报在网络中的寿命，单位为秒。每个计算机或路由器处理过一次数据报，就将该值减 1，直到 TTL 为 0 时丢弃数据报。TTL 的最大值是 255，也就是说，如果一个数据报经过 255 个路由仍然未到达目标主机，说明目标主机不可达。

9）协议

协议占 8bit。协议字段指出此数据报携带的数据是使用何种协议，以便目标主机的 IP 层知道应将此数据报上交给哪个进程。常用的协议和相应的协议字段值包括 ICMP 为 1、IGMP 为 2、TCP 为 6、UDP 为 17 等。

10）首部检验和

首部检验和占 16bit。这个字段只检验数据报的首部，不包括数据部分。数据报每经过一个路由器，都要重新计算首部检验和，因为一些字段的值会发生变化。不检验数据部分可减少计算的工作量，首部检验和的计算采用的不是 CRC 检验码，而是简单的反码算术运算。

IP 首部检验和的计算方法是，将 IP 数据报首部划分成 16bit 字的序列，并把首部检验和字段置零。用反码算术运算把所有的 16bit 字相加后，将得到的和的反码写入首部检验和字段。收到数据报后，将首部的 16bit 字序列再用反码算术相加一次，将得到的和取反码，即得出接收端首部检验和的计算结果。若首部未发生任何变化，则此结果必为 0，于是保留这个数据报，否则即认为出了差错，会将此数据报丢弃。

11）源 IP 地址

源 IP 地址占 32bit，表示 IP 数据报的发送端的 IP 地址。

12）目的 IP 地址

目的 IP 地址占 32bit，表示 IP 数据报的接收端的 IP 地址。

（2）可变首部部分

1）可选字段

可变首部部分包括可选字段和填充字段。其选项字段内容很丰富，用来支持排错、测量、安全等措施。此字段的长度可变，从 1 个字节到 40 个字节不等，取决于所选择的项目。某些选项只需要 1 个字节，还有些选项需要多个字节。

2）填充字段

填充字段保证了 IP 首部必须是 4 字节的整数倍。通常用全“0”填充。

IP 数据报的可变首部部分一方面增加了数据报的功能，另一方面也增加了路由器处理数据的开销。而且这些选项字段在实际中应用很少使用。

课堂同步

单选题：在 IP 数据报首部有两个长度字段，一个为首部长度字段，另一个为总长度字段。其中，首部长度字段以（　　）为计数单位。

A. 8bit　　B. 16bit

C. 24bit　　D. 32bit

7.6　IPv6 协议

学习任务

（1）理解 IPv6 的作用。
（2）理解 IPv6 地址的编址结构。
（3）理解 IPv6 数据报格式。

IP 是 Internet 中的核心协议，现在广泛使用的 IP 协议是 20 世纪 70 年代末设计的 IPv4。随着 Internet 的飞速发展，IPv4 的局限性越来越明显，已经不能满足日益增长的网络需求，尤其是 32 位 IP 地址空间已经耗尽，这严重制约了 Internet 的发展。所以，1995 年发布了 IPng（IP Next Generation，下一代互联网协议）的协议规范，这就是 IPv6，1998 年又进行了较大的改动，目标是与 IPv4 兼容。IPv6 有更大的地址空间，从根本上解决了 IP 地址紧缺的问题。

7.6.1　IPv6 概述

知识点

IPv6 及其特点。

IPv6 是下一代互联网的关键协议，地址长度由原来 IPv4 的 32 位扩展到 128 位，能提供的地址共有 2^{128} 个，这个地址数足够地球上每平方米范围内拥有上千个 IP 地址。因此，IPv6 从根本上解决了 IP 地址资源短缺的问题。

事实上，IPv6 是 IPv4 的升级版本，IPv6 协议保持了 IPv4 较为成功的许多特点。与 IPv4 相比，IPv6 的主要变化及优势有以下几点。

（1）IPv6 具有更大的地址空间。IPv6 中 IP 地址由 128 位二进制数组成。

（2）IPv6 使用更小的路由表。IPv6 的地址分配一开始就遵循聚类原则，这使得路由器能在路由表中用一条记录表示一片子网，大大减小了路由器中路由表的长度，提高了路由器转发数据包的速度。

（3）IPv6 增加了增强的组播支持及对流的控制，这使得网络上的多媒体应用有了更多发展的机会，为服务质量控制（QoS）提供了良好的网络平台。

（4）IPv6 加入了对自动配置（即插即用）的支持。这是对 DHCP 协议的改进和扩展，使得网络（尤其是局域网）的管理更加方便和快捷。

（5）IPv6 具有更高的安全性。在使用 IPv6 的网络中用户可以对网络层的数据进行加密并对 IP 报文进行校验，IPv6 中的加密与鉴别选项提供了分组的保密性与完整性，极大地增强了网络安全性。

（6）灵活的首部格式。IPv6 使用新的首部格式，改进了数据报处理能力，简化和加速了路由选择过程。

（7）允许协议继续扩充。这一点很重要，因为技术总是在不断发展的，新的应用也会出现，而 IPv4 的功能是固定不变的。

课堂同步

单选题：IPv6 的地址是由（　　）位二进制数组成的。

A. 32　　B. 64
C. 128　　D. 256

7.6.2　IPv6 地址

知识点

（1）IP 地址结构及表示。
（2）零压缩。
（3）IP 地址类型：单播、多播和任播。

（1）IP 地址结构及表示

IPv6 地址由 128 位二进制数组成，通常分为 8 组，每组为 4 个十六进制的表示形式，各组之间用“:”分隔，称为冒号十六进制表示法。

例如，6C8E:7C0B:0000:FFFF:0000:2D80:096A:FFFF。

IP 地址看起来很复杂，但是目前 IPv6 也提供了简化地址的方式，包括零压缩和省略前导的零。

IPv6 允许使用零压缩，规则为：对于一个位段中全部数字为 0 的情况，可以只保留一个 0；当地址中存在一个或者多个连续的 16 位为 0 字符时，可以用::（双冒号）来表示，但是一个 IPv6 地址只允许有一个双冒号；不能将一个段内有效的 0 压缩掉。例如：

```
FF88:0000:0000:0000:0000:0000:0000:00B2    可以简写成 FF88 ::B2
0000:0000:0000:0000:0000:0000:0000:0000    可以简写成 ::
0000:0000:0000:0000:0000:0000:0000:000A    可以简写成 ::A
```

“零压缩”只能简化连续段为 0 的情况，且只能用一次。例如，FE80::AAAA:0000:C2:2 中 AAAA 后面的 0000 不能再次简化。加入这个限制是为了能准确还原被压缩的 0。否则无法确定“::”代表了多少个 0。

同时，前导的零也可以省略，因此，2001:0008:02DE::0E13 等价于 2001:8:2DE::E13。

注意： 1）零压缩只能简化连续段位的 0，不连续的 0 不能被简化，而且零压缩只能使用一次。

2）省略前导零即数学表达式中的“高位”，尾部的 0 不能被省略。

3）十六进制数不区分大小写。

当处理 IPv4 和 IPv6 混合的环境时，也就是 IPv4 向 IPv6 过渡时，可能出现某些设备既要连接 IPv4 网络，又要连接 IPv6 网络，对于这样的情况，IPv6 和 IPv4 形式的混合方式表示如下：

```
0:0:0:0:0:0:A.B.C.D 或者:: A.B.C.D
```

例如，0:0:0:0:0:0:210.31.208.1　等价于 :: 210.31.208.1。

（2）IPv6 前缀标记

在 IPv4 地址中，其网络部分（前缀）和主机部分是通过子网掩码来标识的，也可采用斜线标记法表示。例如，132.16.1.1/24。

IPv6 中没有子网掩码的概念，RFC 4291 中定义，IPv6 是通过前缀来表示的，该表示方法类似于 CIDR 的斜线表示法。例如，8001:ABCD:1111:0000:0000:0000:0000:0001/64，表示左边 64 位是网络前缀，剩下的 64 位为该 IPv6 地址的接口标识（Interface ID），相当于 IPv4 地址中的主机部分。

（3）IPv6 地址类型

一般来讲，IPv6 数据报的目的地址可以是以下 3 种基本类型。

1）单播：就是传统的点对点通信。单播地址用来唯一标识一个接口，发送到单播地址的数据报被传送给此地址所标识的一个接口。

2）多播：是一点对多点的通信方式，数据报交付到一组计算机中的每一个。多播地址用来表示一组接口，发送到多播地址的数据报被传送给此地址所标识的所有接口。IPv6 没有采用广播的术语，而是将广播看作多播的一个特例。

3）任播：这是 IPv6 中增加的一种类型。任播地址用来标识一组接口。发送到任播地址的数据报被传送给此地址所标识的一组接口中距离源节点最近的一个接口。任播的目的站是一组计算机，但数据报在交付时只交付给其中的一个，通常是距离最近的一个。

提 示

IPv6 地址分配由 IANA（Internet Assigned Numbers Authority，互联网编号管理局）负责分配和管理。目前，有 3 个地方组织执行 IPv6 地址的分配任务。它们分别是欧洲的 RIPE-NCC（www.ripe.net）、北美的 INTERNIC（www.internic.net）和亚太地区的 APNIC（www.apnic.net）。

为了方便大家对 IPv6 的理解，下面给出关于 IPv4 和 IPv6 中关键项的对比，如表 7-8 所示。

表 7-8 IPv4 和 IPv6 中的关键项对比表

对比项	IPv4	IPv6
地址位数	32 位	128 位
地址格式表示	点分十进制表示法	冒号十六进制表示法
分类	A、B、C、D、E 五类	不适用，没有对应地址划分，主要按照传输类型划分
网络地址标识	子网掩码或网络前缀长度	网络前缀长度
回环测试地址	127.0.0.1	::1
本地地址	自动配置的地址（169.254.0.0/16）	链路本地地址（FE80::/64）
多点传输地址	多点传输地址（224.0.0.4/4）	IPv6 多点传输地址（FF00::/8）
广播地址	包含广播地址	不适用，未定义广播地址，但定义了多播和任播
私有 IP 地址	有（10.0.0.0/8；172.16.0.0/12；192.168.0.0/16）	站点本地地址（FEC0::/48）

课堂同步

填空题：IPv6 的地址 2031:0000:130F:0000:0000:0000:000A:130B 可以简写为（　　　　　　　　　　）。

7.6.3 IPv6 数据报格式

IPv6 数据报格式：版本、通信量类、流标号、有效载荷长度、下一个首部、跳数限制、源站 IP 地址、目的站 IP 地址。

IPv6 把首部长度变为固定的 40 个字节，称为基本首部，如图 7-21 所示。基本首部后可以允许有零个或多个扩展首部，最后是数据部分。

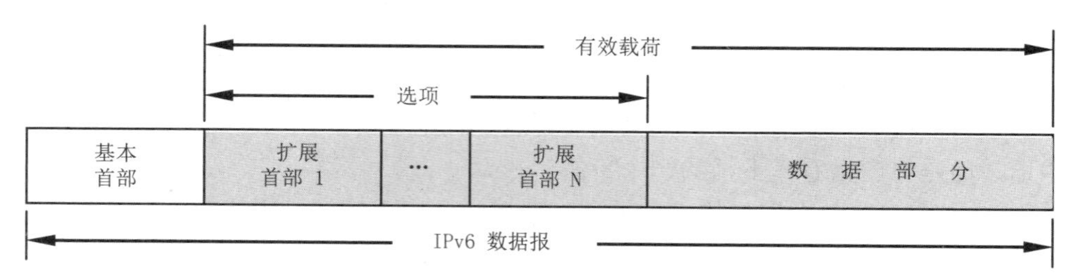

图 7-21 具有多个首部选项的 IPv6 数据报的一般格式

注意：所有的扩展首部均不属于数据报的首部。所有的扩展首部和数据部分合起来叫作数据报的有效载荷或净负荷。

IPv6 数据报完全改变了以前的数据报格式，对首部的某些字段进行了更改，取消了不必要的功能（如首部长度标识位和服务类型字段），将首部字段减至 8 个。为了提高路由器处理数据报的速度，还取消了首部检验和字段。IPv6 数据报的基本格式如图 7-22 所示。

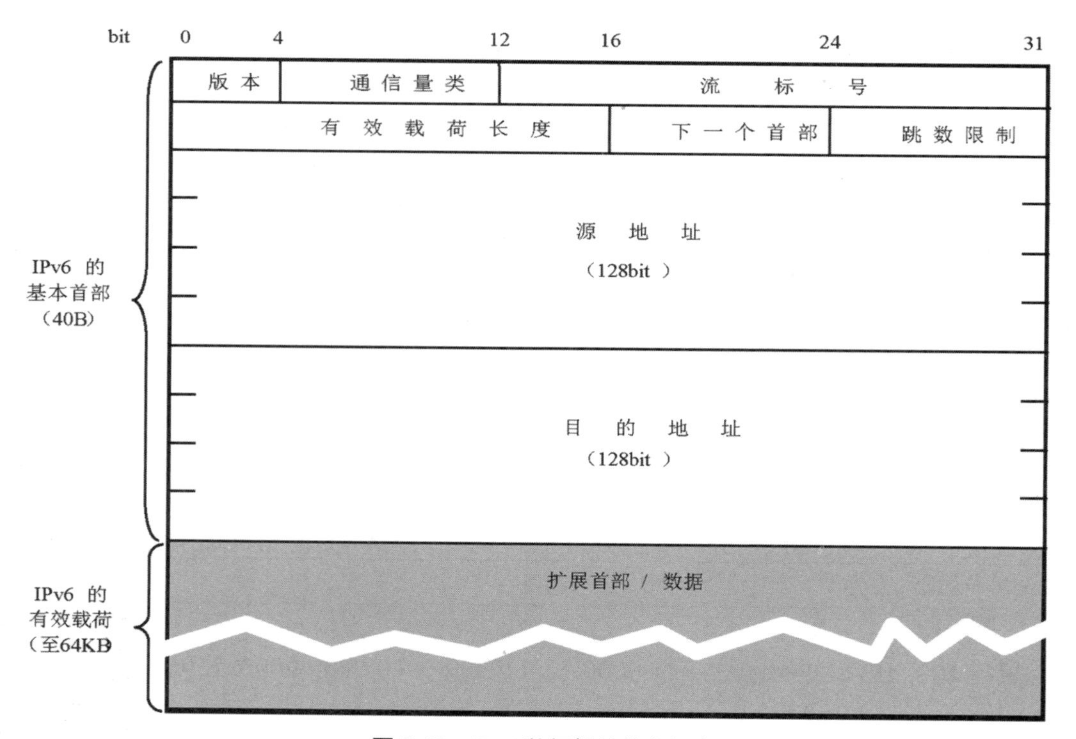

图 7-22 IPv6 数据报的基本格式

下面介绍 IPv6 基本首部中各字段的含义。

（1）版本

版本占 4bit。它指明了协议的版本，对 IPv6 来说该字段的值总是 6。

（2）通信量类

通信量类占 8bit。这是为了区分不同的 IPv6 数据报的类别或优先级。目前，正在进行不同通信量类性能的实验。这个字段又称区分服务。

（3）流标号

流标号占 20bit，用来标记 IPv6 数据的一个“流”，让路由器或交换机基于流而不是数据报来处理数据。所有属于同一个流的数据报都具有同样的流标号。“流”是互联网络上从特定源点到特定终点的一系列数据报，流所经过路径上的路由器都保证指明的服务质量。

（4）有效载荷长度

有效载荷长度占 16bit，用来表示有效载荷的长度，包括扩展首部和数据部分，其最大值是 65535 字节。由于 IPv6 的首部长度是固定的，因此没有必要像 IPv4 那样指明数据报的总长度。

（5）下一个首部

下一个首部占 8bit。它相当于 IPv4 的协议字段或可选字段。这个字段取决于 IPv6 数据报是否含有扩展首部。

（6）跳数限制

跳数限制占 8bit，用来定义 IPv6 数据报运行经过的最大跳数，相当于 IPv4 首部中的 TTL 字段，但比 IPv4 中的计算时间间隔要简单些。源站在数据报发出时即设定跳数限制。每当有一个路由器在转发数据报时就将跳数限制字段中的值减 1。当跳数限制的值为 0 时，就要将此数据报丢弃。

（7）源地址

源站 IP 地址占 128bit，是数据报发送端的 IPv6 地址。

（8）目的地址

目的站 IP 地址占 128bit，是此数据报接收端的 IPv6 地址。

课堂同步

单选题：下列关于 IPv6 的描述中，错误的是（　　）。

A. IPv4 地址采用点分十进制表示法，IPv6 地址采用冒号十六进制表示法

B. IPv6 从根本上解决了 IP 地址空间紧缺的问题

C. IPv6 支持子网掩码，也支持网络前缀表示法

D. IPv6 有效载荷长度的最大值为 65535 字节

E. IPv6 由 128 位二进制数组成

F. 网络前缀是 IPv6 地址的一部分，用作 IPv6 路由或子网标识

7.7 工程实例——IP 地址管理与常用网络命令

学习任务

（1）掌握 IP 地址的分配与管理技能。

（2）具备一般网络故障分析和排除的基本技能。

7.7.1 IP 地址的配置

技能点

IP 地址的配置、管理与调试。

对基于 TCP/IP 协议的网络，IP 地址管理方式主要有静态 IP 地址配置和动态 IP 地址配置两种。

（1）静态 IP 地址配置

静态 IP 地址配置是指给每一台计算机都分配一个固定的 IP 地址，优点是 IP 地址统一规划，便于管理，适合小型网络；缺点是合法用户分配的地址可能被非法盗用，从而对网络的正常使用造成影响。IP 地址统一分配不当可能会造成 IP 地址冲突。

要使一台计算机能在 TCP/IP 环境中正常工作，必须配置以下信息。

1）IP 地址：用于标识网络中的每一台计算机。

2）子网掩码：用于区分 IP 地址中的网络部分和主机部分。

3）默认网关：其实就是一个可直接到达的 IP 路由器的 IP 地址，配置默认网关可以在 IP 路由表中创建一个默认路径。网关的 IP 地址是具有路由功能的设备的 IP 地址。

IPv4 和 IPv6 静态 IP 地址配置如图 7-23 所示。

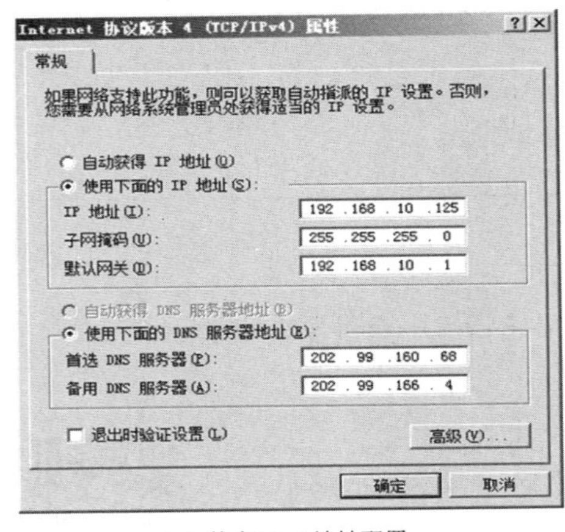

（a）静态 IPv4 地址配置

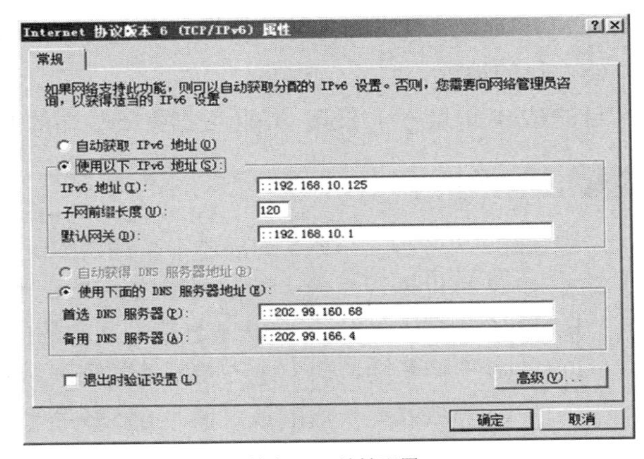

（b）静态 IPv6 地址配置

图 7-23 静态 IP 地址配置

（2）动态 IP 地址配置

在 IP 地址资源较少或临时使用网络的情况下，可采用动态 IP 地址技术。

动态 IP 地址技术是指在网络上设置有动态 IP 地址分配的服务器（DHCP，动态主机配置协议），将若干 IP 地址配置在服务器上。当某台主机登录到网络上的时候，动态 IP 地址分配服务器查看当前是否有剩余的 IP 地址，然后将剩余 IP 地址分配给该主机，此时该主机便使用将所获得的 IP 地址进行数据通信。当该主机退出网络时，便释放此 IP 地址，服务器将其收回，以便分配给登录到网络上的其他设备。动态 IP 地址配置主要是在临时使用网络的情况下，如酒店，客户端可以自动获得 IP 地址、子网掩码、网关、DNS 等网络配置信息，无须网络管理员手动设置。要实现此功能只需在图 7-24 所示的窗口中，选中“自动获得 IP 地址”或“自动获取 IPv6 地址”即可。

（3）查看 IP 地址与物理地址

在 Windows 操作系统中，在命令行提示符窗口中输入“ipconfig /all”命令，可查看本机的 IP 地址、物理地址（MAC 地址）等信息，查询结果如图 7-24 所示。

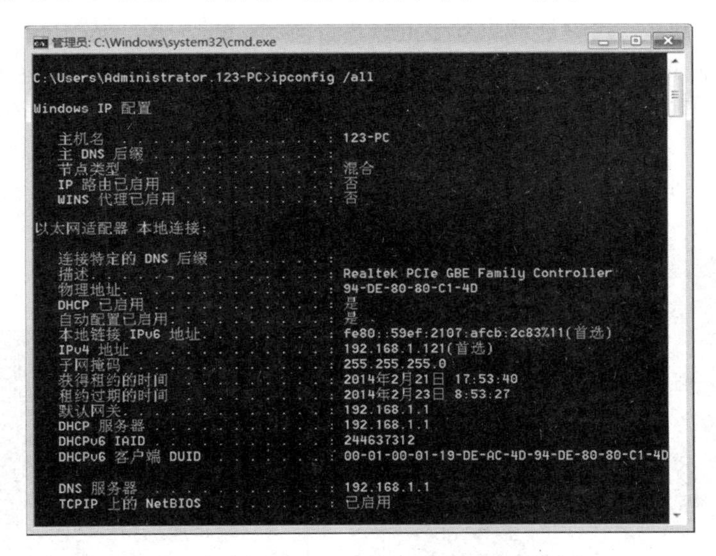

图 7-24　查看网卡 IP 地址及物理地址等信息

实践练习

请以宿舍为单位组建一个对等网，合理规划 IP 地址，并对其进行配置和管理。

7.7.2　ICMP

技能点

（1）ICMP 命令操作。

（2）网络连通性测试与故障排除。

（3）tracert 命令及分析操作。

IP 提供了不可靠的、无连接的、尽最大努力交付分组的服务。因此，IP 自身没有提供差错报告和差错纠正机制，而是使用了网络层的另一个协议—— Internet 控制消息协议（Internet Control Message Protocol，ICMP），允许主机或路由器报告差错和有关异常情况。ICMP 配合

IP 使用，提高了 IP 数据报交付成功的可能性。

ICMP 是一个“错误侦测与回馈机制”，通过 IP 数据报封装发送错误和控制消息。其目的是让管理员能够检测到网络的连通状况。

ICMP 有两个非常有用的应用程序，分别是 ping（Packet Internet Groper，分组网间探测）和 tracert（网络路由跟踪命令），详细介绍如下。

（1）ping 命令

ping 命令就是一个测试程序，用来测试主机之间的连通性。ping 使用了 ICMP 回送请求与回送应答报文。ping 是应用层直接使用网络层 ICMP 的一个例子，没有通过传输层（TCP 或 UDP）。

Windows 7 操作系统中，在命令行提示符窗口中输入“ping /?”命令，可以查看 ping 命令的格式及含义，如图 7-25 所示。

当 ping 目标主机时，本地计算机发出的就是一个典型的 ICMP 数据报，用来测试两台主机是否能够顺利连通，ping 命令能够检测两台设备之间的双向连通性，也就是说数据包是否能够到达目标主机，并能够返回。如图 7-26 所示输入命令，测试结果表明该主机与 www.sina.com 服务器是连通的，向目标服务器发送了 4 个数据包，返回 4 个数据包，丢包率为 0，所用时间的平均值为 29ms。同理，与 IP 地址为 210.31.208.8 的主机也是连通的。

```
管理员: C:\Windows\system32\cmd.exe
C:\Users\Administrator.123-PC>ping  /?

用法: ping [-t] [-a] [-n count] [-l size] [-f] [-i TTL] [-v TOS]
            [-r count] [-s count] [[-j host-list] | [-k host-list]]
            [-w timeout] [-R] [-S srcaddr] [-4] [-6] target_name

选项:
    -t             Ping 指定的主机，直到停止。
                   若要查看统计信息并继续操作 - 请键入 Control-Break;
                   若要停止 - 请键入 Control-C。
    -a             将地址解析成主机名。
    -n count       要发送的回显请求数。
    -l size        发送缓冲区大小。
    -f             在数据包中设置“不分段”标志(仅适用于 IPv4)。
    -i TTL         生存时间。
    -v TOS         服务类型(仅适用于 IPv4。该设置已不赞成使用，且
                   对 IP 标头中的服务字段类型没有任何影响)。
    -r count       记录计数跃点的路由(仅适用于 IPv4)。
    -s count       计数跃点的时间戳(仅适用于 IPv4)。
    -j host-list   与主机列表一起的松散源路由(仅适用于 IPv4)。
    -k host-list   与主机列表一起的严格源路由(仅适用于 IPv4)。
    -w timeout     等待每次回复的超时时间(毫秒)。
    -R             同样使用路由标头测试反向路由(仅适用于 IPv6)。
    -S srcaddr     要使用的源地址。
    -4             强制使用 IPv4。
    -6             强制使用 IPv6。
```

图 7-25　查看 ping 命令的格式及含义

```
C:\Users\Administrator.123-PC>ping www.sina.com

正在 Ping almack.sina.com.cn [218.30.108.232] 具有 32 字节的数据:
来自 218.30.108.232 的回复: 字节=32 时间=27ms TTL=56
来自 218.30.108.232 的回复: 字节=32 时间=31ms TTL=56
来自 218.30.108.232 的回复: 字节=32 时间=27ms TTL=56
来自 218.30.108.232 的回复: 字节=32 时间=31ms TTL=56

218.30.108.232 的 Ping 统计信息:
    数据包: 已发送 = 4，已接收 = 4，丢失 = 0 (0% 丢失)，
往返行程的估计时间(以毫秒为单位):
    最短 = 27ms，最长 = 31ms，平均 = 29ms

C:\Users\Administrator.123-PC>ping 210.31.208.8

正在 Ping 210.31.208.8 具有 32 字节的数据:
来自 210.31.208.8 的回复: 字节=32 时间=54ms TTL=113
来自 210.31.208.8 的回复: 字节=32 时间=53ms TTL=113
来自 210.31.208.8 的回复: 字节=32 时间=54ms TTL=113
来自 210.31.208.8 的回复: 字节=32 时间=52ms TTL=113

210.31.208.8 的 Ping 统计信息:
    数据包: 已发送 = 4，已接收 = 4，丢失 = 0 (0% 丢失)，
往返行程的估计时间(以毫秒为单位):
    最短 = 52ms，最长 = 54ms，平均 = 53ms
```

图 7-26　ping 命令连通应答

常见的错误信息一般有传输失败、请求超时、找不到主机名和无法访问目标主机等。

1）出现图 7-27 所示的错误信息，表示向目标主机传输失败。

2）出现图 7-28 所示的错误信息，表示请求超时。表示在规定的时间内没有收到返回的应答消息。故障原因可能是目标主机关机，或者路由器不能通过等。

```
C:\Users\Administrator.123-PC>ping 210.31.208.100

正在 Ping 210.31.208.100 具有 32 字节的数据:
PING: 传输失败。General failure.
PING: 传输失败。General failure.
PING: 传输失败。General failure.
PING: 传输失败。General failure.

210.31.208.100 的 Ping 统计信息:
    数据包: 已发送 = 4，已接收 = 0，丢失 = 4 (100% 丢失)，
```

图 7-27　传输失败

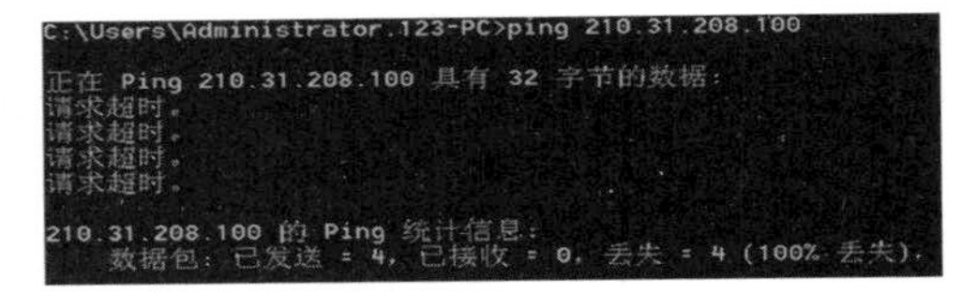

```
C:\Users\Administrator.123-PC>ping 210.31.208.100

正在 Ping 210.31.208.100 具有 32 字节的数据:
请求超时。
请求超时。
请求超时。
请求超时。

210.31.208.100 的 Ping 统计信息:
    数据包: 已发送 = 4，已接收 = 0，丢失 = 4 (100% 丢失)，
```

图 7-28　请求超时

3）出现图 7-29 所示的错误信息，表示 DNS 解析不到该目标主机名。故障原因可能是目标

主机名不存在，或者 DNS 服务器问题等。

```
C:\Users\Administrator.123-PC>ping www.sohu.com
Ping 请求找不到主机 www.sohu.com。请检查该名称，然后重试。
```

图 7-29 找不到主机名

4）出现图 7-30 所示，说明两台主机之间无法建立连接，可能是因为没有正确分配 IP 地址，或者没有配置网关等参数，由于找不到去往目标主机的“路”，所以显示“无法访问目标主机”。

```
C:\Users\Administrator.123-PC>ping 172.16.1.1

正在 Ping 172.16.1.1 具有 32 字节的数据:
来自 172.16.1.9 的回复: 无法访问目标主机。
来自 172.16.1.9 的回复: 无法访问目标主机。
来自 172.16.1.9 的回复: 无法访问目标主机。
来自 172.16.1.9 的回复: 无法访问目标主机。

172.16.1.1 的 Ping 统计信息:
    数据包: 已发送 = 4，已接收 = 4，丢失 = 0 (0% 丢失)，
```

图 7-30 无法访问目标主机

（2）tracert 命令

tracert 命令的功能与 ping 命令类似，但它获得的信息要比 ping 命令详细得多。使用 tracert 命令不仅能够显示从源主机到目标主机的网络连通性，还能够显示数据包从源主机到目标主机所经过的路径，以及该路径上各节点 IP 和到达各节点所需的时间。如果数据包不能传输到目标主机，tracert 命令将显示成功转发数据包的最后一个路由器的信息。所以，tracert 命令被称为路由跟踪命令，适合大型网络的连通测试。

tracert 命令是 Windows 中的命令，UNIX 操作系统中的命令是 traceroute。在 Windows 7 操作系统中，在命令行提示符窗口中输入“tracert /?”命令，可以查看 tracert 命令的格式及含义，如图 7-31 所示。

```
管理员: C:\Windows\system32\cmd.exe
C:\Users\Administrator.123-PC>tracert /?

用法: tracert [-d] [-h maximum_hops] [-j host-list] [-w timeout]
               [-R] [-S srcaddr] [-4] [-6] target_name

选项:
    -d                 不将地址解析成主机名。
    -h maximum_hops    搜索目标的最大跃点数。
    -j host-list       与主机列表一起的松散源路由(仅适用于 IPv4)。
    -w timeout         等待每个回复的超时时间(以毫秒为单位)。
    -R                 跟踪往返行程路径(仅适用于 IPv6)。
    -S srcaddr         要使用的源地址(仅适用于 IPv6)。
    -4                 强制使用 IPv4。
    -6                 强制使用 IPv6。

C:\Users\Administrator.123-PC>
```

图 7-31 查看 tracert 命令的格式及含义

如图 7-32 所示，显示从本机到 www.sohu.com 服务器所经过的路由器及连接情况。

其中，带有星号（*）的信息表示该次 ICMP 包返回时间超时。

注意：从原则上讲，IP 数据报经过的路由器越多，所花费的时间也会越长。但从图 7-33 中可以看出，有时却不一定。这是因为 Internet 的拥塞程度随时在变化，也是难以预料的。因此，完全有这样的可能，经过更多的路由器反而花费的时间更少。

```
C:\Users\螃蟹>tracert www.sohu.com

通过最多 30 个跃点跟踪
到 fbx.a.sohu.com [123.126.104.104] 的路由:

  1     2 ms     1 ms     1 ms  bogon [10.0.16.1]
  2     1 ms     1 ms     1 ms  bogon [172.16.15.5]
  3    <1 毫秒    1 ms     1 ms  210.31.208.1
  4     *        1 ms     1 ms  121.26.225.1
  5     3 ms     1 ms     2 ms  218.11.136.97
  6     3 ms     1 ms     2 ms  218.11.135.61
  7     4 ms     6 ms    12 ms  218.11.135.170
  8    40 ms    43 ms    38 ms  61.182.176.113
  9    21 ms    24 ms    22 ms  219.158.100.109
 10    20 ms    23 ms    19 ms  202.96.12.30
 11    19 ms     *       15 ms  123.126.8.18
 12    20 ms    19 ms    19 ms  bt-230-230.bta.net.cn [202.106.230.230]
 13    19 ms    26 ms    20 ms  61.49.43.90
 14    19 ms    21 ms    20 ms  123.126.104.104

跟踪完成。
```

图 7-32　用 tracert 命令获得目标主机的路由信息

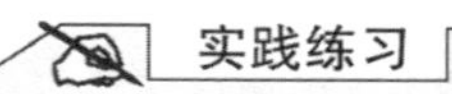

实践练习

请使用 ping 命令和 tracert 命令测试网络的连通性，并排除遇到的问题。

7.7.3　ARP

技能点

arp 命令及分析操作。

ARP 是位于 TCP/IP 协议栈中的网络层协议，负责将某个 IP 地址解析成对应的 MAC 地址。

局域网通过 MAC 地址确定传输路径，而 TCP/IP 网络通过 IP 地址来确定主机位置。网络实际通信时，IP 地址不能被物理网络所识别。不管网络层使用的是什么协议，在实际网络链路中传送数据帧时，最终还是必须使用硬件地址，因为在底层（数据链路层与物理层）的硬件是不能识别 IP 地址的，只能识别 48 位的 MAC 地址。因此，需要在 IP 地址和主机的 MAC 地址之间建立映射关系，这种映射称为地址解析。

Windows 7 操作系统中，在命令行提示符窗口中输入“arp /?”命令，可以查看 arp 命令的格式及含义，如图 7-33 所示。

图 7-33　arp 命令的格式及含义

其中，arp -a 或 arp -g 都是用于查看高速缓存中的映射项目。-a 和-g 参数的查询结果是一样的，只是-g 主要用在 UNIX 平台上。可以使用“arp -s IP 地址　物理地址”命令格式向 ARP 高速缓存中人工输入一个静态映射，如添加静态项“arp -s 157.55.85.212　00-aa-00-62-c6-09”。但是，这也带来了网络安全问题，即“ARP 欺骗”。

为了使设备之间能够相互通信，源主机需要目标节点的 IP 地址和 MAC 地址。ARP 的任务就是完成 IP 地址向物理地址的映射转换。使用

ARP 协议主机的缓存中都存放着最近获得的 IP 地址和物理地址映射表，如图 7-34 所示。当主机需要发送报文时，首先到 ARP 缓存中查找相应项，找不到时再利用 ARP 进行地址解析。ARP 缓存表能大大提高 ARP 的工作效率。

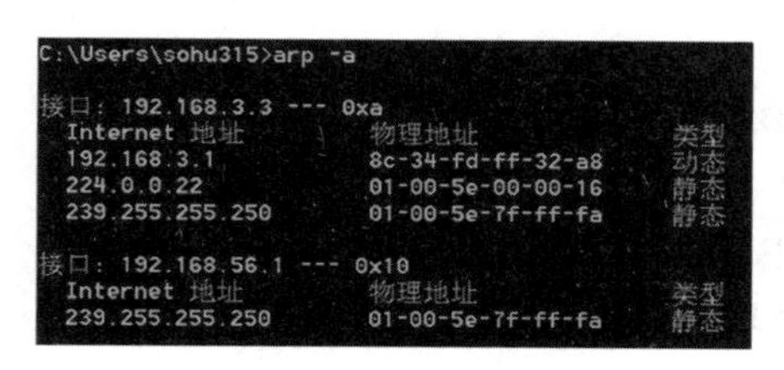

图 7-34　ARP 缓存

无论是静态 ARP 缓存，还是动态 ARP 缓存，重新启动计算机后都会丢失。一般静态 ARP 缓存需要手动清除，使用的命令格式是“arp -d　IP”。

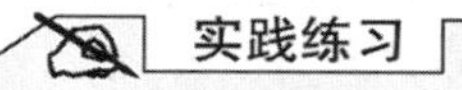
实践练习

请应用 ARP 命令，查看、添加和删除 ARP 缓存项。

思考与练习

一、选择题

1. Internet 的基本结构与技术起源于（　　）。

   A. DECnet　　B. ARPANET　　C. NOVELL　　D. UNIX

2. Internet 又称为（　　）。

   A. 互联网　　B. 外部网　　C. 内部网　　D. 都不是

3. IPv4 地址由（　　）二进制数值组成。

   A. 16 位　　B. 8 位　　C. 32 位　　D. 64 位

4. 网络层的数据传输单元是（　　）。

   A. 分组　　B. 位　　C. 帧　　D. 报文

5. 下列各项中有效的 IP 地址是（　　）。

   A. 202. 280. 120　　B. 192. 256. 120. 6　　C. 192. 93. 120. 1　　D. 285. 93. 120. 0

6. 下列各项中（　　）IP 地址属于 C 类地址。

   A. 101. 78. 65. 3　　B. 3. 3. 3. 3　　C. 197. 234. 111. 123　　D. 123. 34. 45. 56

7. C 类 IP 地址 192. 168. 5. 255 代表的是（　　）

   A. 主机地址　　B. 网络地址　　C. 广播地址　　D. 组播地址

8. 使用子网的主要目的是（　　）。

   A. 增加网络带宽

   B. 增加主机地址的数量

   C. 扩大网络的规模

   D. 合理地使用 IP 地址，避免 IP 地址浪费，便于网络管理

9. 对于 C 类 IP 地址 202.93.120.6，其网络地址为（　　）。

A. 202.93.120.0　　B. 202.93.120.6　　C. 0.0.0.6　　D. 以上都不对

10. 把网络 202. 112. 78. 0 划分为多个子网后，子网掩码是 255. 225. 255. 192，则各子网中的可用主机数是（　　）。

A. 254　　B. 252　　C. 64　　D. 62

11. 将物理地址转换为 IP 地址的协议是（　　）。

A. IP　　B. ICMP　　C. ARP　　D. RARP

12. 将 IP 地址转换为物理地址的协议是（　　）。

A. IP　　B. ICMP　　C. ARP　　D. RARP

13. 当 A 类网络地址 100.0.0.0 使用 8 个二进制位作为子网地址时，它的子网掩码为（　　）。

A. 255.0.0.0　　B. 255.255.0.0　　C. 255.255. 255. 0　　D. 255.255.255.255

14. 255. 255. 255. 255 这个地址称为（　　）。

A. 有限广播地址　　B. 直接广播地址　　C. 回送地址　　D. 预留地址

15. IP 地址 200.200.8.68/24 的网络地址是（　　）。

A. 200.200.8.0　　B. 200.200.8.32　　C. 200.200.8.64　　D. 200.200.8.65

16. IP 地址共分为 5 类，其中（　　）地址的子网掩码的前 24 位为 1。

A. A 类　　B. B 类　　C. C 类

D. D 类　　E. E 类

17. 下列各项中属于 B 类私用 IP 地址的是（　　）。

A. 102.204.24.1　　B. 172.15.24.1　　C. 172.16.24.1

D. 172.31.24.1　　E. 192.168.0.1

18. 某公司申请到一个 C 类 IP 地址，但要连接 6 个分部，最大的分部有 26 台计算机，则子网掩码应设为（　　）。

A. 255.255.255.0　　B. 255.255.255.128　　C. 255.255.255.192　　D. 255.255.255.224

19. 在 IP 首部中设置 TTL 字段的目的是（　　）。

A. 提高数据的转发效率　　B. 提高数据转发过程中的安全性

C. 确保数据报可以正确分片　　D. 防止数据报在网络上无休止地流动

二、填空题

1. Internet 采用（　　　　）协议实现网络互联。

2. TCP/IP 模型由低到高分别为（　　　　）、（　　　　）、（　　　　）和（　　　　）层。

3. 当 IP 地址为 210.198.45.60，子网掩码为 255.255.255.240 时，则其对应的网络地址是（　　　　），广播地址是（　　　　）。

4. IPv6 地址由（　　）个二进制位构成。

5. IP 地址 199.25.23.56 的默认子网掩码是（　　　　）。

6. IP 地址为 211.116.18.10，掩码为 255.255.255.252，其广播地址为（　　　　）。

7. IP 地址是两级层次地址结构，包含（　　　　）部分和（　　　　）部分。

8. 用来测试网络连通性的命令是（　　　　）。

9. 用 IP 地址和子网掩码一起表示一个节点的地址。子网掩码中“1”对应的部分表示（　　　）部分，“0”对应的部分表示（　　　　）部分。

10. 路由跟踪命令是（　　　　）。

三、简答题

1. 什么是子网？什么是子网掩码？子网掩码的作用是什么？

2. 在 IP 地址中，什么是网络地址？什么是广播地址？

3.某公司有工程部、市场部、财务部和办公室四个部门，每个部门约 20 至 30 台计算机。假设使用 C 类网络地址 192.168.161.0，请运用子网划分技术对公司 IP 地址进行合理的规划。

请问：（1）需要划分多少个子网，每个子网拥有主机数多少。

（2）子网掩码是多少。

（3）写出各部门网络中的主机 IP 地址范围。

（4）写出每个子网的网络地址以及广播地址。

4. 请完成下表的填写。

四、应用题

1. 现有一个公司已经申请了一个 C 类网络地址 192.168.161.0，该公司包括工程部、市场部、财务部和办公室 4 个部门，每个部门约有 20～30 台计算机。请运用子网划分技术对公司 IP 地址进行合理的规划。

请问：（1）如何设计子网掩码？

（2）写出各部门网络中的主机 IP 地址范围。

（3）写出每个子网的网络地址及广播地址。

2. 请根据表 7-9 的信息，完成表格填空。

表 7-9　IP 地址信息

IP 地址	98.187.222.145
子网掩码	255.240.0.0
地址类别	
网络地址	
直接广播地址	
有限广播地址	
子网内最小的可用 IP 地址	
子网内最大的可用 IP 地址	
子网内容纳的可用主机数目	

单元 8 网络互联与接入 Internet

导 学

学会了局域网组建后，如何将局域网与远端的局域网连接起来？如何将局域网接入Internet？通过查阅资料发现，路由器的功能非常强大，是网络互联的关键设备，可以通过路由器将局域网接入 Internet。那么，对于家庭用户和中小型企业来说，又该如何选择 Internet 接入方式呢？本单元让我们一起来探索网络互联的奥秘，尝试接入 Internet 享受互联网带来的乐趣。

学习目标

【知识目标】

◇ 理解网络互联的基本概念。
◇ 理解路由器的工作原理。
◇ 理解路由器的基本配置模式及命令。
◇ 理解广域网的概念及其特点。
◇ 掌握 Internet 接入方式及主要设备。

【技能目标】

◇ 具备路由器基本配置和维护能力。
◇ 具备常见 Internet 接入的基本技能。
◇ 具备正确选择 Internet 接入方式的能力。
◇ 具备分析和排除简单网络故障的能力。

8.1　网络互联概述

学习任务

（1）理解网络互联的概念。

（2）了解网络互联类型。

知识点

（1）网络互联。

（2）网络互联类型：LAN-LAN、LAN-WAN、WAN-WAN。

当几个物理网络连接在一起时，因为网络类型不同，可能连接在一个网络内的计算机只能与同一网络内的其他计算机通信，不能与连在一起的其他网络上的计算机通信。这会给网络的使用和管理带来极大的不便，为解决这一问题，就必须提供一个通用服务，使得任意两台计算机都能够进行通信，如同任意两个电话之间都可以通话一样。在异构网络之间实现通用服务的方案就是网络互联。

（1）网络互联的概念

网络互联通常是指利用网络互联设备及相应的协议和技术，把两个以上的相同或不同类型的计算机网络连接起来，组成地理覆盖范围更广、规模更大的资源共享和信息传递系统。互联网络没有大小限制，通过软件为众多计算机提供一个无缝的通信系统，实现通用服务，而用户无须了解互联的细节。

将网络互联起来要使用一些中间设备。中间设备通常有中继器、集线器、网桥、交换机、路由器、网关。网络互联设备工作于 OSI 模型的层次如图 8-1 所示。当中继系统是转发器或网桥时，一般并不称为网络互联，因为这仅仅是把一个网络扩大了，而这仍然是一个网络。网关由于比较复杂，目前使用较少。网络互联是指用路由器进行网络连接和路由选择。

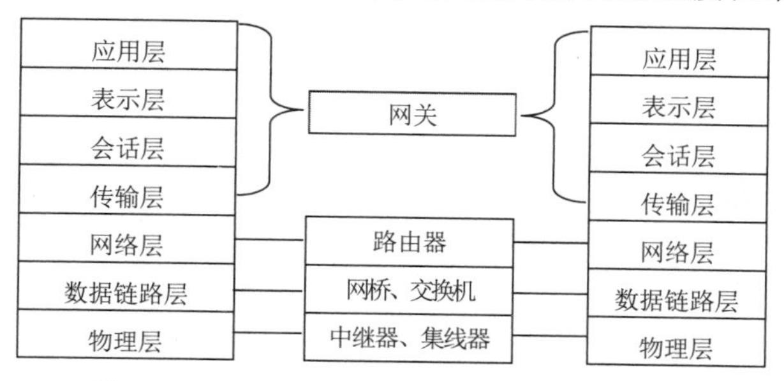

图 8-1　网络互联设备工作于 OSI 模型的层次

OSI 模型为网络的互联提供了明确的指导，网络互联从通信协议的角度来看可以分成 4 个层次，即物理层、数据链路层、网络层和高层，各层的主要功能和使用的网络互联设备如下。

物理层：使用中继器或集线器在不同电缆段之间复制位信号。

数据链路层：使用网桥或交换机在局域网之间存储、转发数据帧。

网络层：使用路由器在不同网络之间存储、转发分组。

高层：使用协议转换器提供高层接口，如网关。网关的主要功能是完成网络层以上的某种协议之间的转换。网关比网桥与路由器更为复杂，是能够连接不同网络的软件和硬件的结合产品。

提 示

逻辑互连网络也称虚拟互联网络，它的意思就是互联起来的各种物理网络的异构性本来是客观存在的，但是利用 IP 协议就可以使这些性能各异的网络从用户看起来好像是一个统一的网络。使用 IP 协议的虚拟互连网络可简称为 IP 网。使用虚拟互联网络的好处是：当互联网上的主机进行通信时，就好像在一个网络上通信一样，而看不见互连的各具体的网络异构细节。如果在这种覆盖全球的 IP 网的上层使用 TCP 协议，就是今天的互联网（Internet）。

（2）网络互联类型

由于网络分为局域网和广域网两大类，因此网络互联类型有局域网与局域网互联、局域网与广域网互联、广域网与广域网互联 3 种。

1）局域网与局域网互联（LAN-LAN）

局域网与局域网互联，一般是解决一个组织机构内部或一个小区域内相邻的几个楼群之间的通信。使用的互联设备主要有交换机和路由器。例如，以太网和以太网同构网络互联、令牌环网和以太网异构网络互联。

2）局域网与广域网互联（LAN-WAN）

局域网与广域网互联，可以使不同机构的局域网连入更大范围的网络中，扩大网络通信的范围。由于协议差异较大，网络互联的主要设备有网关和路由器，其中路由器最为常用，可以连接不同的局域网和广域网。例如，路由器可以连接以太网和帧中继。

3）广域网与广域网互联（WAN-WAN）

广域网与广域网互联一般在电信部门或国际组织之间进行，主要将不同地区的网络互联起来构成一个更大规模的网络。一般使用骨干级路由器或网关互联。

课堂同步

请观察身边的网络，举例说明其属于哪种网络互联类型。

8.2 路由器

学习任务

（1）理解路由器的基本功能。
（2）理解路由器的数据转发过程。
（3）了解路由协议。

路由器是网络互联的关键设备，是网络的枢纽。路由器通过路由表决定数据的转发地址，转发策略称为路由选择。路由器中转发数据包所依据的路由条目组成了路由表。路由表将决定数据包转发地址。如果路由表中，没有相应的转发条目，数据包将被转发到默认网关。如果没有默认网关，则数据包会被丢弃。

8.2.1　路由器的基本功能

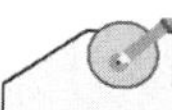

知识点

路由器基本功能。

路由器工作于 OSI 模型的网络层，是网络互联的主要设备，其基本功能如下。

（1）连接网络

路由器支持各种局域网和广域网接口，主要实现局域网和广域网的互联。大型企业处在不同地域的局域网之间通过路由器连接在一起构建成企业广域网。企业局域网内的计算机用户要访问 Internet，可以使用路由器将局域网接入 ISP 网络，实现与全球 Internet 的连接与共享接入。实际上，Internet 本身就是由数以万计的路由器互联而构成的超大规模的全球性公共信息网。

（2）路由选择与转发

路由功能是路由器最重要的功能。所谓路由，就是把要传送的数据包从一个网络经由优选的传输路径，最终传送到目标网络。传输路径可以是一条链路，也可以是一系列路由器组成的链路。如图 8-2 所示，主机 A 与主机 B 的通信就要经过中间这些路由器，这就面临一个很重要的问题：从主机 A 到达主机 B 有很多条路径可供选择，如何选择达到目标网络的最优路径呢？路由选择根据路由协议，它会自动生成一个到达各个目标网络的路由表，当网络状态发生变化时，路由器还能动态地修改和更新路由表。当路由器收到数据包时，路由器根据数据包中的目标主机 IP 地址查找路由表，从所有路由条目中选择一条最佳路由，作为数据转发的依据，并将该数据包按照路由条目从相应接口转发出去。网络中的每个路由器都维护着一个路由表，如果每一个路由表都正确，那么 IP 数据报会一跳一跳地经过一系列路由器，最终到达目标主机，这就是 IP 网络运作的基础。

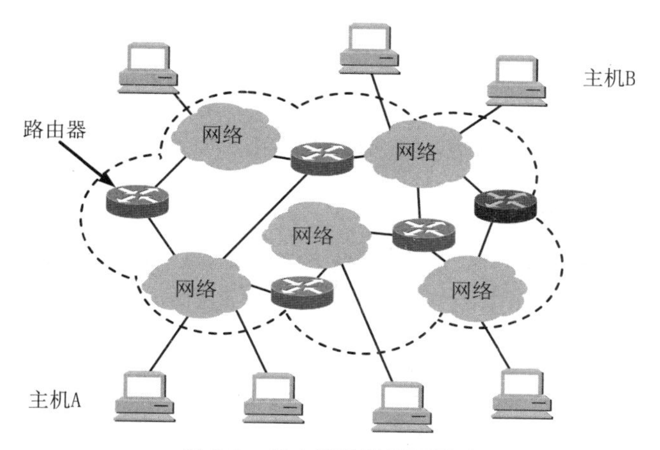

图 8-2　路由器连接不同网络

（3）网络管理

路由器提供路由器配置管理、性能管理、容错管理和流量控制等。现在的路由器还增加了网络安全方面的功能，如访问控制列表（ACL）、网络地址转换（NAT）等。

（4）可以隔离以太网广播

交换机将广播包发送到每一个端口，大量的广播包会严重影响网络的传输性能。路由器可以隔离广播，路由器的每个端口可视为一个独立的网络，它会将广播包限定在该端口所连接的网络之内，不会扩散到其他端口所连接的网络。

课堂同步

单选题：在 TCP/IP 互联网络中，为 IP 数据报选择最佳路由的设备是（　　）。

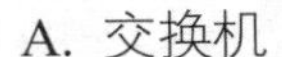

A. 交换机　　B. 服务器　　C. 网关　　D. 路由器

8.2.2 路由器的数据转发过程

知识点

（1）路由表。

（2）路由器的工作原理。

路由器的工作主要包括以下 3 个方面。

（1）生成并动态维护路由表。

（2）根据收到的数据包中的目标 IP 地址信息查找路由表，确定数据转发的最优路由。

（3）数据转发。

路由器是如何进行数据包转发的呢?就像一个人如果要去某个地方，一定要在他的脑海里有一张地图一样，在每个路由器的内部也有一张地图，这张地图就是路由表。在这个路由表中包含由该路由器掌握的所有目标网络地址和下一跳地址。图 8-3 所示的网络拓扑图中，利用路由器将网络 1、网络 2、网络 3 和网络 4 互联在一起。每个路由器都会生成一张路由表，路由器 Q、R 和 S 的路由表如图 8-3 所示。路由表主要由目标网络地址和下一跳组成。下一跳就是与之相连的下一个路由器的端口地址。例如，路由器 Q 中第 1 个条目就是去往目标网络 20.0.0.0/8，直接投递，因为属于直连网络。路由器 Q 的第 4 个条目表示的是去往目标网络 40.0.0.0/8，下一跳是 20.0.0.6，也就是从路由器 R 的 IP 地址为 20.0.0.6 的端口转发出去。

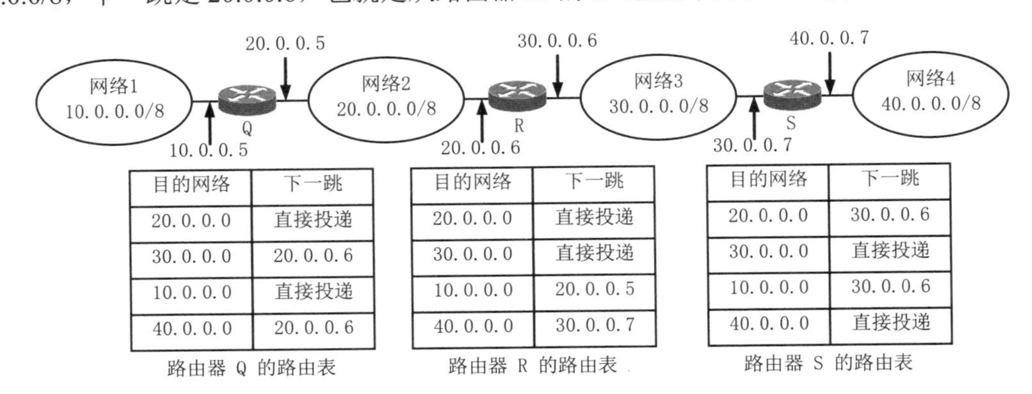

目的网络	下一跳
20.0.0.0	直接投递
30.0.0.0	20.0.0.6
10.0.0.0	直接投递
40.0.0.0	20.0.0.6

路由器 Q 的路由表

目的网络	下一跳
20.0.0.0	直接投递
30.0.0.0	直接投递
10.0.0.0	20.0.0.5
40.0.0.0	30.0.0.7

路由器 R 的路由表

目的网络	下一跳
20.0.0.0	30.0.0.6
30.0.0.0	直接投递
10.0.0.0	30.0.0.6
40.0.0.0	直接投递

路由器 S 的路由表

图 8-3　利用路由器互联网络及路由表举例

路由器所连接的端口必须配置 IP 地址，而且网络号不能相同，如路由器 R 直连的两个网络分别是 20.0.0.0/8 和 30.0.0.0/8。与路由器相连的网络端口 IP 地址必须与该网络的网络号一致。例如，路由器 R 与网络 2 连接端口的 IP 地址是 20.0.0.6，它是网络 2 中的一个 IP 地址，与 20.0.0.0/8 处于同一个网络中。

网络 2 与网络 3 都与路由器 R 直接连接，路由器 R 收到 IP 数据报，如果其目标 IP 地址的网络号为 20.0.0.0/8 或 30.0.0.0/8，那么，路由器 R 就将该 IP 数据报直接传送到目标主机。如果路由器 R 接收的 IP 数据报的目的地网络为 40.0.0.0/8，通过查找路由器 R 的路由表，找到转发路由条目，从与之直连的对端路由器 S 的 IP 地址为 30.0.0.7 的端口转发出去（也就是从下一跳转发出去），再由路由器 S 按照上述步骤再次投递 IP 数据报，直到发送到目标网络。

注意：（1）路由器所连网络端口必须配置 IP 地址。

（2）路由器需要连接两个或两个以上的不同网络，则同一路由器上的各端口 IP 地址的网络地址必须不同。

（3）相邻两个路由器的连接端口 IP 地址的网络地址必须相同。

正是由于路由表的存在，路由器才能找到合适的路由，并将数据包转发出去，如图 8-4 所示为路由器的工作原理和转发数据的过程。

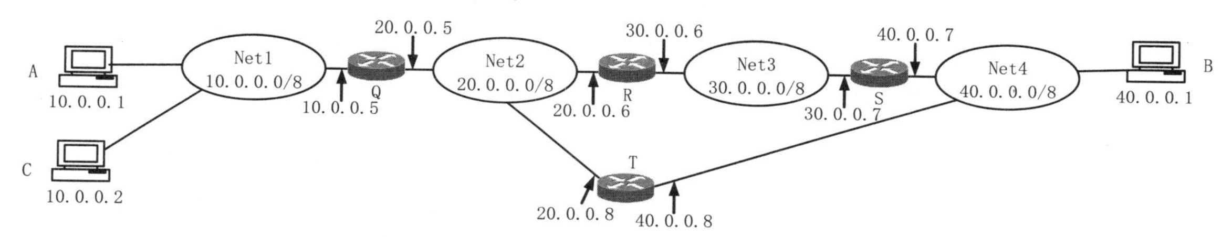

图 8-4　路由器转发数据的过程

若主机 A（IP 地址为 10.0.0.1）向主机 B（IP 地址为 40.0.0.1）发送数据，它们之间通过多个路由器进行接力传输，其数据转发过程如下。

（1）主机 A 将主机 B 的地址 40.0.0.1 和数据信息以 IP 数据报的形式发送给路由器 Q。

（2）路由器 Q 收到主机 A 的 IP 数据报后，从中取出目的地址 40.0.0.1，并查找路由表，发现去往目标网络 40.0.0.0/8 有两条路由（Q→R 和 Q→T），根据路由条目的管理距离和度量值选取最佳路径 Q→R，并将 IP 数据报发送给路由器 R。

（3）路由器 R 收到 IP 数据报后，重复以上步骤，选取最佳路径 R→S，并将 IP 数据报转发给路由器 S。

（4）路由器 S 接收 IP 数据报，同样提取目标地址，发现 40.0.0.1 为该路由器的直连网络，于是将该 IP 数据报直接投递给主机 B。

课堂同步

（1）根据图 8-4 中路由器转发数据过程，请写出路由器 Q 和路由器 R 对应的路由表。

（2）单选题：在图 8-4 中，主机 B 向主机 A 发送数据，当 IP 数据报到达路由器 T 时，下一跳 IP 地址是（　　）。

A. 20.0.0.8　　B.10.0.0.5　　C.20.0.0.6　　D.20.0.0.5

8.2.3 路由协议简介

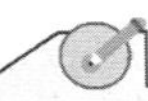

知识点

（1）静态路由。

（2）动态路由。

路由表中的路由信息是如何产生的呢？它是通过路由协议创建的。路由选择协议的核心就是路由算法，即需要何种算法来获得路由表中的各个路由条目。路由协议指导 IP 数据报转发过程中事先约定好的规定和标准。它通过路由器之间共享路由信息来创建路由表。路由器运用路由协议执行路由选择和数据包转发工作。

从路由算法能否随网络的通信量或拓扑自适应的进行调整变化来划分，路由协议分为静态路由协议和动态路由协议。

（1）静态路由协议

静态路由协议是网络管理员手动添加到路由器上的路由信息，它不能自动适应网络拓扑结构的变化，一旦出现故障，数据包就不能传送到目的地址。静态路由协议简单，开销较小，但不能及时适应网络状态的变化。

（2）动态路由协议

动态路由协议是由路由器之间通过交换路由信息，负责建立、维护动态路由表，并计算最佳路径的协议。因此，能较好地适应网络状态的变化，适合于较大规模的网络，网络管理员只需配置动态路由协议即可。相比静态路由，动态路由大大减少了网络管理的工作量。常见的动态路由协议有路由信息协议（Routing Information Protocol，RIP）和开放式最短路径优先（Open Shortest Path First，OSPF）等。

提 示

不存在一种绝对的最佳路由算法。所谓“最佳路由”只能是相对于某一种特定要求下得出的较为合理的选择而已。路由选择是个非常复杂的问题：它是网络中的所有结点共同协调工作的结果。路由选择的环境往往是不断变化的，而这种变化有时无法事先知道。

课后学习

单选题：下列关于静态路由的描述中错误的是（　　）。

A. 静态路由通常由网络管理员手动建立，其优劣程度取决于网络管理员

B. 静态路由不能随着网络拓扑结构的变化而变化

C. 静态路由相对较为简单，网络开销小

D. 静态路由已过时，目前很少使用

8.3　路由器基本配置

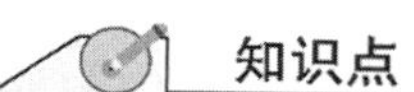

学习任务

（1）熟悉路由器的基本配置模式及命令。
（2）了解静态路由及其配置。

路由器管理方式与交换机的管理方式一样，可以使用带外管理和带内管理，也就是通过 Console 口、Telnet 远程登录和网管工作站等方式进行管理。

8.3.1　路由器基本配置命令

知识点

（1）路由器命令行模式。
（2）路由器基本命令。

（1）路由器命令行模式

路由器配置与交换机配置类似，路由器命令行模式主要包括用户模式、特权模式、全局配置模式、端口模式和路由配置模式等，每个模式的功能、权限和使用的命令不同。各个模式的提示符及功能如表 8-1 所示。

表 8-1　命令行模式及其功能

命令行模式	提示符	功　能
用户模式	Router>	可以查看路由器的软、硬件版本信息，并进行简单的测试
特权模式	Router#	对路由器配置文件进行管理，查看配置信息，进行网络测试和调试等
全局配置模式	Router(config)#	配置路由器的全局性参数
端口配置模式	Router(config-if)#	路由器端口参数配置
路由配置模式	Router(config-router)#	路由器路由信息及协议配置

（2）路由器基本命令

不同品牌的网络产品使用的配置命令有所不同，但是，基本原理都是一样的。本书以思科命令为例进行介绍。

1）帮助

在 IOS 操作中，无论任何状态和位置，都可以键入“？”得到系统的帮助。IOS 支持命令简写，也可使用 Tab 键补齐命令。

2）状态命令

IOS 中的状态命令，如表 8-2 所示。

表 8-2　IOS 中的状态命令

任　务	命　令
进入特权模式	enable
退出特权模式	disable
进入配置对话	setup
进入全局配置	configure terminal
退出全局配置	end
进入接口配置	interface *type slot/number*
进入子接口设置	interface *type number.subinterface* [*point-to-point* | *multipoint*]
进入线路配置	line *type slot/number*
进入路由配置	router *protocol*
退出局部配置	exit

提 示

命令中的斜体表示需要网络管理员配置的参数，“[ ]”表示该参数可选，类似这种[*point-to-point* | *multipoint*]表示从两个参数中任选一个。

3）show 命令

IOS 中的 show 命令，如表 8-3 所示，该命令主要用于查看设备配置信息。

表 8-3　IOS 中的 show 命令

任　务	命　令
查看版本及引导信息	show version
查看当前运行配置	show running-config
查看开机配置	show startup-config
显示端口信息	show interface *type slot/number*
显示路由表信息	show ip router

4）基本配置命令

IOS 中的基本配置命令，如表 8-4 所示。

表 8-4　IOS 中的基本配置命令

任　务	命　令
配置访问用户及密码	username *username* password *password*
配置特权密码	enable secret *password*
配置路由器名	hostname *name*
配置静态路由	ip route *destination subnet-mask next-hop*
启动 IP 路由	ip routing
端口配置	interface *type slot/number*
配置 IP 地址	ip address *address subnet-mask*
激活端口	no shutdown
线路配置	line *type number*
启动登录进程	login [local|tacacs server]
配置登录密码	password　*password*

实例

Router 基本配置命令如下：

```
Router>                                          !用户模式
Router>enable                                    !输入 enable 进入特权模式
Router#configure terminal                        !输入 configure terminal 进入全局配置模式
Router(config)#hostname RA                       !命名路由器名称为 RA
RA(config)#interface fa0/1                       !进入快速以太网端口 fa0/1
RA(config-if)#ip adderss 218.12.225.6 255.255.255.0   !为以太网端口配置 IP 地址
RA(config-if)#no shutdown                        !激活端口，使其转发数据
RA(config)#interface serial 1/2                  !进入串口 s1/2
RA(config-if)#ip address 172.16.2.2 255.255.255.0    !为串口配置 IP 地址
RA(config-if)#clock rate 64000     !配置时钟频率，时钟频率必须在 DCE 端设置，DCE 端判断
                                   可依据电缆线插头来判断（DCE 孔式插头）
RA(config-if)#no shutdown                        !激活端口
RA(config-if)#end                                !退出端口模式
RA(config)#write memory                          !保存配置
```

在 RA 路由器上，配置 Telnet 服务，步骤如下：

① 路由器基本配置；

② 配置特权模式密码。使用命令 enable password star（密码为 star）。也可使用加密密码设置命令“enable secret star”；

③ 进入线程配置模式。使用命令 line vty 0 4；

④ 配置 telnet 密码，使用命令 password star（密码为 star1），不设置密码无法 telnet 登陆；

⑤ 使用命令 login，使配置生效；

⑥ 远程登录测试。远程计算机使用 telnet 192.168.2.1 命令登录验证。

配置命令代码如下：

```
RA(config-if)#interface g0/1
RA(config-if)#ip address 192.168.2.1 255.255.255.0
RA(config-if)#no shutdown
RA(config-if)#exit
RA(config)#enable password star
RA(config)#line vty 0 4
RA(config-line)#password star1
RA(config-line)#login
```

计算机远程使用 telnet 192.168.2.1，输入登录密码和特权模式密码，就可以远程配置路由器，如图 8-5 所示。

```
C:\>telnet 192.168.2.1
Trying 192.168.2.1 ...Open


User Access Verification

Password:
RouterA>en
Password:
RouterA#conf t
Enter configuration commands, one per line.  End
with CNTL/Z.
RouterA(config)#
```

图 8-5　telnet 远程登录成功界面

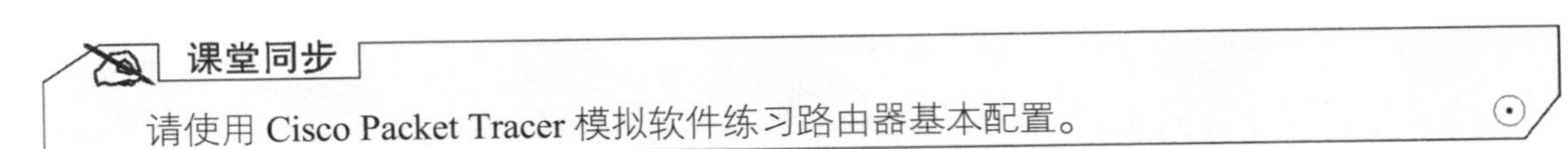

课堂同步

请使用 Cisco Packet Tracer 模拟软件练习路由器基本配置。

8.3.2　静态路由配置

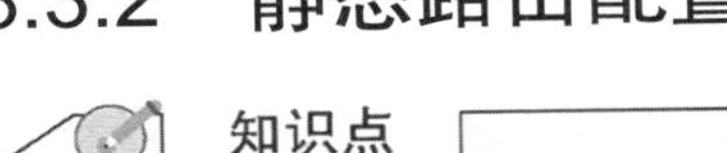

知识点

（1）静态路由。
（2）默认路由。

（1）静态路由

静态路由需要网络管理员在路由器上手动配置。在配置静态路由时，需要说明目标网络地址和下一跳。在全局配置模式下，配置静态路由的命令格式如下：

Router(config)#ip route *destination-network network-mask* [*next-hop-address* | *interface*]

其中，*destination-network* 表示目标网络号或目标子网号。*network-mask* 表示目标网络的子网掩码。*next-hop-address* 表示下一跳 IP 地址。*Interface* 表示将数据包转发到目标网络时，所使用的本路由的端口 S0，用端口形式表示，只能从 *next-hop-address* 或 *interface* 中选择其中一个。

实例

如图 8-6 所示，根据路由器的工作原理，路由器 A 发往目标网络 192.168.1.0/24 的下一跳是 IP 地址 192.168.2.1，或者是本地端口 S0。

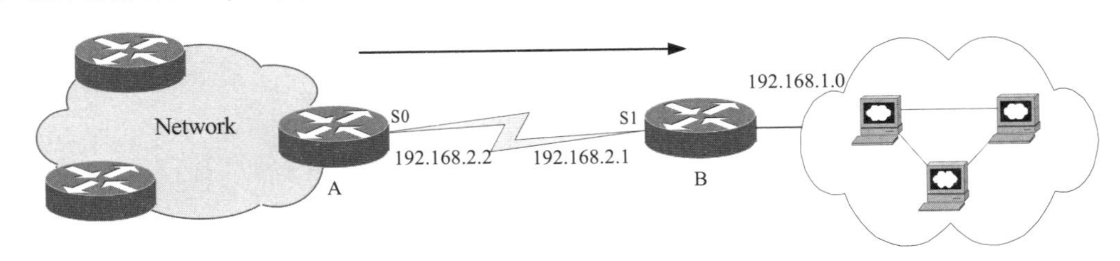

图 8-6　静态路由示例

则路由器 A 配置静态路由的命令如下：

```
A(config)#ip route 192.168.1.0 255.255.255.0 192.168.2.1
```

或者
```
A(config)#ip route 192.168.1.0 255.255.255.0 serial 0
```

同理，路由器 B 上也需要配置静态路由或动态路由。

（2）默认路由

默认路由是一种特殊的静态路由，简单来说，默认路由就是没有找到匹配的路由表条目时才使用的路由。在路由表中，网络地址 0.0.0.0（子网掩码 0.0.0.0）的路由为默认路由。如果数据包的目的地址不能与路由表中的任何路由条目相匹配，那么，该数据包将选取默认路由。如果没有默认路由且数据包的目的地址不在路由表中，则丢弃该数据包。

默认路由在某些时候非常有效，当存在末梢网络（Stub Network）时，默认路由会大大简化路由器的配置、减轻网络管理员的工作负担，并提高网络性能。末梢网络一般只有一个唯一的路径能够到达其他网络。图 8-7 所示的路由器 B 右侧的网络就是一个末梢网络。

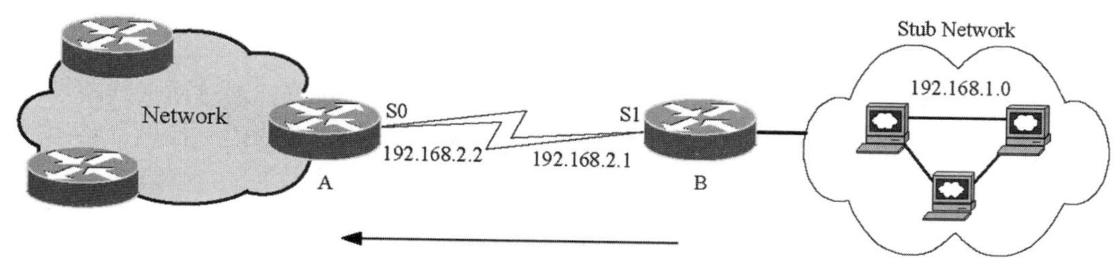

图 8-7　默认路由配置示例

网络 192.168.1.0 是一个末梢网络。这个网络中的主机要访问其他网络必须要通过路由器 B，没有第二条路可走，这样就可以在路由器 B 上配置一条默认路由。

实例

在图 8-7 中，路由器 B 的默认路由配置命令如下：

```
B(config)#ip route  0.0.0.0 0.0.0.0 192.168.2.2
```

或者

```
B(config)#ip route 0.0.0.0 0.0.0.0  s1
```

适当地使用默认路由还可以简化路由表。网络管理员有时会这样配置，在路由表中只添加少数的静态路由和一条默认路由。这样，当收到的数据包的目标地址没有包含在路由表中时，就按照默认路由将其转发出去。

提 示

默认路由可能不是最佳的路由，但有时候非常有用。在路由器上只能配置一条默认路由。

课堂同步

请使用 Cisco Packet Tracer 模拟软件练习静态路由的配置。

8.4 广域网概述

学习任务

（1）理解广域网的基本概念。
（2）掌握 Internet 接入方式及主要设备。

8.4.1 广域网的基本概念

知识点

（1）广域网的基本概念。
（2）广域网的特点。

广域网也称远程网，是将地理位置上相距较远的多个计算机系统，通过通信线路按照网络协议联接起来，实现计算机之间相互通信的计算机系统的集合。广域网由交换机、路由器、网关、调制解调器等多种数据交换设备和数据互联设备构成，具有技术复杂、管理复杂、类型多样化、连接多样化、结构多样化、协议多样化、应用多样化等特点。

传统的广域网采用存储转发的分组交换技术，包括数据报方式和虚电路方式。目前，帧中继和 ATM 快速分组也在大量使用。广域网一般最多只包含 OSI 模型的低三层。其中，广域网数据链路层协议定义广域网上帧的封装、传输和处理。常用的广域网协议有 PPP（Point to Point Protocol，点对点协议）、HDLC（High level Data Link Control，高级数据链路控制协议）和帧中继等。

与局域网相比，广域网有以下特点：

（1）广域网覆盖范围广，通信距离远，可达数千米。

（2）不同于局域网的一些相对固定结构，广域网没有固定的拓扑结构，通常使用高速光纤作为传输介质。

（3）主要提供面向通信的服务，支持用户使用计算机进行远距离的信息交换。

（4）局域网通常作为广域网的终端用户与广域网相连。

（5）广域网的管理和维护相对局域网较为困难。

（6）局域网的传输速率高、误码率低、时延小。而广域网的传输带宽与多种因素有关，一般比局域网速率低、误码率高。

（7）广域网一般由电信部门或公司负责组建、管理和维护，并向全社会提供面向通信的有偿服务、流量统计和计费。

广域网能够连接距离较远的节点，建立广域网的方法很多，如果以此对广域网进行分类，广域网可分为电路交换网、分组交换网和专线线路网等。典型的电路交换网是电话拨号网和 ISDN 网。现在的大多数网络都使用分组交换网，如 X.25、帧中继等。典型的专线线路网采用专用模拟线路、E1 线路等。

课堂同步

单选题：在广域网中，数据分组从源节点到目标节点的过程需要进行（　　）。

A. 路由选择和分组转发　　B. 数据加密和分组转发
C. 路由选择和地址编码　　D. 路由选择和用户控制

8.4.2　Internet 接入方式

知识点

（1）PSTN 拨号接入。
（2）ISDN 接入。
（3）DDN 专线接入。
（4）xDSL 接入。
（5）HFC 接入。
（6）PON 接入。
（7）电力线接入。
（8）以太网接入。
（9）无线接入。

Internet 中具有大量的信息和资源，用户想获取这些资源，就要选择合适的方式接入 Internet。下面介绍常用的 Internet 接入方式及设备。

提 示

Internet 接入技术很多，除了传统的拨号接入外，目前广泛应用的是的宽带接入技术。宽带是相对于窄带而言的电信术语，为动态指标，用于度量用户享用的业务带宽，目前国际上还没有统一的定义，一般而言，宽带服务是指用户接入传输速率达到 2Mb/s 以上，可以提供 24 小时在线的网络基础设备和服务。宽带接入技术主要包括以现有的电话网铜线为基础的 xDSL 接入技术、以电缆电视为基础的混合光纤同轴（HFC）接入技术、以太网接入技术、光纤接入技术等多种有线接入技术及无线接入技术。

（1）PSTN 拨号接入

PSTN（Public Switch Telephone Network，公共电话交换网），即日常生活中常用的电话网络。就是利用普通电话线路在 PSTN 的电话线上进行数字信号的传送，当上网用户发送数据时，利用 Modem（调制解调器）将个人计算机的数字信号转化为模拟信号，通过公用电话网的电话线发送出去，当上网用户接收到接收信号时，利用 Modem 将电话线送来的模拟信号转换为数字信号提供给计算机。

在众多的 Internet 接入技术中，通过 PSTN 拨号接入所要求的通信费用最低，但其数据通信质量及传输速度也最差，最高传输速率为 56Kb/s，网络资源利用率也较低，在中国互联网发展的早期（1998—2003 年），这种方式是国内接入 Internet 最主要的实现方式。

拨号接入方式使用的接入设备是 Modem，通过 Modem 连接电话线进行拨号接入

Intennet。Modem 分内置式和外置式两种，内置 Modem 和外置 Modem 如图 8-8 所示。

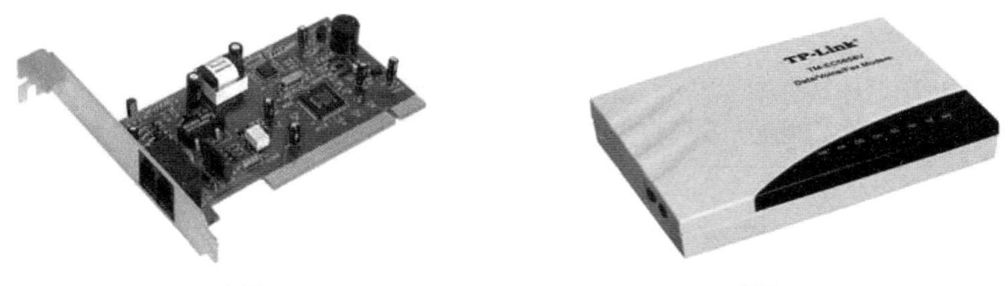

图 8-8　内置 Modem 与外置 Modem

Modem 是一种信号转换装置，其作用是，发送信息时，将计算机的数字信号转换成可以通过模拟通信线路传输的模拟信号，即“调制”；接收信息时，把模拟通信线路上传来的模拟信号转换成数字信号传送给计算机，即“解调”。其工作原理如图 8-9 所示。

图 8-9　Modem 的工作原理

家庭的外置 Modem 连接示意图，如图 8-10 所示。

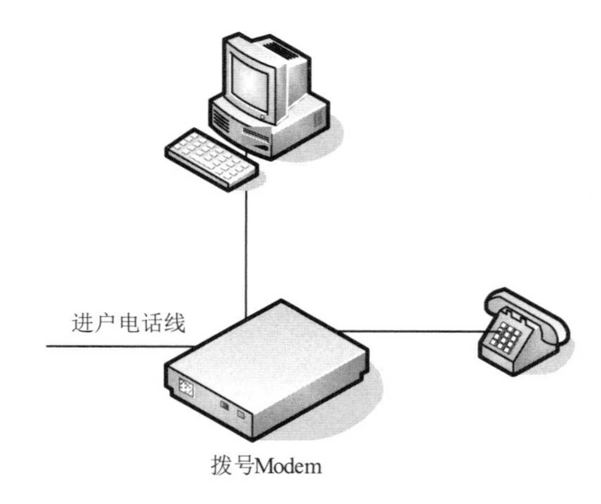

图 8-10　家庭中的外置 Modem 连接

（2）ISDN 综合业务数字网接入

综合业务数字网（Integrated Services Digital Network，ISDN）是另一种高速率拨号上网手段，能够在一对电话线上提供两个数字信道，每个信道可以提供 64Kb/s 的语音和数据传输，可保证用户打电话和上网两不误。

传统的拨号接入不能同时提供语音业务和数据业务的连接通信，在拨号上网的过程中，电话处于占线状态。ISDN 接入通过一对电话线就能为用户提供电话、数据、传真等多种业务，俗称“一线通”。这种接入方式在中国应用流行的时间非常短（大致在 2003—2004 年）。随着宽带接入的出现，ISDN 迅速退出历史舞台。

（3）DDN 专线接入

数字数据网络（Digital Data Network，DDN），是随着数据通信业务发展而迅速发展起来的一种网络。DDN 的主干网传输介质有光纤、数字微波、卫星信道等，用户端多使用普通的线缆和双绞线。DDN 将数字通信技术、计算机技术、光纤通信技术及数字交叉技术有机地结合在一起，提供了高速度、高质量的通信环境，可以向用户提供点到点、点到多点的透明传输的数据专线出租电路，为用户传输数据、图像、声音等信息。DDN 的通信速率可以根据用户的需要在 $N\times64$Kb/s（N=1～32）进行选择，当速度越快时租用费用也越高。

用户租用 DDN 需要申请开户。DDN 收费一般采用包月制和流量制。DDN 的租用费较高，普通用户负担不起，主要面向集团公司等需要综合运用的单位。

（4）xDSL 接入

数字用户线路（Digital Subscriber Line，DSL）技术是基于普通电话线的宽带接入技术。数据传输距离通常为 300m～7km，数据传输速率可达 1.5 Mb/s～52Mb/s。xDSL 技术是对多种用户线路高速接入的统称，主要包括 ADSL（非对称数字用户线路，Asymmetric Digital Subscriber Line），HDSL（高速数字用户线路，High speed DSL），SDSL（1 对线的数字用户线路，Single-line DSL），VDSL（Very high speed DSL，甚高速数字用户线路），RADSL（速率自适应 DSL，Rate-Adaptive DSL，是 ADSL 的一个子集，可自动调节线路速率）等。主要区别是信息传输速率和距离不同，以及上行速率和下行速率对称性不同。目前，应用最广泛的 xDSL 技术是 ADSL。

ADSL 技术就是用数字技术对现有的模拟电话用户线进行改造，使它能够承载宽带业务。最大特点是，不需要改造信号传输线路，完全利用普通电话线作为传输介质，配上专用的 Modem 便可实现数据高速传输。ADSL 因上行速率和下行速率不对称，在普通的电话铜缆上提供 512Kb/s～1Mb/s 上行速率，下行速率 1Mb/s～8Mb/s，其传输距离在 5km 以内。

第二代 ADSL 包括 ADSL2（G.992.3 和 G.992.4）和 ADSL2+（G.992.5）。通过提高调制效率得到了更高的数据率。ADSL2 要求至少应支持下行 8 Mb/s、上行 800 Kb/s 的速率。ADSL2+ 则将频谱范围从 1.1 MHz 扩展至 2.2 MHz，下行速率可达 16 Mb/s（最大传输速率可达 25 Mb/s），而上行速率可达 800 Kb/s。采用了无缝速率自适应技术 SRA (Seamless Rate Adaptation)，可在运营中不中断通信和不产生误码的情况下，自适应地调整数据率。改善了线路质量评测和故障定位功能，这对提高网络的运行维护水平具有非常重要的意义。

ADSL 为用户提供了灵活的接入方式，包括专线方式和虚拟拨号方式。所谓的专线方式，是指用户 24 小时在线，用户具有静态的 IP 地址，用户开机就接入了 Internet，主要适用于中小型企业用户。所谓虚拟拨号方式，是指根据用户名与密码认证接入相应的网络，适用于个人用户及小型公司等。由于虚拟拨号并没有真正地拨打电话，因此相关费用也与电话系统无关。

ADSL 带宽较大，连接简单，投资较小，因此发展很快。国内的电信部门推出的 ADSL 在全国风靡一时，特别适合于 Internet 高速冲浪、视频点播和远程局域网控制等应用，可以满足绝大多数用户的带宽需求，也非常适合中小型企业的 Internet 接入。

ADSL Modem 和 ADSL 信号分离器是 ADSL 接入 Internet 的必需设备。ADSL Modem 和原来的 Modem 一样，有内置 Modem 和外置 Modem 之分。ADSL 信号分离器将电话线路中的数字信号和话音信号分离。ADSL 接入方式有单台计算机接入和多台计算机共享接入两种。

单台计算机 ADSL 接入 Internet 的连接示意图，如图 8-11 所示。

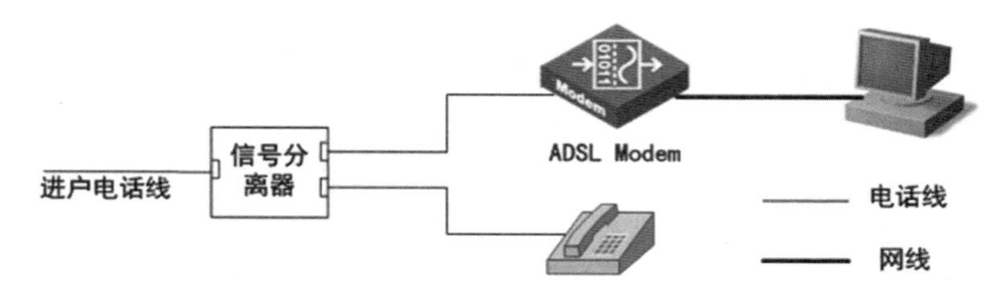

图 8-11　单机 ADSL 接入 Internet 的连接示意图

多台计算机通过 ADSL 共享接入 Internet 的连接示意图，如图 8-12 所示。

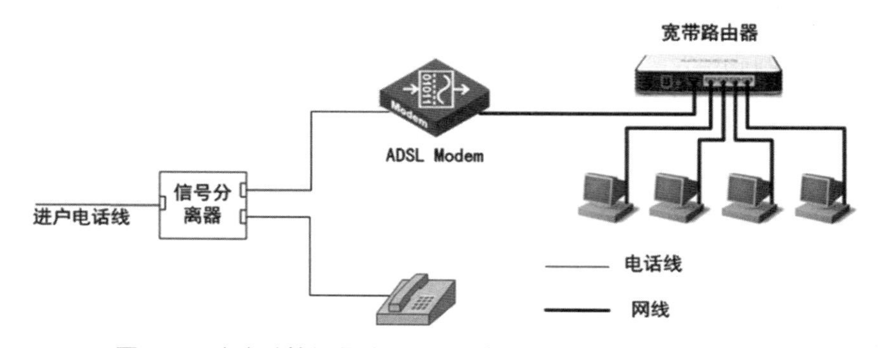

图 8-12　多台计算机通过 ADSL 共享接入 Internet 的连接示意图

（5）HFC 接入

光纤同轴混合网（Hybrid Fiber Coax，HFC）是在目前覆盖面很广的有线电视网（CATV）的基础上开发的一种居民宽带接入网。HFC 是把光缆铺设到用户小区，然后通过光电转换节点，利用有线电视的同轴电缆连接到用户提供综合电信业务的技术。它与早期有线电视同轴电缆的网络的不同之处，HFC 网则需要对 CATV 网进行改造，HFC 网将原 CATV 网中的同轴电缆主干部分改换为光纤，并使用模拟光纤技术，在主干线上用了光纤传输光信号，在头端需要完成电/光转换，进入用户房间后，要完成光/电转换。HFC 系统结构如图 8-13 所示。

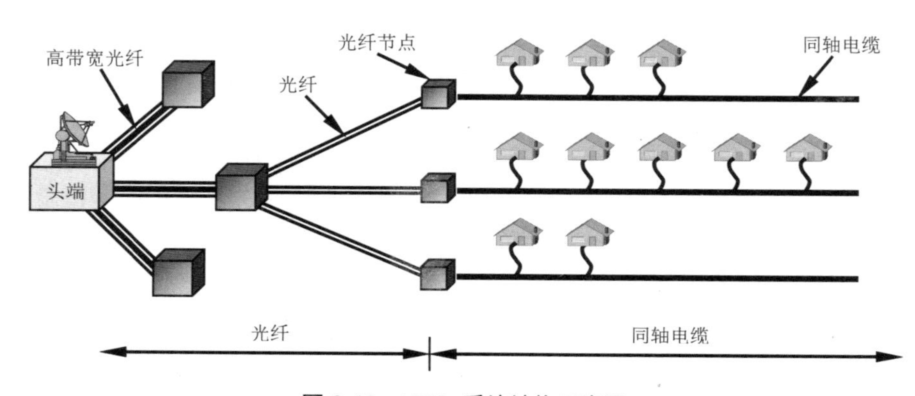

图 8-13　HFC 系统结构示意图

在下行方向上，有线电视台的电视信号、公用电话网的语音信号和数据网的数据信号通过光纤线路输送至光纤节点，在光纤节点进行光/电转换和射频放大，再经过同轴电缆输送至用户接口单元，并分别将信号传送到电视机和电话，数据信号经电缆调制解调器（Cable Modem）传送到计算机上。上行方向是下行方向的逆过程，只不过用户不回传有线电视信号。

电缆调制解调器是为 HFC 网而使用的调制解调器。Cable Modem 与传统 Modem 相比，原理上都是将数据进行调制解调，不同之处是它通过有线电视的某个传输频带进行调制解调。电缆调制解调器最大的特点就是传输速率高。其下行速率一般在 3Mb/s ~10Mb/s，最高可达 30 Mb/s，而上行速率一般为 20Kb/s~2 Mb/s，最高可达 10 Mb/s。

Cable Modem 连接多台计算机共享接入 Internet，如图 8-14 所示。

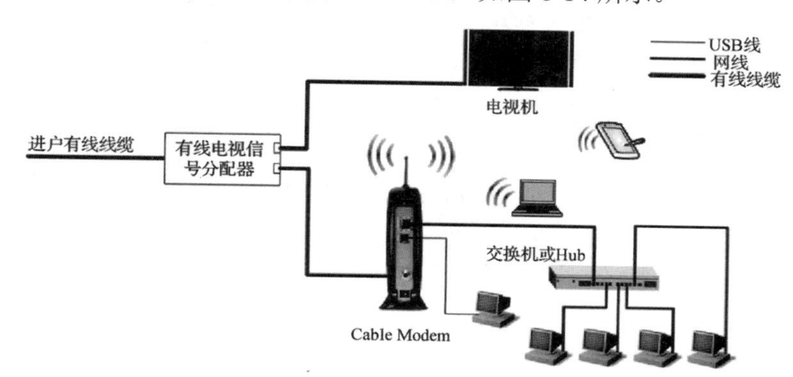

图 8-14　Cable Modem 连接多台计算机共享接入 Internet

Cable Modem 接入方式的缺点是采用相对落后的总线型网络结构，网络用户需要共同分享有限带宽。

（6）PON 接入

为了满足用户宽带多媒体业务流畅地接入的需要，无源光网络（Passive Optical Networks，PON）应运而生。PON 接入技术是一种以光纤为主要传输介质的技术，主要包括 EPON（基于以太网的无源光网络）和 GPON（吉比特无源光网络）。10Gb/s 以太网主干和城域环网的出现，将是 EPON 成为未来全光网络中最佳的最后一千米解决方案。

PON 由光纤终端（OLT，一般放在运营商的中心机房）、光纤网络单元（ONU，放在用户端）和光分配网络（ODN，它包括光纤和光分路器）3 个部分组成。根据光分配网络的位置不同，可以将 PON 网络分为多种基本应用，统称为 FTTx（光纤到 x，Fiber To The x，x 可以是 H（Home）、B（Building）、C（Curb）、O（Office）、F（Floor）等）。例如，光纤到户 FTTH。

PON 是目前最流行的宽带光纤接入技术，光纤接入速率比 ADSL 快，稳定性相对较好。FTTH 光纤接入一般需要光 Modem。带无线和路由功能的光 Modem 连接如图 8-15 所示。

使用 FTTx+LAN 接入方式时，入户只需要一根网线。以太网技术是目前具有以太网布线的小区、小型企业、校园网中用户实现宽带城域网或广域网接入的首选技术。要将以太网用于实现宽带接入，必须采用某种方式对其进行改造，以增加带宽接入所必需的用户认证、鉴权和计费功能，目前这种功能可通过 PPPoE（以太网上的点对点协议）方式实现。PPPoE 通过将 PPP 承载到以太网之上，提供基于以太网的点对点服务。

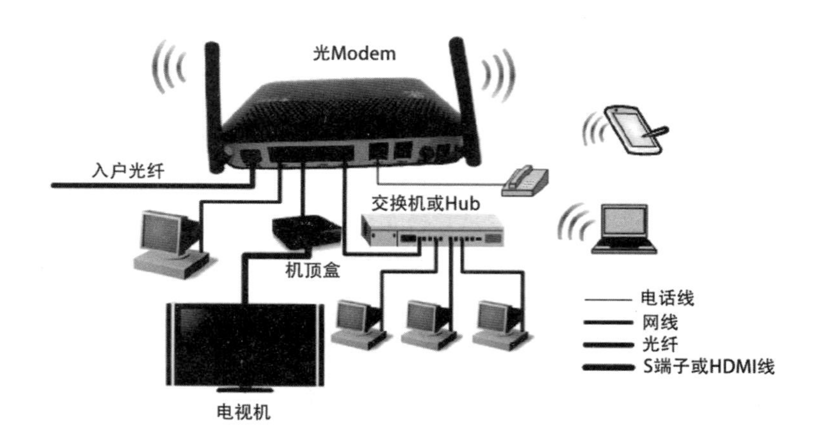

图 8-15　带无线和路由功能的光 Modem 连接

（7）电力线接入

电力线通信技术（Power Line Communication，PLC）是利用配电网中低压线路高速传输数据、语音、视频等多媒体业务信号的一种通信方式。该技术是将载有信息的高频信号加载到电力线上，用电力线进行数据传输，通过专用的 PLC Modem 将高频信号从电力线上分离出来，传送到终端设备。

如图 8-16 所示，在楼宇配电间安装 PLC 设备，PLC 设备的一侧通过电容或电感耦合器连接电力电缆，输入/输出高频 PLC 信号；另一侧通过传统的通信方式接入 Internet。在用户侧，用户的计算机通过以太网接口或无线方式与 PLC Modem 相连，PLC Modem 直接插入墙上插座。

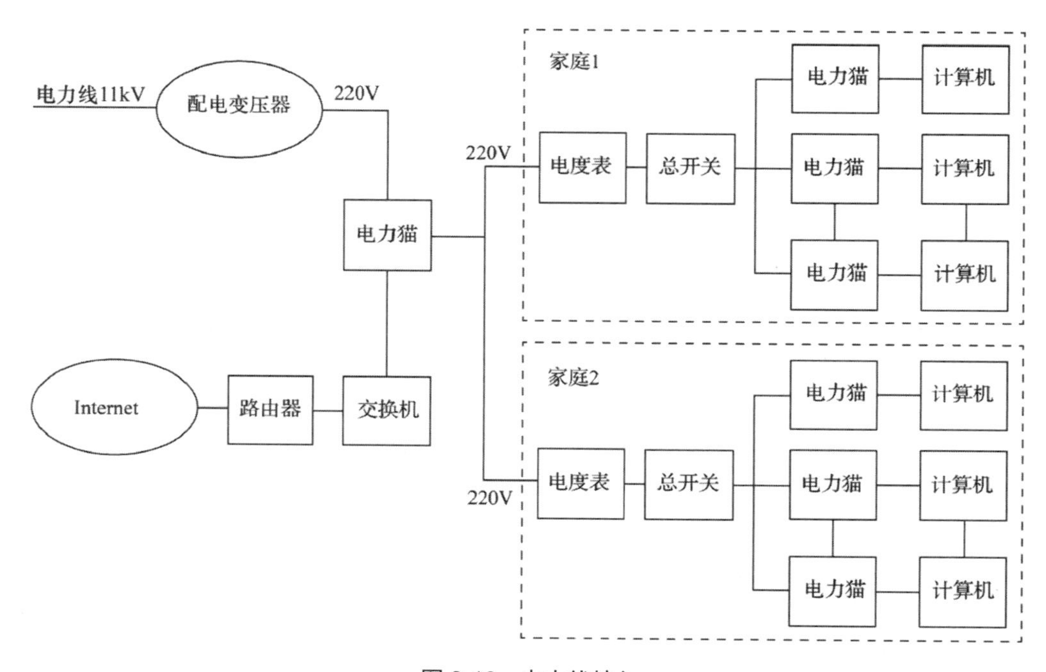

图 8-16　电力线接入

与其他接入方式相比，电力线宽带接入网络具有较大优势。一是充分利用现有低压配电网络的基础设施，无须任何布线；二是电力线是覆盖范围最广的网络，它的规模是其他任何网络都无法比拟的；三是 PLC 属于即插即用设备，无须拨号，接入电源等于接入网络。

（8）以太网接入

以太网是目前使用最广泛的局域网技术。以太网接入是将以太网技术与综合布线相结合，作为公用电信网的接入网，直接向用户提供基于 IP 的多种业务传送通道。常用于校园网、小区局域网的 Internet 接入。LAN 技术成熟、成本低、结构简单、连接稳定、可扩充性好，便于网络升级，对于用户来说，上网速度较快。

（9）无线接入

无线接入是指在交换节点到用户终端的线路上部分或全部采用无线传输方式，由于无线接入方式无须铺设有线传输介质，灵活性很大。不断出现的新技术使其在接入网中的地位和作用日益增加，是有线接入技术不可或缺的补充。常见的无线接入技术有卫星通信技术、蜂窝移动通信技术和无线局域网技术等。

课堂同步

请观察身边的网络，分析其接入 Internet 的方式。

8.5 工程实例——Internet 接入

学习任务

（1）掌握使用路由器接入 Internet 的基本技能。

（2）掌握一般网络故障的排除方法和技能。

技能点

（1）简单路由器接入 Internet 的方式。

（2）路由器接入 Internet 的方式。

路由器不但可以在两个节点之间选择路由和分组转发，还可以连接不同的网络，使得它们成为大型局域网或广域网。路由器是接入 Internet 的主要设备。路由器接入 Internet 的典型网络拓扑结构如下。

（1）通过简单路由器接入 Internet

最简单的路由器就是安装两个网卡的计算机，适合家庭或小型办公室接入 Internet，如图 8-17 所示。简单路由器需要安装网络操作系统，如 Windows Server 2003/2008/2012。在对内网卡配置内网 IP 地址 192.168.1.1/24，在对外网卡配置公有 IP 地址 210.31.212.8/24，简单配置网络操作系统中的路由与远程访问功能，即可使用简单路由器实现小型局域网接入 Internet。

（2）小型局域网通过路由器接入 Internet

通过路由器接入 Internet 可实现中小型局域网上网，如图 8-18 所示。从网络拓扑结构图中可以看出，该局域网由接入交换机、核心交换机和路由器组成，是中小型企业网络的典型结构。为了实现上网，路由器一般部署在局域网的边界，通过对路由器的配置，即可实现整个局域网接入 Internet。网络中的接入交换机用于接入各用户计算机，核心交换机负责汇聚接入交换机，为了提高服务器的通信带宽，可将服务器直接连接到核心交换机。

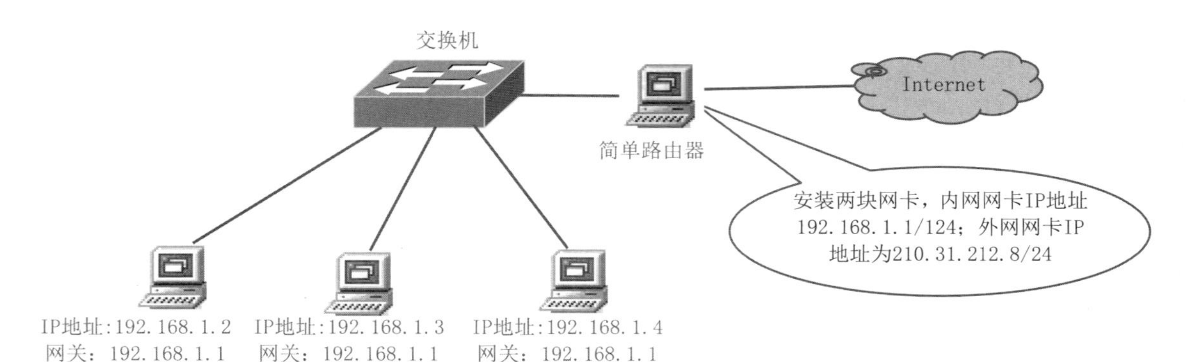

图 8-17　简单路由器接入 Internet

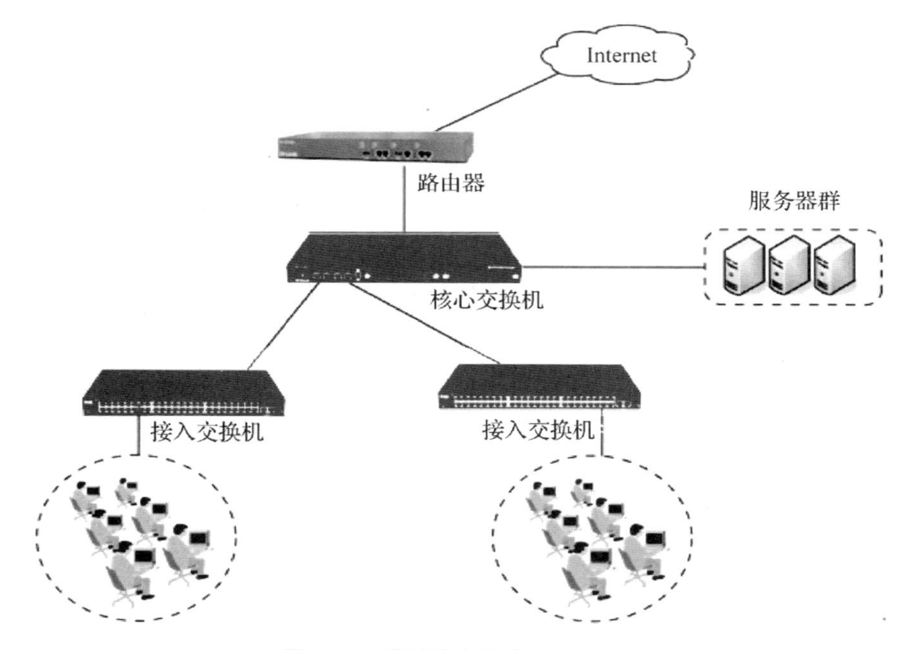

图 8-18　通过路由器接入 Internet

（3）校园网通过路由器多路接入 Internet

对于较大规模的网络既要考虑接入 Internet 的安全问题，还需要考虑接入带宽和负载均衡等问题。所以，在有条件的局域网中，可以选择多个运营商通过路由器多路接入 Internet。如图 8-19 所示，路由器内部与防火墙连接，外部与中国电信、中国联通和 CERNET 提供的 3 条线路连接，实现三路共同接入 Internet。从而提高整个局域网接入 Internet 的通信速率、负载均衡和可靠性。

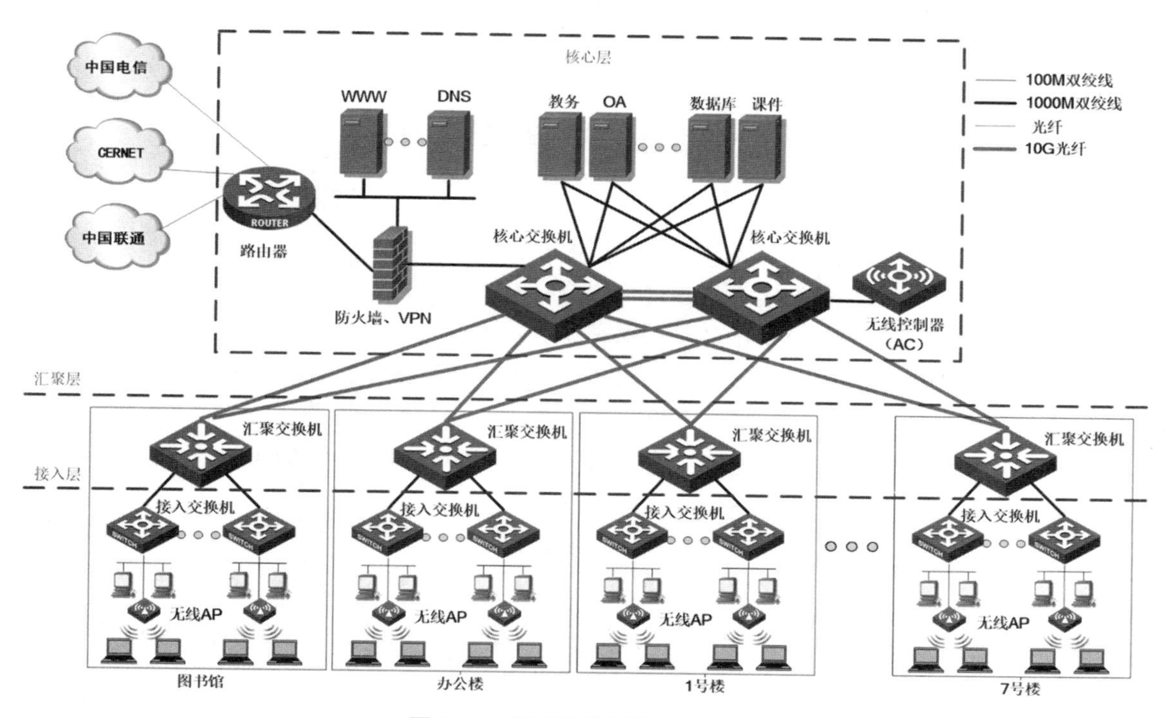

图 8-19　路由器多路接入 Internet

实践练习

请以宿舍为单位，通过简单路由器接入 Internet 的方式实现宿舍其他用户共享上网。

思考与练习

一、选择题

1. 静态路由适用于（　　）的网络环境。

   A. 大型的、拓扑结构复杂　　B. 规模小、拓扑结构经常变化

   C. 规模小、拓扑结构固定　　D. 只有一个出口的末梢网络

2. 在 TCP/IP 互联网中，为 IP 数据报选择最佳路径的设备是（　　）。

   A. 路由器　　B. 交换机　　C. 服务器　　D. 网桥

3. 路由器工作于 OSI 模型的（　　）。

   A. 物理层　　B. 数据链路层　　C. 网络层　　D. 传输层

4. 下列属于计算机广域网的是（　　）。

   A.　企业网　　B.　国家网　　C.　校园网　　D. 家庭无线网络

5. 下列有关路由器说法不正确的是（　　）。

   A. 路由器具有很强的异构网互联能力

   B. 具有隔离广播的能力

   C. 路由器具有基于 IP 地址的路由选择和数据转发

D. 路由器转发数据包依据的是MAC地址和端口映射表

6. 路由表包括（　　）。

A. 目标网络地址和源地址　　B. 源网络地址和下一跳

C. 目标网络地址和下一跳　　D. 广播地址和下一跳

7. 下列关于IP数据报投递的描述中，错误的是（　　）。

A. 中途路由器独立对待每个数据报的路由转发

B. 中途路由器可以随意丢弃数据报

C. 中途路由器不能保证每个数据报都能成功传递

D. 源主机可能两次发往同一目标主机的数据报，可能会沿着不同的路径传递

8. 某台路由器的路由表，如表8-5所示。

（1）当路由器接收到源IP地址为10.0.1.25、目标IP地址为195.168.1.36的数据报时，它对该数据报的处理方式为（　　）。

表8-5　路由表

目标网络	下一跳
10.0.0.0/8	20.5.3.25
20.0.0.0/8	40.0.0.1
193.168.1.0/24	10.0.8.5
194.168.1.0/24	30.8.0.7

A. 投递到20.5.3.25　　B. 投递到40.0.0.1

C. 投递到10.0.8.5　　D. 投递到30.8.0.7　　E.丢弃

（2）当路由器接收到源IP地址为10.0.1.25，目标IP地址为20.20.20.20的数据报时，对该数据报的处理方式为（　　）。

A. 投递到20.5.3.25　　B. 投递到40.0.0.1

C. 投递到10.0.8.5　　D. 投递到30.8.0.7　　E.丢弃

（3）如果在表8-5中，网络管理员手动配置了默认路由信息（目标网络为0.0.0.0，下一跳为40.0.0.1）。那么，当路由器接收到源IP地址为10.0.1.25，目标IP地址为195.168.1.36的数据报时，对该数据报的处理方式为（　　）。

A. 投递到20.5.3.25　　B. 投递到40.0.0.1

C. 投递到10.0.8.5　　D. 投递到30.8.0.7　　E.丢弃

9. ADSL通常使用（　　）进行信号传输。

A. 电话线　　B. 光纤

C. 有线电视网　　D. 电力线

10. 下列关于Modem的描述中，正确的是（　　）。

A. 它具有调制与解调功能，是一种输入设备，不是输出设备

B. 它具有调制与解调功能，不是输入设备，是一种输出设备

C. 它具有调制与解调功能，是一种输入设备，也是输出设备

D. 它具有调制与解调功能，不是输入设备，也不是输出设备

二、填空题

1. 在网络互联设备中，（　　）的主要功能是路由选择和网络互联。

2. 根据路由器学习路由信息、生成并维护路由表的方法，可将路由划分为直连路由、（　　）和动态路由三种。

3. 非对称式数据用户线路的英文缩写是（　　）。

4. 如表 8-6 所示，为一台路由器的路由表。如果该路由器接收到一个源 IP 地址为 10.0.0.10、目标 IP 地址为 40.0.0.40 的 IP 数据报，那么，它将此 IP 数据报转发的下一跳 IP 是（　　）。

表 8-6　路由表

目标网络	下一跳
20.0.0.0	直接投递
30.0.0.0	直接投递
10.0.0.0	20.0.0.5
40.0.0.0	30.0.0.7

三、简答题

1. 简述网络互联的概念。
2. 简述广域网的基本概念，以及它与局域网相比有哪些特点。
3. 什么是静态路由？什么是默认路由？
4. 请列举 Internet 的接入方式有哪些。
5. 画图说明多台计算机通过 ADSL 接入 Internet 的方式。

单元 9 Internet 传输协议

导 学

Internet 的核心协议是 TCP/IP，通过前面的学习，我们知道 IP 协议提供的是面向无连接的“尽最大努力”的服务。那么，计算机网络是如何保证数据可靠传输的呢？不同的应用程序是如何分辨的呢？这就是传输层需要解决的问题，通过 TCP 协议保证数据传输的可靠性，通过端口区分不同的应用进程，根据 IP 地址和端口号唯一标识互联网中的一个通信进程。本单元让我们一起来学习 TCP 和 UDP 的工作机制。

学习目标

【知识目标】

◇ 掌握端口的概念及常见端口号。

◇ 理解 TCP 报文段格式。

◇ 掌握 TCP 连接管理。

◇ 理解 UDP 协议。

【技能目标】

◇ 具备分析 TCP 三次握手的能力。

◇ 具备对端口进行分析的基本能力。

◇ 具备分析和排除简单网络故障的能力。

9.1　传输层概述

学习任务

（1）掌握传输层的基本概念。
（2）掌握端口的概念及常见端口号。

传输层常用的协议有 TCP（Transmission Control Protocol，传输控制协议）和 UDP（User Datagram Protocol，用户数据报协议）两个。TCP 是一个面向连接的、可靠的协议。UDP 是一个面向无连接的、“尽最大努力”的协议，它的可靠性由上层协议来保障。

9.1.1　传输层的基本概念

知识点

（1）传输层的功能。
（2）端到端的通信。
（3）应用进程。

从通信和信息处理的角度来看，传输层向应用层提供通信服务，它是面向通信部分的最高层，也是用户功能中的最底层，如图 9-1 所示。由于网络层提供的服务存在不可靠性，因此要增加传输层为高层提供端到端的可靠通信，以弥补网络层的不足。当位于网络边缘的两台主机进行端到端的通信时，只有主机的协议栈才有传输层，而网络核心部分的路由器在转发分组时只能用到低三层的功能。

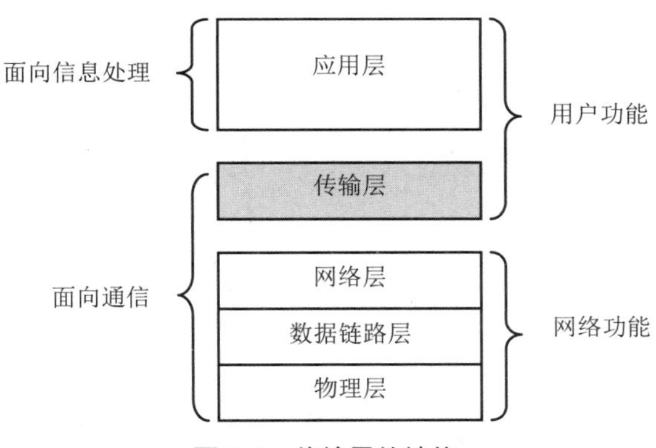

图 9-1　传输层的地位

传输层是 OSI 模型中最重要和最关键的一层，是唯一负责总体的数据传输和数据控制的一层。其主要功能是提供端到端的可靠通信，所谓端到端就是发送端应用进程和接收端应用进程之间的互相通信。所谓应用进程是指在为用户解决某一类应用问题时在网络环境中相互通信的进程。在 OSI 模型与 TCP/IP 模型中，应用层的相关软件实现了上层应用与底层数据的对接。当打开一个应用程序时，就启动了一个应用进程，载入了设备的内存。例如，打开任务管理器可以看到，所有打开的应用程序都以进程的方式显示在任务管理器中，如图 9-2 所示。

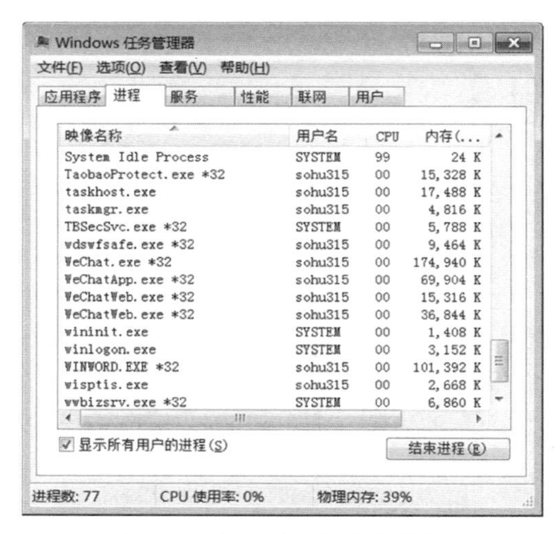

图 9-2 任务管理器中的进程

传输层向应用层提供可靠的通信服务，避免报文出错、丢失、延迟、重复、乱序等差错现象。既然网络层的 IP 协议能够将源主机发出的数据报按照首部中的目的地址送到目标主机，那么为什么还需要再设一个传输层呢？我们通过图 9-3 所示的示意图来说明传输层的功能。从 IP 层来说，通信的两端是两个主机。IP 数据报的首部明确表明了这两个主机的 IP 地址。但是，两个主机之间的通信实际上是两个主机中的应用进程互相通信。IP 协议虽然能把数据报送到目标主机，但是这个数据报还停留在主机的网络层，而没有交付给主机中的应用进程。从传输层的角度来看，通信的真正端点是两个主机中的进程，并不是两个主机。所以，传输层的端到端的通信是应用进程之间的通信。

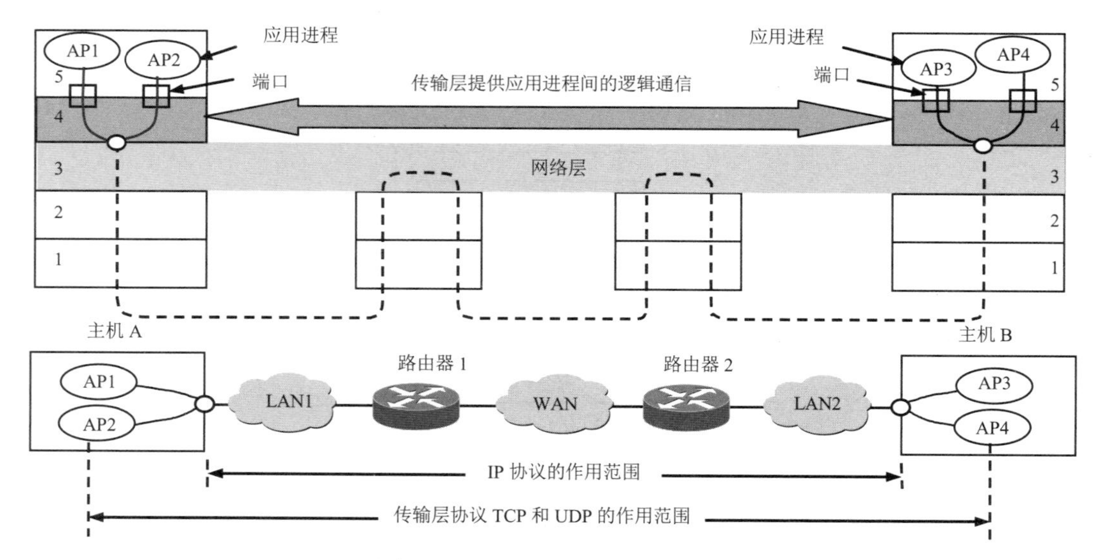

图 9-3 传输层为应用进程之间提供端到端的逻辑通信

如图 9-3 所示，主机 A 的应用进程 AP1 和主机 B 的应用进程 AP3 通信，与此同时，主机 A 的应用进程 AP2 和主机 B 应用进程 AP4 也在通信。发送端不同的应用进程都可以使用同一个传输层协议传递数据（当然需要加上适当的首部），在接收端的传输层剥去报文的首部后能够把这些数据正确地交给目的应用程序。图 9-3 中的双向箭头上标识“传输层提供应用进程间的逻辑通信”，这里的逻辑通信是传输层之间的通信，看似是沿水平方向传送数据，但事实上这两个传输层之间并没有一条水平方向的物理连接。实际上，要传输的数据是沿着图 9-3 所示的虚线路径进行传输的。

网络层为主机之间提供逻辑通信，传输层为应用进程之间提供端到端的逻辑通信。各个应用进程是通过端口来识别的。

课堂同步

单选题：下列关于传输层说法正确的是（　　）。

A. 提供端到端的不可靠能信　　B. 为网络层提供服务

C. 为主机之间提供逻辑通信　　D. 应用进程之间提供端到端的通信

9.1.2　端口寻址

知识点

（1）端口。

（2）端口寻址。

传输层为主机中的进程提供了可靠的数据传输服务，但是一个主机可以同时运行很多应用进程，那么，传输层是如何知道从哪个进程接收数据，又将数据发送给哪个进程的呢？尤其是同一主机运行多个统一进程，如同时打开两个 QQ 聊天窗口或浏览器窗口。传输层需要某种机制唯一地标识某个进程。此时，使用端口（Port）来唯一标识通信的应用进程。

端口的作用就是，让应用层的各种应用进程都能够将其数据通过端口向下交付给传输层，同时让传输层知道应当将报文段中的数据向上，通过端口交付给应用层的相应进程。引入端口概念后，两个计算机中的进程相互通信，不仅需要知道对方的 IP 地址（为了找到对方的计算机），还需要知道对方的端口号（为了找到对方计算机中的应用进程）。这样就唯一标识互联网中的一个通信进程。而进程和端口号对应关系是由操作系统来维护的。

传输层是通过端口与应用层的程序进行信息交互的，也就是说，传输层地址就是端口，是用来标识应用层进程的逻辑地址。端口用一个 16 位的端口号来标识，每个进程会被分配唯一的端口号，端口号的有效范围是 0～65535。

端口号有以下 3 种类型。

（1）公认端口（0～1023），也称熟知端口号。这类端口由互联网编号管理局（Internet Assigned Number Authority，IANA）负责分配给一些常用的应用层程序固定使用，让所有的用户都知道，如 HTTP、DNS 等。

（2）登记端口（1024～49151），又称已注册端口。这类端口分配给非公用的应用程序。这类端口 IANA 不分配也不控制，但是可以在 IANA 注册登记，以防止重复使用。

（3）动态端口（49152～65535），又称私有端口。这类端口是留给客户应用程序选择暂时使用的，动态地分配给客户应用程序，也称临时端口。

传输层 TCP 和 UDP 协议的各种常见公认端口号如表 9-1 所示。

表 9-1　常见公认端口

协　议	端口号	描　述
UDP	53	域名系统（DNS）
	69	简单文件传输协议（TFTP）
	161	简单网络管理协议（SNMP）
	520	路由信息协议（RIP）
TCP	20	文件传输协议（数据连接）（FTP-Data）
	21	文件传输协议（控制连接）（FTP-Control）
	23	远程登录协议（Telnet）
	25	简单邮件传输协议（SMTP）
	80	超文本传输协议（HTTP）
	110	邮局协议（POP3）
	443	超文本传输安全协议（HTTPS）

提示

端口号只具有本地意义，只是为了标识本地计算机的各个进程，在互联网中不同计算机的相同端口号是没有联系的。

课堂同步

单选题：传输层可以通过（　　）来标识不同的应用进程，它由（　　）位组成。

A. 端口号 16　B. IP 地址 32　C. MAC 地址 48　D. 逻辑地址 16

9.2　传输控制协议

学习任务

（1）理解 TCP 报文段格式。
（2）掌握 TCP 三次握手建立连接过程。
（3）掌握 TCP 四次挥手释放连接过程。

传输控制协议 TCP 是一个面向连接的可靠性传输层协议，提供有序、可靠的全双工虚电路传输服务。它采用认证、重传机制等方式确保数据的可靠传输，为应用程序提供可靠的服务。它允许两个应用进程之间建立连接，应用进程通过建立的连接实现顺序、无差错、不重复和无丢失的数据传输。在数据传输结束之后，还需要释放连接。TCP 还提供流量控制与拥塞控制，如使用滑动窗口机制进行流量控制。

9.2.1　TCP 报文段格式

知识点

TCP 报文段格式：源端口、目的端口、序列号、确认号、数据偏移、保留字段、紧急位、确认位、推送位、复位位、同步位、终止位、窗口字段、检验和、紧急指针字段、选项字段、填充字段、数据。

TCP 的协议数据单元被称为报文段（Segment），TCP 通过报文段的交互来发出请求、确认、建立连接、传输数据、差错控制、流量控制及释放连接。TCP 报文段分为报文段首部和数据两个部分。“报文段首部”包含了 TCP 实现端到端可靠传输所加上的控制信息，“数据部分”是由应用层传输来的数据。TCP 报文段格式如图 9-4 所示。

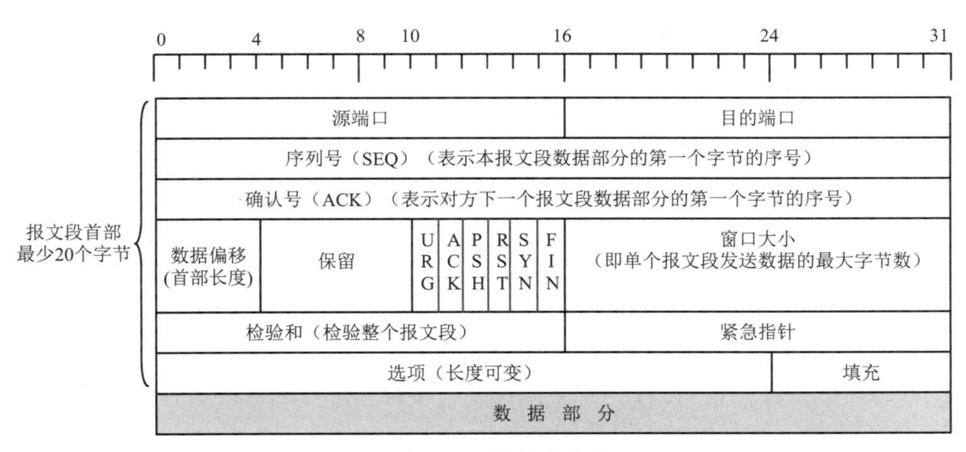

图 9-4 TCP 报文段格式

（1）源端口：源端口占 16 位，表示发送端的应用进程端口。

（2）目的端口：目的端口占 16 位，表示接收端的应用进程端口。

（3）序列号：序列号占 32 位，TCP 对字节进行编号，表示报文段在发送端数据流中的位置。序列号字段的值则是本报文段所发送数据的第一个字节的序号。例如，某报文段包括 2000 字节，若首字节编号为 0，则下一个报文段首字节的序列号为 0+2000=2000。

（4）确认号：确认号占 32 位，表示期望收到对方的下一个报文段的数据首字节的序号，同时表示该序号之前的字节都已正确接收。序列号和确认号共同用于 TCP 服务中的“确认和差错控制”。

（5）数据偏移：数据偏移占 4 位，即首部长度，指出 TCP 报文段的首部长度，随选项字段的长度而变化。数据偏移的单位是 32 位，即以 4 字节为计算单位。

（6）保留字段：保留字段占 6 位，保留为今后使用，目前置为 0。

（7）紧急位：URG=1 时，紧急指针字段有效，告诉系统此报文段有紧急数据，应尽快传送。

（8）确认位：ACK=1 时，确认序号字段有效。当 ACK=0 时，确认序号无效。在 TCP 建立连接后，所有的报文段必须把 ACK 置为 1。

（9）推送位：PSH=1 时，请求紧急操作，尽快将报文段交付给应用处理。

（10）复位位：RST=1 时，表示 TCP 连接出现严重错误（如由于主机崩溃或其他原因），通信双方的任意一方发送 RST 为 1 的报文段用来释放连接。

（11）同步位：用于在 TCP 建立连接时同步序号。SYN=1，ACK=0 时，表示连接请求；SYN=1，ACK=1 时，表示同意建立连接。

（12）终止位：FIN=1 时，表示数据发送完毕，请求释放连接。

（13）窗口字段：窗口字段占 16 位。窗口字段用来控制对方发送的数据量，单位为字节。窗口字段反映了接收端接收缓存的大小，计算机网络经常用接收端的接收能力的大小来控制发送端的数据发送量。假设确认序号是 701，窗口字段是 1000，这表明允许对方发送数据的序列号范围是 701～1700。可以使用可变大小的滑动窗口协议进行流量控制。

（14）检验和：检验和占 16 位。检验和字段检验的范围是首部和数据两部分。在计算检验和时，要在 TCP 报文段的前面加上 12 字节的伪首部（见后续“9.3.2 UDP 数据报格式”的介绍），与 UDP 的伪首部一样，只是将协议号 17 改为 6，“UDP 长度”改为“TCP 长度”。接收端收到此报文段后，仍需加上这个伪首部来计算校验和。UDP 计算校验和的方法和计算 IP 数据报首部校验和的方法相似。但不同的是 IP 数据报的校验和只校验 IP 数据报的首部，UDP 的校验和是把首部和数据部分一起做校验。在发送端，首先把全“0”填入校验和字段，再把伪首部以及 TCP 报文段看成由许多 16 位的字符串组合在一起。若 TCP 报文段（包含数据）不是 2 个字节的整数倍，则需要在填充字段填入一个全“0”的字节。然后按二进制反码计算出它们的和。将此和写入校验和字段中并发送。在接收端，把收到的 TCP 报文段连同伪首部一起，按照二进制反码求这些 16 位字的和。当无差错时其结果应为全“1”。否则表明有差错出现，一般情况下，丢弃这个报文段。这种简单的差错校验方法检错能力并不强，但它的好处是简单，处理起来较快。

（15）紧急指针字段：紧急指针字段占 16 位。与紧急比特配合使用处理紧急情况，指出在本报文段中的紧急数据的最后一个字节的序号。

（16）选项字段：选项字段长度可变。这里介绍一种选项，即最大报文段长度 MSS（Maximum Segment Size）。MSS 告诉对方 TCP：“我的缓存所能接收的报文段的数据字段的最大长度是 MSS 个字节。”当没有使用选项字段时，TCP 的首部长度是 20 字节。

（17）填充字段：当可选字段长度不足 32 位时，需要加以填充。

（18）数据部分：来自应用层的数据。它是由应用层的数据分段而得到的一部分数据，是 TCP 协议服务的对象。

课堂同步

单选题：TCP 协议的数据单元被称为（　　）。

A. 位　　B. 报文段

C. 分组　　D. 帧

9.2.2 TCP 连接管理

知识点

（1）TCP 连接建立：三次握手。

（2）TCP 连接释放：四次挥手。

TCP 是面向连接的，连接建立和连接释放是每一次面向连接通信中必不可少的过程。TCP 连接管理包含连接建立、连接释放和数据传输 3 个阶段。

（1）TCP 连接建立

TCP 连接建立需要解决 3 个问题：一是要让双方确知对方的存在；二是允许双方商定一些参数，如最大报文段长度、最大窗口大小、服务质量等；三是能够对缓存大小等这样的实体资源进行分配和初始化。

TCP 连接建立的过程被形象地称为“三次握手”，因为通信双方在建立连接时需要发送 3 个报文段，如图 9-5 所示。把主动发起连接请求的一端称为客户端，把接收连接建立请求的一端称为服务器，连接建立的一般过程如下。

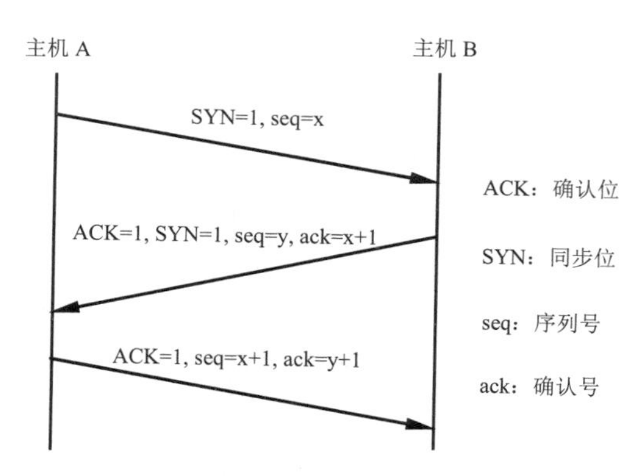

图 9-5 TCP 连接的建立过程

第 1 次握手：客户端主机发送一个带有本次连接序列号的请求报文段到服务器端主机。主机 A 的 TCP 向主机 B 发出请求连接报文段，其首部中的同步位 SYN=1，同时选择一个序列号为 seq=x，这表明在后面传送数据时的第一个数据字节的序列号为 x+1。

第 2 次握手：主机 B 的 TCP 接收到连接请求报文段后，如果同意，则发回请求确认。在确认报文段中，同步位 SYN=1，确认位 ACK=1，确认号是 ack=x+1，同时选择自己的序列号 seq=y。

第 3 次握手：主机 A 的 TCP 收到主机 B 的确认后，还要向主机 B 再次确认，其报文段中 ACK=1，确认号 ack=y+1，自己的序列号 seq=x+1（因为第一个请求报文段已经消耗了一个序列号）。

三次握手机制通过请求、确认、再确认 3 个报文段，确保 TCP 连接成功建立，接下来主机 A 和主机 B 就可以发送和接收数据了。整个数据传输的过程中，还要继续维持 TCP 连接。

注意：为什么 TCP 采用“三次握手”建立连接，而不采用“二次握手”呢？这主要是为了防止已失效的连接请求报文段突然又传送到接收端而产生错误。

（2）TCP 连接释放

在数据传输结束后，通信双方可以发出释放请求来释放连接。也就是说，TCP 连接的释放是在两个方向上分别释放连接，每个方向上连接的释放只终止本方向的数据传输。当一个方向的连接释放后，TCP 就处于“半连接”或“半关闭”状态，只有当两个方向上的连接都已释放后，TCP 连接才完全释放。

TCP 连接释放过程经过了四次联络，对比 TCP 连接建立的“三次握手”，我们形象生动地描述该过程为“四次挥手”，如图 9-6 所示。通信的双方任意一方都可以发出释放连接的请求，连接释放与连接建立相似，采用四次联络，将连接所用的资源（连接端口、内存等）释放出来。TCP 连接的释放过程如下。

第 1 次挥手：主机 A 的应用进程先向其 TCP 发出连接释放请求，并且不再发送数据。TCP 通知对方要释放主机 A 到主机 B 这个方向上的连接，发往主机 B 报文段的首部的终止比特 FIN=1，其序列号为 seq=u，序列号 u 是前面已发送数据的最后一个字节的序号加 1。

第 2 次挥手：主机 B 的 TCP 收到释放请求后即发出确认，其确认报文段的 ACK=1，确认号是 ack=u+1，同时将发送自己报文段的序号 seq=v（v 是主机 B 已经发送过的数据的最后一个字节加 1）。这时主机 B 通知应用进程，主机 A 到主机 B 的单向连接就释放了，连接处于半关闭状态，相当于“主机 A 向主机 B 说，我已经没有数据要发送了。如果你还发送数据，我仍然可以接收”。此时，主机 B 不再接收主机 A 发来的数据。但是，只要主机 A 正确接收了主机 B 的数据，还需向主机 B 发送确认。

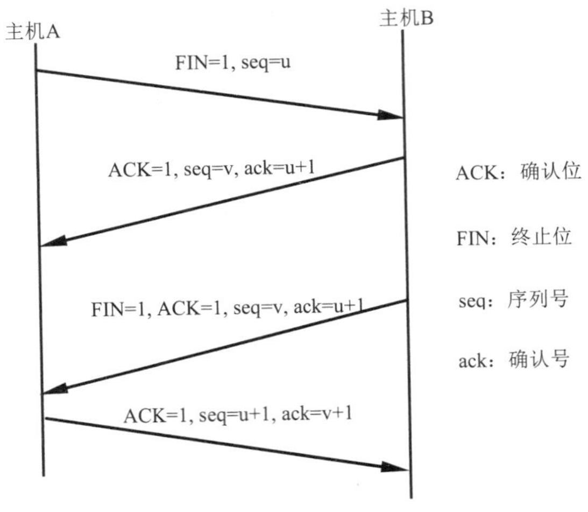

图 9-6　TCP 连接的释放过程

第 3 次挥手：若主机 B 不再向主机 A 发送数据，其应用进程就通知 TCP 释放连接。主机 B 发出连接释放请求，其报文段首部 FIN=1，ACK=1，seq=v（前面发送的确认报文段不再消耗序列号），ack=u+1（必须重复上次已发送过的确认号）。

第 4 次挥手：主机 A 收到连接释放请求，必须对此发送确认，其报文段 ACK=1，确认号 ack=v+1，自己的序列号 seq=u+1（前面发送释放连接请求的报文段序列号 u 加上 1）。这样，主机 B 到主机 A 的反方向上的连接也释放了。这时，主机 A 到主机 B 的整体连接已全部释放。

（3）数据传输

TCP 使用面向连接的通信方式，这大大地提高了数据传输的可靠性，使发送端和接收端在数据传输之前就建立 TCP 连接，为端到端的可靠传输提供了基础。但是，单纯地建立连接并不能完全解决数据在传输过程中出现的问题，如双方的传输速率不协调、数据丢失、确认丢失等问题。对于这些问题，TCP 使用流量控制、差错控制、拥塞控制等手段来保证数据传输的可靠性。

课堂同步

单选题：为了确保 TCP 连接建立的可靠性，采用的是（　　）。

A. 4 次联络　　B. 3 次重发
C. 4 次握手　　D. 3 次握手

9.2.3　流量控制和拥塞控制

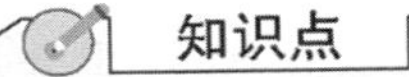

知识点

（1）流量控制：窗口、滑动窗口。
（2）拥塞控制：通知窗口、拥塞窗口。

（1）流量控制

互联网是采用 TCP 来进行流量控制的，它提供了一种可靠的传输服务。TCP 采用可变发送窗口（又称滑动窗口）的方式进行流量控制。TCP 在连接建立时，发送端和接收端各分配一块缓冲区用来存储接收的数据，并将缓冲区的尺寸发送给对方，而接收端发送的确认信息中，包含了自己剩余的缓冲区尺寸。这个剩余的缓冲区空间的数量称为窗口。发送窗口在建立连接时双方商定，但是在通信的过程中，接收端可根据自己的资源情况随时动态调整自己的接收窗口（可增大或减小），然后告诉发送端，使得发送端的发送窗口和自己的接收窗口一致。这种通过接收端控制发送端的方法，称为滑动窗口机制，在计算机网络通信中经常使用。在实际应用中，TCP 报文段首部的窗口字段写入的数值就是当前设定的接收窗口的大小。例如，如图 9-7 所示，假设发送端要发送的数据为 8 个报文段，每个报文段的长度为 100 个字节，而此时接收端许诺的窗口大小为 400 个字节。从图中可以看到已经有两个报文段正确发送并被接收，在这种情况下，发送端可以连续发送 4 个报文段而不必等待接收端的确认，上图中发送端已经发送了两个等待确认的报文段，另外还可以再发送两个报文段，当发送端收到接收端发来的确认后，可以将滑动窗口向前移动。

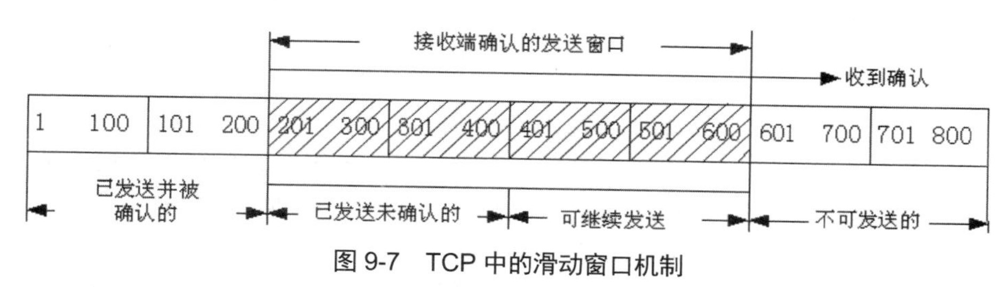

图 9-7 TCP 中的滑动窗口机制

（2）拥塞控制

实际上，实现流量控制不仅能够保证接收端来得及接收，还有控制网络拥塞的作用。比如，接收端正处于较空闲的状态，而整个网络的负载却很多，这时如果发送端仍然按照接收端的要求发送数据就会加重网络负荷，由此会引起报文段的时延增大，使得主机不能及时收到确认，因而会重发更多的报文段，更加剧了网络的阻塞，形成恶性循环。为了避免发生这种情况，主机应该及时调整发送速率。

发送端主机在发送数据时，既要考虑接收端的接收能力，也要考虑网络目前的使用情况，也就是说，发送端确定发送窗口大小时应该考虑以下几点。

1）通知窗口：是接收端根据自己的接收能力而确定的接收窗口的大小，然后接收端将这个窗口的值放在 TCP 报文段首部的窗口字段，通知发送端现在接收端的接收能力，也就是说，通知窗口是来自接收端的流量控制。

2）拥塞窗口：是发送端根据目前网络的使用情况而得出的窗口值，也就是来自发送端的流量控制。

具体的发送窗口是选取通知窗口和拥塞窗口两值当中最小的一个最为适宜，即：

发送窗口 = Min（通知窗口，拥塞窗口）

当网络中未发生拥塞情况时，通知窗口和拥塞窗口是相等的。在发生拥塞时为了更好地进行拥塞控制，Internet 标准推荐使用慢启动、加速递减和拥塞避免 3 种技术。

课堂同步

单选题：当使用 TCP 进行数据传输时，如果接收端通知了一个 800 字节的窗口值，那么发送端可以发送（　　）的报文段。

A. 长度为 2000 字节　　B.长度为 1500 字节

C. 长度为 1000 字节　　D.长度为 500 字节

9.3 用户数据报协议

学习任务

（1）了解 UDP 协议的特点。

（2）理解 UDP 数据报格式。

9.3.1 UDP 概述

知识点

UDP 及其特点。

UDP 是一种无连接的传输层协议，提供面向事务的简单不可靠的数据传送服务。UDP 采用“尽最大努力”的交付方式传输数据报，不保证数据报的完整性和正确性。

由于 UDP 缺乏可靠性，所以尽量避免使用 UDP，而使用可靠的 TCP 协议。可是在一次性传输数据量较小的网络应用中（如 SNMP、DNS 等），UDP 发挥了重要的作用，减少了额外开销。虽然 UDP 只能提供不可靠的服务，但 UDP 在以下方面有其特殊的优点。

（1）UDP 是无连接的，即发送数据之前不需要建立连接，应用进程可以直接发送数据报，减少了开销和发送数据之前的时延。

（2）UDP 使用“尽最大努力”交付服务，既不保证可靠交付，也不使用流量控制和拥塞控制，因此主机不需要维持具有许多参数的、复杂的连接状态表。

（3）UDP 没有拥塞控制，网络出现的拥塞不会使源主机的发送速率降低。这对某些实时应用是很重要的，很多的实时应用（如 IP 电话、实时视频会议等）要求源主机以恒定的速率发送数据，并且允许在网络发生拥塞时丢失一些数据，但却不允许数据有太大的时延。UDP 正好可以满足这一要求。

（4）UDP 是面向报文的。这就是说，UDP 对应用程序交下来的报文不再将其划分为若干个报文段来发送。应用程序交给 UDP 一个报文，UDP 就发送这个报文。因此，应用程序必须选择合适大小的报文。

（5）用户数据报只有 8 个字节的首部开销，比 TCP 的 20 个字节的首部要短很多。

（6）UDP 支持一对一、一对多和多对多的交互通信。

课堂同步

单选题：如果用户应用程序使用了 UDP 协议进行数据传输，（　　）应承担可靠性方面的工作。

A. 数据链路层　B. 网络层　C. 传输层　D. 应用层

9.3.2 UDP 数据报格式

知识点

（1）UDP 数据报格式：源端口、目的端口、长度、校验和。
（2）伪首部。

UDP 是面向无连接的，它的格式与 TCP 报文段的格式相比少了很多字段，也简单了很多，这也是它传输数据时效率高的主要原因之一。UDP 只在 IP 数据报的基础上增加了很少的功能，UDP 数据报包含首部和数据两个部分。UDP 首部只有 8 个字节，共 4 个字段，UDP 首部各字段如图 9-8 所示。

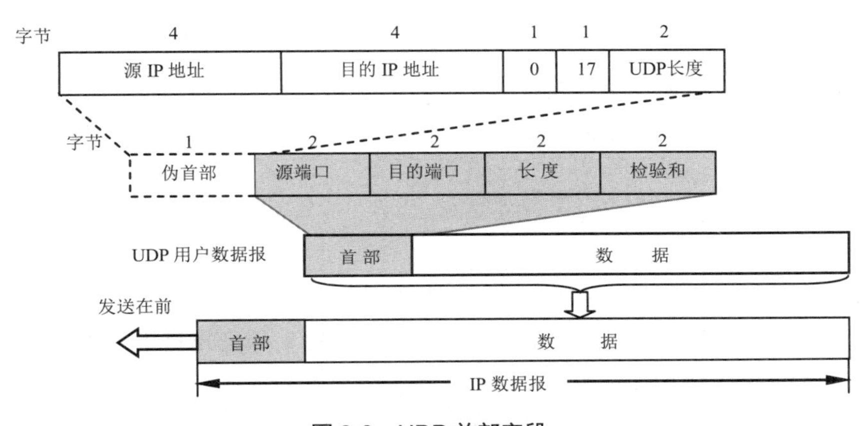

图 9-8 UDP 首部字段

各字段的具体含义如下：

① 源端口：占 16 位，表示发送端端口号。

② 目的端口：占 16 位，表示接收端端口号。

③ 长度：占 16 位，表示包括 UDP 首部在内的数据报的总长度。

④ 检验和：检验和占 16 位，防止 UDP 数据报在传输过程中出错。UDP 的检验和是把首部和数据两个部分一起检验。检验和的计算方法和 TCP 数据报中检验和的计算方法是一样的，计算之前需要在整个报文段的前面添加一个伪首部，如图 9-8 所示。这种简单的差错校验方法和检错能力并不强，但是它简单，处理速度较快。

UDP 与 TCP 比较如表 9-2 所示。

表 9-2 UDP 与 TCP

UDP	TCP
连接的协议，提供无连接服务	面向连接的协议，提供面向连接服务
传送的数据单元是 UDP 报文或用户数据报	其传送的数据单元是 TCP 报文段
支持单播、多播、广播	支持点对点单播，不支持多播或广播
不提供可靠交付	提供可靠服务
简单。适用于很多应用，如多媒体应用等	复杂。用于大多数应用，如万维网、电子邮件、文件传送等

课堂同步

单选题：下列关于 TCP 和 UDP 协议的描述中，正确的是（　　）。

A. TCP 是端到端的协议，UDP 是点到点的协议

B. UDP 是端到端的协议，TCP 是点到点的协议

C. TCP 和 UDP 都是端到端的协议

D. TCP 和 UDP 都是点到点的协议

9.4 工程实例——Netstat 应用

学习任务

（1）掌握 Netstat 的命令格式及操作。

（2）掌握分析和排除一般网络故障的基本技能。

技能点

Netstat 的命令及分析操作。

如果计算机接收到的数据包有时候会导致出错或故障，不必感到奇怪，TCP/IP 可以容许这些类型的错误，并能够自动重发数据报。但如果频繁出错，或者出错迅速增加，那么可以使用 Netstat 查一查为什么会出现这些情况了。

Netstat 是一个监控 TCP/IP 网络的非常有用的工具，是在内核中访问网络连接状态及其相关信息的程序，它能提供 TCP 连接、TCP 和 UDP 监听、进程内存管理状况的相关报告，用于显示与 IP、TCP、UDP 和 ICMP 协议相关的统计数据，一般用于检验本机各端口的网络连接情况。

Windows 7 操作系统中，在命令行提示符窗口中输入“netstat /?”命令，可以查看 netstat 命令格式及含义，如图 9-9 所示。

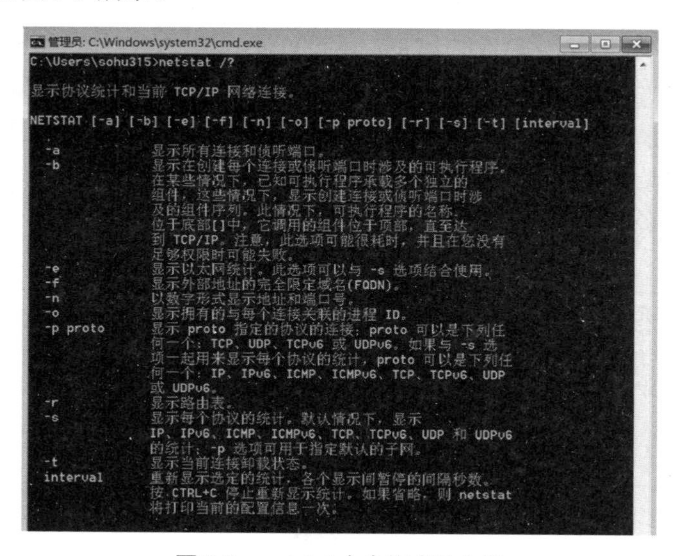

图 9-9　netstat 命令格式及含义

查看本机端口的使用情况，在命令行提示符下输入“netstat -a”，输出结果如图 9-10 所示，表示本机打开浏览器时，使用动态分配的端口访问网络资源情况。

```
管理员: C:\Windows\system32\cmd.exe
C:\Users\sohu315>netstat -a

活动连接

  协议  本地地址              外部地址                 状态
  TCP    0.0.0.0:80            www:0                    LISTENING
  TCP    0.0.0.0:135           www:0                    LISTENING
  TCP    0.0.0.0:445           www:0                    LISTENING
  TCP    192.168.3.3:49318     36.110.235.39:http       ESTABLISHED
  TCP    192.168.3.3:49786     1.192.195.117:http       ESTABLISHED
  TCP    192.168.3.3:50753     210.31.208.11:https      ESTABLISHED
  TCP    192.168.3.3:50793     210.31.208.11:https      ESTABLISHED
  TCP    192.168.3.3:50795     210.31.208.11:https      ESTABLISHED
  TCP    192.168.3.3:50797     210.31.208.11:https      ESTABLISHED
  TCP    192.168.3.3:50838     111.206.57.236:http      ESTABLISHED
  TCP    192.168.3.3:50873     bogon:http               CLOSE_WAIT
  TCP    192.168.3.3:50889     100:8080                 ESTABLISHED
  TCP    192.168.3.3:51060     hn:http                  ESTABLISHED
  TCP    192.168.3.3:51236     47.99.35.136:http        CLOSE_WAIT
  TCP    192.168.3.3:51245     121.22.248.195:https     CLOSE_WAIT
  TCP    192.168.3.3:51246     121.22.248.195:https     CLOSE_WAIT
```

图 9-10　使用动态分配的端口访问网络资源情况

其中，LISTEN 表示在监听状态中；ESTABLISHED 表示连接建立，正在通信；TIME_WAIT 表示等待足够的时间以确保远程 TCP 接收到连接中断请求的确认；CLOSED 表示没有任何连接状态；CLOSE_WAIT 表示等待从本地用户发来的连接中断请求。

对其中一行解释如下：

```
TCP    192.168.3.3:49786     1.192.195.117:http     ESTABLISHED
```

协议是 TCP，本地 IP 地址为 192.168.3.3，端口号为 49786，1.92.195.117 指的是远程访问的主机 IP 地址，使用的是 HTTP 协议，即 80 端口，建立 TCP 连接。图 9-10 说明了浏览器使用了 49318、49786、50753 等多个动态分配的端口与远端服务器的 HTTP（80）或 HTTPS（443）进行通信。

如果检测到一些敏感的端口，就可以进行黑客攻击了。

“netstat –e”显示关于以太网的统计数据，包括传送的数据报的总字节数、错误数、丢弃数、单播数据包和非单播数据包的数量。这些统计数据既有发送的，也有接收的，用来统计一些基本的网络流量，如图 9-11 所示。

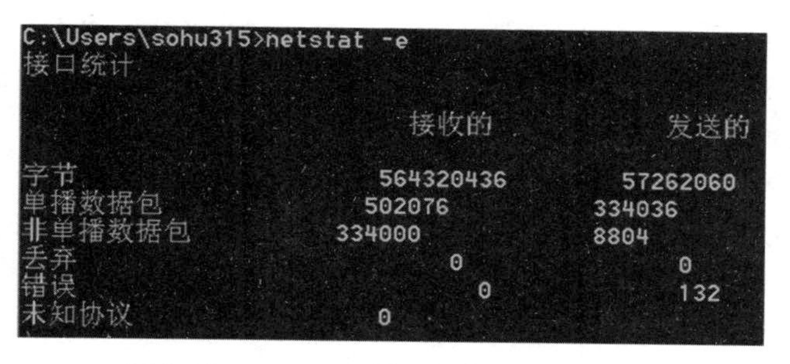

图 9-11　netstat -e 显示以太网的统计数据

若接收的错误和发送的错误接近 0 或全为 0，则表示网络的接口无问题。但当这两个字段有较多出错数据包时就可以认为是高出错率了。高的发送错误表示本地网络饱和或在主机与网络之间有不良的物理连接，高的接收错误表示整体网络饱和、本地主机过载或物理连接有问题，可以用 ping 命令统计误码率，进一步确定故障的程度。netstat -e 和 ping 结合使用可解决大部分网络故障。

提 示

目前，还有一些端口扫描工具，可以友好地进行图形界面扫描并查看端口信息，如 ScanPort、SSS 端口扫描、Superscan、Sniffer 和 Wireshark 等。请读者下载工具软件进行抓包体验和分析。

实践练习

请应用 netstat 命令，分析和查看 TCP 连接和端口使用情况。

思考与练习

一、选择题

1. UDP 是（　　）。

A. User Delivery Protocol　　B. User Datagram Procedure

C. User Datagram Protocol　　D. Unreliable Datagram Protocol

2. TCP 连接建立采用（　　）次握手。

A. 3　　B. 4　　C. 5　　D. 6

3. 下列关于 TCP 协议描述中，错误的是（　　）。

A. 是面向连接、可靠的协议

B. 提供有序可靠全双工虚电路传输服务

C. 它采用认证、重传机制等方式确保数据的可靠传输，为应用程序提供完整的传输层服务

D. 是传输层唯一的协议，适合少量数据信息的传输

4. 下列关于 UDP 协议描述中，不正确的是（　　）。

A. 是面向无连接协议　　B. 适合少量或对传输要求不高的数据信息传输

C. 开销小，延时也小　　D. UDP 保证数据有序地传输

5. 在 TCP/IP 协议中，IP 负责（　　）的通信，TCP 则负责（　　）的通信。

A. 主机到主机　　B. 进程到进程　　C. 网络到网络　　D. 用户到用户

6. 下列关于 TCP/IP 协议的描述中，错误的是（　　）。

A. IP 提供尽力而为的服务　　B. TCP 提供面向连接的传输协议

C. TCP/IP 可用于多种操作系统中　　D. TCP 是不可靠的传输协议

7. 下列关于 TCP 和 UDP 协议的描述中，错误的是（　　）。

A. UDP 比 TCP 开销小　　B. TCP 采用滑动窗口机制进行流量控制

C. UDP 没有流量控制　　D. UDP 对数据报不进行校验

8. 在 TCP 连接建立过程中，TCP 报文段中的 SYN=1 且 ACK=1 时，表示这是（　　）。

A. 连接请求　　B. 连接释放请求　　C. 拒绝连接请求　　D. 确认连接请求

二、填空题

1. 传输层协议包括（　　）和（　　）。

2. HTTP 协议的端口号是（　　　），远程登录协议 Telnet 的端口号是（　　）。
3. TCP 的连接管理分为（　　　　）、数据传输和（　　　）3 个阶段。

三、简答题

1. 传输层的主要功能是什么？
2. 什么是端口？
3. 画图说明 TCP 连接管理。
4. 简述 TCP 和 UDP 的区别。

单元 10 Internet 应用

导　学

通过前面的学习，我们已经可以成功地将组建的局域网接入 Internet。Internet 的资源丰富，可以浏览网页、收发邮件、购物、聊天、搜集资料等。在享受互联网带来的乐趣的同时，提出一个问题：这么多的 Internet 服务是如何实现的？想自己动手配置这样的服务，制作自己的网站。本单元让我们一起动手配置 Internet 的基本网络服务。

学习目标

【知识目标】

◇ 掌握常见的 Internet 服务。

◇ 掌握 DNS 的基本知识和应用。

◇ 掌握 WWW 的基础知识。

◇ 理解 FTP 服务的工作原理。

◇ 理解 DHCP 服务的工作原理。

◇ 理解电子邮件系统的组成。

【技能目标】

◇ 具备熟练使用应用层的各种服务的能力。

◇ 具备配置和使用 DNS 服务的能力。

◇ 具备配置和使用 WWW 服务的能力。

◇ 具备配置和使用 FTP 服务的能力。

◇ 具备配置和使用 DHCP 服务的能力。

◇ 具备分析和排除简单网络故障的能力。

10.1　应用层概述

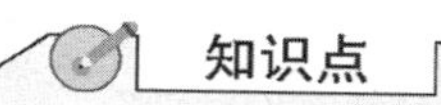

知识点

（1）掌握 Internet 的基本概念及功能。
（2）熟悉应用层协议。
（3）理解网络应用服务模型。

10.1.1　应用层的功能和协议

知识点

（1）应用层的概念及功能。
（2）应用层协议。

应用层是 OSI 模型的最高层，是用户应用程序与网络的接口。应用进程通过应用层协议为用户提供最终服务。一般情况下，只要和用户相关的应用程序基本都属于应用层的范畴。应用层协议规定应用进程在通信时所遵循的标准和规定。在 OSI 模型与 TCP/IP 模型中，应用层的相关软件实现了上层应用与底层数据的对接。

每个应用层协议都是为了解决某一类应用问题，而问题的解决又往往是通过位于不同主机中的多个应用进程之间的通信和协同工作来完成的。应用层的具体内容就是规定应用进程在通信时所遵循的协议。应用层协议及服务多种多样，日常生活中常见协议与服务，如表 10-1 所示。

表 10-1　应用层常见服务

网络应用	应用层协议	端口号	传输层协议
域名转换	DNS	53	通常为 UDP
简单文件传输	TFTP	69	UDP
IP 地址分配	DHCP	67 和 68	UDP
万维网	HTTP	80	TCP
文件传输	FTP	20 和 21	TCP
远程登录	Telnet	23	TCP
电子邮件	SMTP	25	TCP
IP 电话	专用协议	—	通常为 UDP
流式多媒体通信	专用协议	—	UDP 或 TCP

注意：应用层协议与网络应用并不是同一个概念，应用层协议只是网络应用的一部分。

课堂同步

请简单谈谈你对表 10-1 中的网络应用的认识。

10.1.2 网络应用服务模型

知识点

（1）C/S 模型。
（2）B/S 模型。
（3）对等模型。

网络应用服务模型分为客户端/服务器（Client/Server，C/S）模型、浏览器/服务器（Browser/Server，B/S）模型和对等（Peer-to-Peer）模型 3 种。

（1）C/S 模型

在应用层协议工作时一般使用 C/S 模型，即客户端/服务器模型。这种模型描述了两个进程间的服务与被服务关系。在两个进程进行通信时，请求服务方称为客户端，而提供服务方称为服务器。客户端与服务器进程都位于应用层。客户端首先发送请求信息给服务器，服务器通过发送数据信息响应客户端。除了数据传输外，在客户端和服务器之间还需控制信息来控制整个过程。比如，在浏览网页时，当用鼠标点击某网站的超级链接时，所用的浏览器软件称为客户端软件，由它向远端主机发送浏览网站的请求，在远端主机运行的服务器软件，接收到客户端的请求后，将请求结果即网页传送到客户端，再由客户端软件显示给用户。

服务器通常是指为多个客户端系统提供信息共享的计算机。服务器可以存储文档、数据库、图片、网页信息、音频、视频等数据，并将它们发送给请求数据的客户端。在客户端与服务器的数据交互中，由客户端发送数据给服务器的过程称为“上传”，由服务器传输数据给客户端的过程称为“下载”。

注意：基于 C/S 网络与 C/S 模型之间关系相近但并不完全相同，要注意区分。C/S 模型一般是指网络应用程序体系结构。基于 C/S 网络主要是指客户端与服务器的网络通信模式。

（2）B/S 模型

B/S 架构采取浏览器请求，服务器响应的工作模式。B/S 模型是 Web 广泛应用的一种网络结构模式，浏览器是客户端最主要的应用软件，这一模式统一了客户端，将系统功能实现的核心部分集中到了服务器上，简化了系统的开发、维护和使用。用户可以通过浏览器去访问 Internet 上由 Web 服务器产生的文本、数据、图片、动画、视频和声音等信息，每个 Web 服务器又可以通过多种方式与数据库服务器连接，大量的数据实际存放在数据库服务器中；当用户发送请求时浏览器将请求提交给服务器，服务器对请求处理后生成 HTML 页面返回给浏览器，最后浏览器再将页面显示给用户。客户端上只需要安装一个浏览器，如 Internet Explorer、Firefox、Google Chrome 等。服务器上安装数据库软件，如 SQL Server、MySQL、DB2 等。浏览器通过 Web Server 同数据库进行交互。

（3）对等模型

对等模型又称点对点模型，简单来讲，P2P 就是数据不再通过服务器传输，而是网络用户之间直接传输数据。两台计算机直接通过网络互联，它们共享资源，可以不借用服务器，每台接入的设备既可以作为服务器，也可以作为客户端。目前，这种模型应用得相当广泛，常见的应用有 Bitcomet、eMule（电驴）、迅雷、PPLive、PPStream 等。

课堂同步

请结合实例对比分析 3 种网络应用服务模型。

10.2 域名系统

学习任务

（1）掌握 DNS 基本知识和应用。
（2）理解域名解析的过程。
（3）具备配置和使用 DNS 服务的能力。

Internet 是一个覆盖全球的巨型网络，连接了无数的网络和计算机，为了有效地标识不同的网络和主机，Internet 使用统一命名规范来进行标识，这种机制就是 Internet 域名机制。

域名系统（Domain Name System，DNS）是指将域名和 IP 地址相互映射的一个分布式数据库系统，使用户能方便地访问互联网。在 Internet 上域名与 IP 地址一一对应，域名虽然便于人们记忆，但网络中的主机之间只能识别 IP 地址。这就需要将域名转换为 IP 地址，这个转换的过程称为域名解析。域名解析是由域名服务器系统来完成的。域名服务器是指保存网络中所有主机的域名及其对应 IP 地址，并具有将域名转换为 IP 地址功能的服务器。

10.2.1 Internet 域名结构

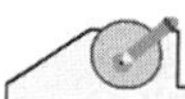

知识点

（1）域名。
（2）域名结构。

Internet 是由很多网络组成的，可以把这些网络按照一定的逻辑划分成很多的域，大的域里包含小的域，一直细分到某台具体的主机。Internet 采用树状层次结构的命名方法，任何一个连接在 Internet 上的主机或路由器，都有一个唯一的层次结构的名字，即域名。Internet 采用层次结构的命名树来管理域名，其结构见图 10-1 所示。

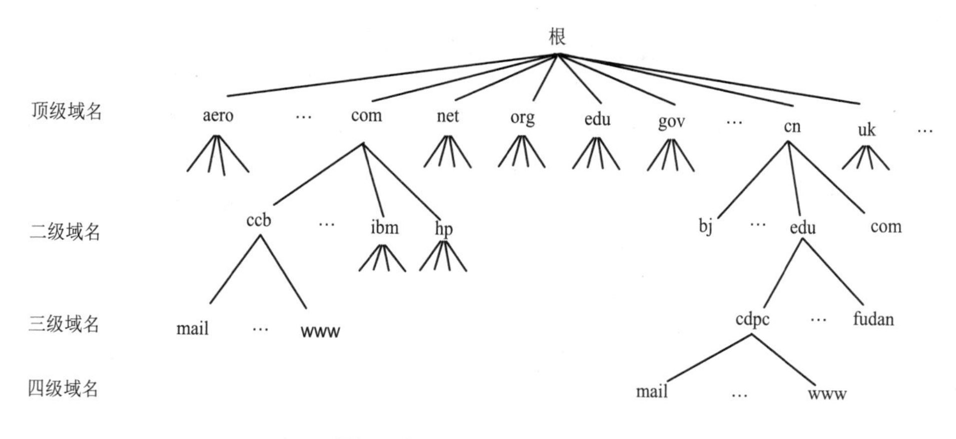

图 10-1 域名树状层次结构

域名系统将整个 Internet 划分为多个顶级域，并为每个顶级域规定了通用的顶级域名（树根下层最高一级的域）。目前，顶级域名分为以下 3 大类。

（1）国家和地区顶级域名（country code Top-Level Domains，ccTLDs）。目前，200 多个国家都按照 ISO 3166 国家代码分配了顶级域名。例如，cn 代表中国，us 代表美国，fr 代表法国，uk 代表英国等。

（2）国际顶级域名（generic Top-Level Domains，gTLDs）。例如，edu 代表教育，net 代表网络提供商，org 代表非营利性组织等。

（3）新顶级域名（News gTLD）。例如，表示“高端”的 top，表示“红色”的 red 等。

常见的国际通用顶级域名如表 10-2 所示。

表 10-2　常见的国际通用顶级域名

域　名	组织类型	域　名	组织类型
com	商业组织（公司企业）	aero	用于航空运输企业
edu	教育机构	biz	用于公司或企业
gov	政府部门	coop	用于合作团体
org	非营利性组织	info	适用于各种情况
net	网络服务机构	museum	用于博物馆
mil	军事部门	pro	用于个人
int	国际组织	name	用于会计、律师和医师等自由职业者

Internet 名字空间结构排列原则是低层子域在前面，属于它们的高层域名在后面，各级域名之间用点隔开，实际上就是一个倒过来的树（树根在最后没有名字）。Internet 主机域名的一般格式如下：

主机名.….四级域名.三级域名.二级域名.顶级域名

例如，中国建设银行的域名是 www.ccb.com，其各级组成如图 10-1 和图 10-2 所示。

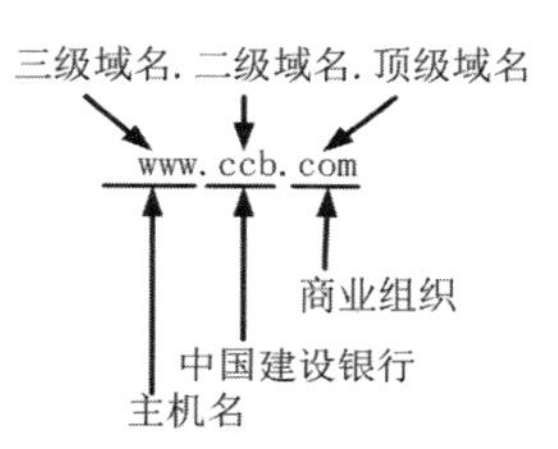

图 10-2　中国建设银行域名结构分析

提 示

互联网名称与数字地址分配机构 ICANN 负责在全球范围内对互联网唯一标识符系统及其安全稳定的运营进行协调，包括 IP 地址的空间分配、协议标识符的指派、通用顶级域名（gTLDs），国家和地区顶级域名（ccTLDs）系统的管理及根服务器系统的管理。中国互联网信息中心（CNNIC）负责管理我国的顶级域。它将 cn 域划分为多个二级域：一是按照组织模式划分的二级域名，如 ac 代表科研机构，com 代表商业组织等；二是按照地理模式划分的二级域名，如 bj 代表北京，he 代表河北，sh 代表上海等。

注意：域名只是个逻辑概念，并不代表计算机所在的物理地点。互联网的名字空间是按照机构的组织来划分的，与物理的网络无关，与 IP 地址中的“子网”也没关系。

课堂同步

请分析你所在学校或地方政府的域名结构。

10.2.2 域名解析系统

知识点

（1）域名服务器：本地域名服务器、权限域名服务器、顶级域名服务器、根域名服务器。

（2）域名解析：递归查询、迭代查询。

（1）域名服务器

互联网中有很多域名服务器，域名服务器负责把域名转换为主机的 IP 地址，没有域名服务器就无法完成域名解析，人们也无法通过域名访问网站。整个域名解析过程需要一组独立又彼此协作的域名服务器来按客户端/服务器模式完成域名解析。域名服务器主要分为根域名服务器、顶级域名服务器、权限域名服务器、本地域名服务器 4 类。

1）根域名服务器。根域名服务器最重要，处于最顶层，存储着所有顶级域名服务器的域名和 IP 地址。根域名服务器通常并不直接对域名进行解析，而是返回该域名所属的顶级域名服务器的 IP 地址。不管是哪一个本地域名服务器，若要对互联网上任何一个域名进行解析，只要自己无法解析，就首先求助于根域名服务器。

2）顶级域名服务器。顶级域名服务器负责管理自己和所有的二级域名。当收到 DNS 查询请求时，就给出相应的回答（可能是最后的结果，也可能是下一步应当找的域名服务器的 IP 地址）。

3）权限域名服务器。权限域名服务器是负责某一个区的域名的服务器，用来保存该区中所有主机的域名到 IP 地址的映射。当一个权限域名服务器还不能给出最后的查询答案时，就会告诉发出查询请求的 DNS 客户端，下一步应当找哪一个权限域名服务器。

4）本地域名服务器。本地域名服务器对域名系统非常重要。当一个主机发出 DNS 查询请求时，这个请求报文就发送给本地域名服务器，这种域名服务器也称为默认域名服务器。本地域名服务器的 IP 地址需要直接配置在需要域名解析的主机中。每一个互联网服务提供商 ISP，或一个大学，甚至一个大学里的系，都可以拥有一个本地域名服务器。

（2）域名解析

在域名系统中，通常使用递归查询和迭代查询。

DNS 可以进行域名到 IP 地址的解析，也可以将 IP 地址反向解析为域名。但通常主要是将域名解析为 IP 地址。域名系统中，通常使用递归查询和迭代查询两种方式。

1）递归查询

主机向本地域名服务器的查询一般都是采用递归查询。所谓的递归查询就是如果主机所询问的本地域名服务器不知道被查询域名的 IP 地址，那么本地域名服务器就以 DNS 客户端的身份，向其他根域名服务器继续发出查询请求报文，直到本地域名服务器从其他域名服务器得到正确的解析结果，然后，本地域名服务器向 DNS 客户端发送查询结果。如图 10-3 所示，主机 m.xyz.com 想知道域名为 www.y.abc.com 的主机 IP 地址。主机 m.xyz.com 首先向本地域名服务器 dns.xyz.com 进行递归查询。整个查询过程按照①→②→③→④→⑤→⑥的顺序。

2）迭代查询

本地域名服务器向根域名服务器的查询通常是采用迭代查询。所谓的迭代查询就是由本地域名服务器循环向根域名服务器循环查询。当根域名服务器收到本地域名服务器的迭代查询请求报文时，要么给出所要查询的 IP 地址，要么告诉本地域名服务器：“你下一步应当向哪一个域名服务器进行查询”。然后让本地域名服务器进行后续的查询。在实际使用中，可采用递归与迭代相结合的查询方式，如图 10-4 所示，主机一般向本地域名服务器查询都是采用递归查询，本地域名服务器再采用迭代查询的过程。具体过程是主机所查询的本地域名服务器不知道被查询域名的 IP 地址时，本地域名服务器就向根域名服务器发送查询请求报文，当根域名服务器收到本地域名服务器查询请求报文时，如果有记录，则返回所要查询的 IP 地址。如果没有记录，就告诉本地域名服务器，下一步应向哪个域名服务器进行查询，然后让本地域名服务器根据根域名服务器返回的信息继续查询，直到查询到结果。本地域名服务器把查询的结果保存到服务的高速缓存，以备下次使用，同时将结果返回给客户端。在域名服务器与主机中可以使用高速缓存以减小域名解析的开销。

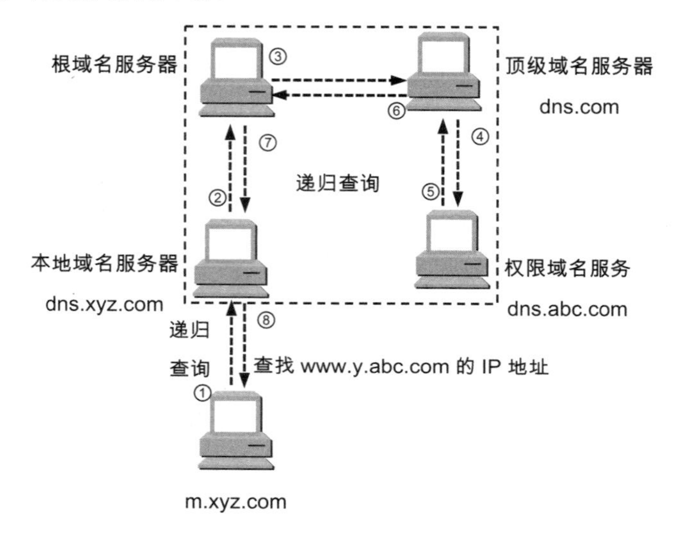

图 10-3 递归查询过程

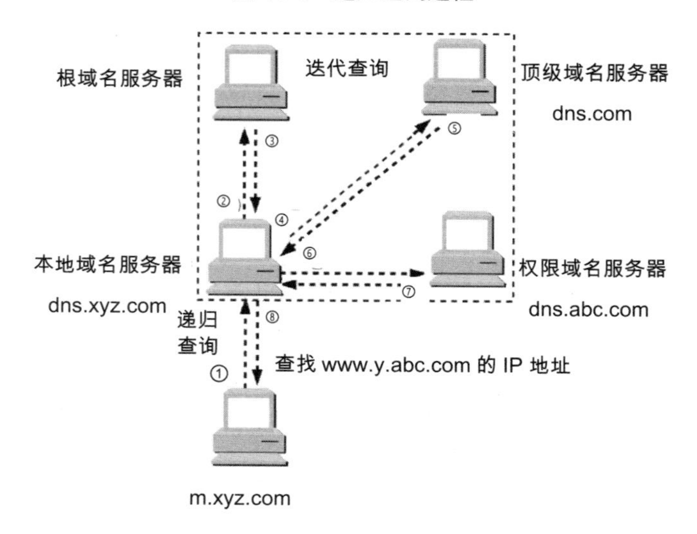

图 10-4 本地域名服务器采用迭代查询

课堂同步

简述当你输入域名浏览网页时 DNS 域名解析系统的工作过程。

10.2.3　nslookup 命令

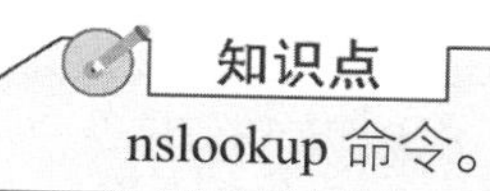

知识点

nslookup 命令。

nslookup 是查询 Internet 网络域名信息的命令。nslookup 发送域名查询包给指定的 DNS 服务器或默认的 DNS 服务器。根据使用系统的不同，Windows 系统和 Liunx 系统返回的值可能有所不同。默认值可能使用的是 ISP 互联网服务提供商的本地 DNS 域名服务器、一些中间域名服务，或者整个域名系统层次的根服务器系统。

在 Windows 7 操作系统中，在命令行提示符窗口中输入“nslookup /？”命令，可查看其命令格式，如图 10-5 所示。

例如，输入“nslookup www.baidu.com”，查询百度域名信息，如图 10-6 所示，显示结果是 DNS 服务器 www.a.shifen.com，IP 地址 220.181.38.149 和 220.181.38.150，百度搜索引擎数据量非常大，因此通常会做很多台负载均衡，最后一行是域名的别名。

图 10-5　查看 nslookup 命令的格式

图 10-6　查询百度域名信息示例

课堂同步

请练习 nslookup 命令，并简单分析其操作结果。

10.3　WWW 服务

学习任务

（1）掌握万维网的概念。

（2）理解 HTTP、HTML 和 URL 的概念。

（3）具备配置和使用 Web 服务器的能力。

万维网（World Wide Web，WWW）是一个大规模的、联机式的信息储存所，并非某种特殊的网络，其目的是访问遍布在互联网上数以千计的机器上的链接文件。WWW 的出现是 Internet 发展中的一个里程碑。WWW 服务是 Internet 上最方便且最受欢迎的信息服务类型，它的影响远远超出了专业技术的范畴，并已经应用于电子商务、远程医疗、信息服务等众多领域。

10.3.1 万维网

知识点

（1）超文本和超媒体。

（2）万维网的工作模式。

（1）超文本和超媒体

超文本（Hypertext）和超媒体（Hypermedia）是万维网的信息组织形式，也是实现网络普及的关键技术。超文本是万维网的基础。万维网是分布式超媒体系统，它是超文本系统的扩充。一个超文本由多个信息链接而成，利用一个链接可以帮助用户找到其他更多的文档，这些文档可以位于世界上任何一个接在互联网上的超文本系统中。

超文本与超媒体的区别是文档内容不同。超文本文档仅包含文本信息，而超媒体文档还包括图像、声音、动画、视频等信息。

万维网是以超文本标记语言（Hypertext Markup Language，HTML）与超文本传输协议（Hypertext Transfer Protocol，HTTP）为基础的能够提供面向 Internet 服务的一致的用户界面的信息浏览系统。

（2）万维网工作模式

万维网采用客户端/服务器模式工作。浏览器就是在用户计算机上的万维网客户端程序（也称客户程序）。万维网文档所驻留的计算机则称为服务器，因此这个计算机也称为万维网服务器。客户程序向服务器程序发出请求，服务器程序向客户程序送回所要的文档。在一个客户程序主窗口上显示的万维网文档称为页面（page）。万维网工作时需要解决以下 4 个问题。

1）用何种协议实现万维网上各种文档的链接？

在万维网客户程序与服务器程序之间进行交互所使用的是超文本传输协议 HTTP。HTTP 是一个应用层协议，它使用 TCP 连接进行可靠性传送。

2）怎样标识分布在整个互联网上的万维网文档？

使用统一资源定位符（Uniform Resource Locator，URL）来标识万维网上的各种文档。使每一个文档在整个互联网的范围内具有唯一的标识符 URL。

3）怎样使各种万维网文档都能在互联网上的各种计算机上显示出来，同时使用户清楚地知道在什么地方存在着超链接？

超文本标记语言（HTML）使万维网页面的设计者可以很方便地用一个超级链接从本页面的某处链接到互联网上的任何一个万维网页面，并且能够在自己的计算机屏幕上将这些页面显示出来。

4）怎样使用户能够很方便地找到所需的信息？

为了在万维网上方便地查找信息，用户可以使用各种搜索工具（搜索引擎），如谷歌、百度等。

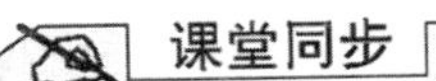

有人说万维网就是 Internet，你认同吗？

10.3.2 超文本传输协议

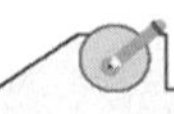

知识点

（1）HTTP。
（2）HTTPS。

（1）超文本传输协议

超文本传输协议（HTTP）于 1990 年被提出，是万维网客户端与服务器交互的协议，也是万维网能正常运行的基础保障。HTTP 是一个属于应用层的、面向对象的协议，使用 TCP 连接，是万维网能够可靠地交换文件的重要基础。HTTP 的主要特点概括如下。

1）支持客户端/服务器模式，支持安全认证。

2）简单快速。客户端向服务器请求服务时，需要传输请求方法和路径，通信速度很快。请求方法主要有 GET、HEAD 和 POST 3 种。每种方法规定的客户端与服务器连接的类型不同。

3）灵活。HTTP 允许传输任意类型的数据对象。正在传输的类型由 Content-Type 加以标记。

4）无状态。HTTP1.0 协议是无状态协议，是指协议对于事务处理没有记忆能力。缺少状态意味着后续处理需要前面的信息，必须重传，这样就导致了每次连接传送的数据量增大。HTTP 1.1 协议使用持续连接，即万维网服务器在发送响应后仍然在一段时间内保持这条连接，使同一个客户端（浏览器）和该服务器可以继续在这条连接上传送后续的 HTTP 请求报文和响应报文。这并不局限于传送同一个页面上链接的文档，而是只要这些文档都在同一个服务器上就行。目前一些流行的浏览器（如 IE 6.0）的默认设置就是使用 HTTP 2.0。

5）无连接。HTTP 协议本身也是无连接的，虽然它使用了面向连接的 TCP 向上提供的服务。无连接的含义是，限制每次连接只处理一个请求。服务器处理完客户的请求，并收到客户端的应答后断开连接。

万维网的每个站点都有一个服务进程，它不断监听 TCP 的 80 端口，等待客户端的 TCP 连接请求。一旦监听到连接建立请求，并建立 TCP 连接之后，浏览器就向万维网服务器发出浏览某个页面的请求，服务器接着就返回所请求的页面作为响应。最后，TCP 连接被释放。

万维网客户端程序一般是浏览器软件。浏览器工作于客户端，是用户使用万维网的接口程序，是万维网的网页解释程序，也是用户访问远端服务器的代理程序。浏览器程序结构复杂，包含若干个协同工作的软件组件。可以使用浏览器收发邮件、浏览网页、阅读新闻、聊天和购物等。

（2）超文本传输安全协议

超文本传输安全协议（HyperText Transfer Protocol over Secure Socket Layer，HTTPS）是 HTTP 和 SSL/TLS（Secure Socket Layer，安全套接字层/Transport Layer Security，传输层安全协议）的组合，用于提供加密通信，以及对网络服务器身份的鉴定。

HTTPS 是一种通过计算机网络进行安全通信的传输协议，经由 HTTP 进行通信，利用 SSL/TLS 建立安全信道，加密数据包。使用的 HTTPS 主要目的是，提供对网站服务器的身份认证，同时保护交换数据的隐私与完整性。HTTPS 连接经常被用于 Web 上的交易支付和企业信息系统中的敏感信息传输。

（3）HTTPS 和 HTTP 的主要区别

HTTPS 和 HTTP 的主要区别有以下几点。

1）HTTPS 协议需要到 CA（安全认证中心）申请证书，一般免费证书较少，因而需要一定的费用。

2）HTTP 是明文传输；HTTPS 则是具有安全性的 SSL/TLS 加密传输协议。

3）HTTP 和 HTTPS 使用的是完全不同的连接方式，使用的端口也不一样，前者是 80，后者是 443。

4）HTTP 的连接很简单，是无状态的；HTTPS 协议是由 SSL/TLS+HTTP 协议构建的可进行加密传输、身份认证的网络协议，比 HTTP 协议更安全。

课堂同步

单选题：在 TCP/IP 网络中，WWW 服务器与浏览器之间的信息传递使用（　　）协议。

A. HTTP　　B. FTP　　C. TCP　　D. IP

10.3.3　统一资源定位符

知识点

URL。

统一资源定位符（URL）是对互联网上得到的资源的位置和访问方法的一种简洁的表示，是互联网上资源的地址。互联网上的每个文件都有一个唯一的 URL，所包含的信息指出了文件的位置及使用何种协议处理它。

URL 统一资源定位符的格式如下：

```
<协议>://<主机>[:<端口号>][/<路径>][/<文档>]
```

具体含义如下。

（1）协议：指的是访问时所使用的协议，如 HTTP、FTP、HTTPS。

（2）主机：用于存放资源的服务器或计算机。可以是主机域名，也可以是 IP 地址。服务器访问本地为 localhost。

（3）端口：是标识不同协议的不同端口，如采用默认的端口号，通常省略。例如，HTTP 默认的端口号是 80。

（4）路径：是文档在主机上的相对存储位置，由 0 个或多个“/”符号隔开的字符串，一般用来表示主机上的一个目录或文件地址。

（5）文档：是具体文档名称，如果是主机默认文档可以省略，否则需要具体指出。默认文档通常指的是主页（Home Page），如 index.html、default.htm。

实例

（1）http://www.cdpc.edu.cn。

（2）ftp://ftp.cdpc.edu.cn/a.txt。

在这两个实例中都省略了端口号，（1）中省略了端口 80；（2）中省略了端口 21 或 20；（1）中还省略了路径及文档，即访问默认文档（主页）。

注意：Windows 系统的“<协议>://<主机>”不区分 URL 大小写，但在 UNIX/Linux 系统中是区分大小写的。有的时候“http://”可以省略，“www”也可以省略。

在 Windows 系统中，协议和主机对大小写不敏感。例如，http://www.cctv.com 和 HTTP://WWW. CCTV.COM 相同。但是路径名和文件名对大小写敏感。例如，http://home.cdpc.edu.cn/ycjx/ kcml.html 和 http://home.cdpc.edu.cn/YCJX/KCML.HTML 不同。

课堂同步

请注意你平时输入的网址，结合 URL 进行简单的分析。

10.3.4 超文本标记语言

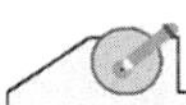

知识点

HTML。

在 WWW 环境中，信息是以网页形式来显示与链接的。网页由超文本标记语言（HTML）编写实现，并在网页之间建立超文本链接以方便用户浏览。

网页的本质就是超文本标记语言，通过结合使用其他的 Web 技术（如脚本语言、公共网关接口、组件等），可以创造出功能强大的网页。因而，超文本标记语言是万维网（Web）编程的基础，也就是说，万维网是建立在超文本基础之上的。超文本标记语言之所以称为超文本标记语言，是因为文本中包含了所谓“超级链接”点。

超文本标记语言是万维网上页面标准化的基础，是万维网页面制作的标准语言。HTML 定义了许多用于排版的命令（标签）。HTML 把各种标签嵌入万维网的页面中，这样就构成了所谓的 HTML 文档。HTML 文档是一种可以用任何文本编辑器创建的 ASCII 码文件。

实例

制作主题为“Welcome to HTML！”的第一个网页，并保存为 my.html。

```
<html>                                  <!--声明 HTML 文档开始-->
<head>                                  <!--标记页面首部开始-->
<title>我的第一个网页</title>            <!--定义页面标题为“我的第一个网页” -->
</head>                                 <!--标记页面首部结束-->
<body>                                  <!--标记页面主体开始-->
<H1> Welcome to HTML!</H1>              <!–一级标题-->
<P>这是欢迎的第一个段落。虽然短！</P>     <!–第一个段落-->
 <P>这是欢迎的第二个段落。</P>           <!–第二个段落-->
</body>                                 <!--标记页面主体结束-->
</html>                                 <!--HTML 文档结束-->
```

由上面的例子可以看出，HTML 语言就是靠一些特殊标记（“<”和“/>”）来控制页面的显示格式的。表 10-3 中列举了其他常用的 HTML 标记符。

表 10-3　常用的 HTML 语言标记符

标记符	意　义
<hn>…</hn>	标记一个 n 级标题
< !--…-->	注释信息，不在屏幕上显示
<IMG SRC="123.jpg">	插入一张文件名为“123.jpg”的图片
<MENU>…</MENU>	设置为菜单
<B>…</B>	设置字体加粗
<I>…</I>	设置字体为斜体
<A HREF="链接">L</A>	定义一个链接点为“链接”的超级链接
 	强行换行

实例

（1）插入图像。插入主机 www.abc.com/img 目录下的 abc.jpg 图片，宽为 64px，高为 64px，HTML 代码如下

```
<IMG SRC=“http://www.sohu.com/img/abc.jpg” width="64" height="64">
```

（2）插入超级链接。插入链接 http://www.cdpc.edu.cn，显示内容为“承德石油高等专科学校”，HTML 代码如下：

```
<a href="http://www.cdpc.edu.cn">承德石油高等专科学校</a>
```

提 示

有很多网页制作软件，如 Adobe Dreamweaver、Webstorm、HBuider 等，采用“所见即所得”的编辑方式，为用户编辑制作万维网网页提供了方便，使得设计制作网页变得轻松有趣。

课堂同步

请制作一个主题为“个人简介”的简单网页。

10.3.5　搜索引擎

知识点

搜索引擎。

用户如何在数百万个网站中快速、有效地查找自己所需的资源？这就需要借助于 Internet 中的搜索引擎。在万维网中用来进行搜索的程序叫作搜索引擎。搜索引擎的主要任务是在 Internet 中主动搜索其他 WWW 服务器中的信息并对其自动索引，将索引内容存储在可供查询的大型数据库中。用户就可以利用搜索引擎所提供的分类目录和查询功能查找所需的信息。

当用户将自己要查找信息的关键字告诉搜索引擎后，搜索引擎会返回给包含该关键字信息的 URL，并提供通向该站点的链接，用户通过这些链接便可以获取所需的信息。用户在查询时只要输入关键词时，从已经建立的索引数据库上进行查询，并不是实时地在互联网上检索到的信息。例如，百度（www.baidu.com）、谷歌（www.google.com），它们就是 Internet 上常用的搜索引擎。

课堂同步

请进一步实战，体验搜索引擎强大的功能。

10.4 文件传输协议

学习任务

（1）理解 FTP 的应用及特点。

（2）掌握 FTP 的工作原理。

（3）具备配置和使用 FTP 服务的能力。

文件传输协议（File Transfer Protocol，FTP）是 Internet 上使用最为广泛的文件传输协议。FTP 使用 C/S 模式，客户端用户可以通过网络连接到 FTP 服务器，根据用户自己的权限进行文件上传和文件下载等。

10.4.1 FTP 的工作原理

知识点

（1）FTP 的基本概念。

（2）FTP 的工作原理。

（1）FTP 的基本概念

FTP 就是专门用来传输文件的协议。将文件从一台计算机复制到另一台可能相距很远的计算机，乍看起来是一件很简单的事情，但是由于各个计算机厂商研制出来的文件系统多达数百种，且差别很大，所以传送文件这件事并不简单，主要问题有。

1）计算机存储数据的格式不同。

2）文件的目录结构和文件的命名方法不同。

3）对于相同的文件存取功能，操作系统使用的命令不同。

4）访问控制方法不同。

FTP 提供交互式的访问，允许客户端指明文件的类型与格式（如是否使用 ASCII 码），并允许文件具有存取权限。FTP 屏蔽了各计算机系统的细节，因而适合于在异构网络中的任意计算机之间传送文件。

（2）FTP 的工作原理

FTP 协议的任务是，从一台计算机将文件传送到另一台计算机，它与这两台计算机所处的位置、连接的方式，甚至是否使用相同的操作系统无关。FTP 只提供了文件传送的一些基本服务，它使用 TCP 可靠性传输服务，FTP 的主要功能是减少或消除在不同操作系统上处理文件的不兼容性。

FTP 采用 C/S 方式，一个 FTP 服务器进程可同时为多个客户端进程提供服务。其工作过程如图 10-7 所示，服务器端有两个从属进程分别是控制进程和数据传送进程。控制连接在整个会话期间一直保持打开，用于传送客户端发出的各种命令（如上传、下载、改变远程目录等），以及服务器的状态响应。控制连接不能用于传送文件，数据连接用于传输数据。一个 FTP 服务器进程可同时为多个客户端进程提供服务。服务器进程主要分为两大部分：一个主进程，负责接收新的客户端请求并启动相应的从属进程；若干从属进程，负责处理具体的客户请求。

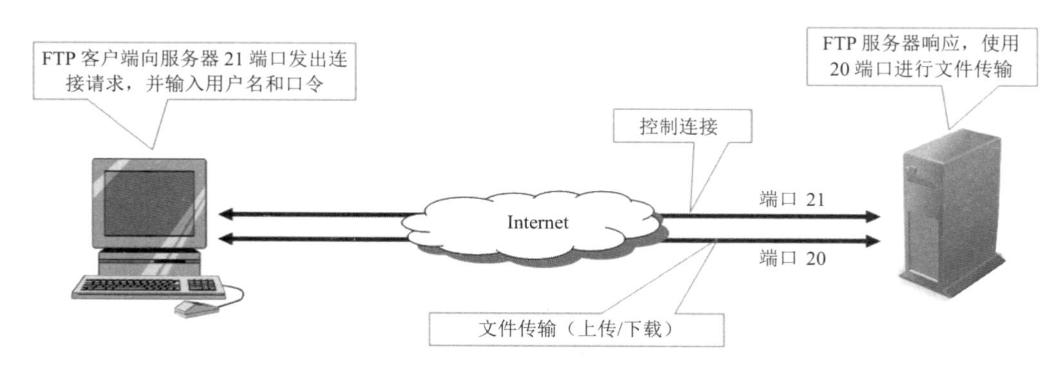

图 10-7　FTP 服务器与客户端

FTP 的工作过程如下：

1）在服务器首先启动 FTP 主进程。主进程打开熟知端口 21，为客户端连接做好准备，并等待客户端进程的连接请求。

2）请求传输数据时，客户端向服务器端口 21 发出请求连接报文，并告诉服务器自己的另一个端口号。

3）服务器主进程接收到客户端请求后，启动从属的“控制进程”与客户端建立“控制连接”，并将响应信息传送给客户端。

4）服务器主进程回到等待状态，继续准备接收其他客户端的请求。

5）客户端输入账号和密码后，通过“控制连接”传送到服务器的“控制进程”。

6）服务器“控制进程”创建“数据传送进程”，并通过端口 20 与客户端建立“数据传输连接”。

7）客户端通过建立的“控制连接”传送交互命令，通过“数据连接”传输文件。

8）文件传输结束，服务器释放“数据连接”，数据传输进程自动终止。

9）客户端输入退出命令，释放“控制连接”。

10）服务器“控制进程”自动终止。至此，整个 FTP 会话过程结束。

在 FTP 工作过程中，主进程主要负责打开端口 21，使客户端进程能够与服务器建立连接，等待客户端进程发出连接请求。当客户端进程向服务器进程发出连接请求时，就需要找到端口 21，同时要告诉服务器进程自己的另一个端口号，用于建立数据连接，然后服务器进程利用端口号 20 与客户端进程所提供的端口号建立数据连接，并开始数据通信。

提 示

（1）从 FTP 工作过程可以看出，FTP 使用两条 TCP 连接，一个是由客户端发起“控制连接”，端口号是 21，用来传输 FTP 控制命令；一个是由服务器发起“数据连接”，端口号是 20，用来传输数据。这是两条独立的连接，不会互相干扰，使协议更简单，更容易实现。

（2）Internet 用户使用的大多数 FTP 服务器都是匿名 FTP 服务。匿名 FTP 服务是在 FTP 服务器上建立一个公共账号（一般是 Anonymous），并赋予该账号访问公共目录的权限，以便提供免费的服务。

常用的 FTP 下载工具有 FlashFXP、CuteFTP、LeapFTP、WS_FTP 等。在使用 FTP 服务时，在将文件下载到本地前，无法了解文件的内容。为了克服这个缺点，人们倾向于使用 WWW 浏览器搜索需要的文件，然后利用 WWW 浏览器支持的下载功能来下载文件。常用的 HTTP 下载工具有 Netants（网络蚂蚁）、FlashGet 等。

课堂同步

请下载常用的 FTP 工具软件，并了解其使用操作。

10.4.2　TFTP

知识点

（1）TFTP。
（2）FTP 和 TFTP 的区别。

（1）TFTP 概述

简单文件传输协议（Trivial File Transfer Protocol，TFTP）是一种简化的文件传输协议，它是被用来在服务器和客户端之间进行文件传输的协议。从名称上来看似乎和我们常见的 FTP 协议很类似，都是用来传输文件的。不同的是，TFTP 是一个很小且易于实现的文件传送协议。TFTP 基于 UDP 协议实现，因此 TFTP 需要有自己的差错改正措施。TFTP 只支持文件传输而不支持交互。TFTP 没有庞大的命令集，没有列目录功能，也不能对用户进行身份鉴别。TFTP 提供不复杂、开销小的文件传输服务，端口号是 69。

（2）TFTP 与 FTP 的区别

TFTP 与 FTP 的区别主要体现在以下几点。

1）TFTP 协议不需要验证客户端的权限，FTP 需要进行客户端验证。

2）TFTP 协议多用于局域网及远程 UNIX 系统中，而常见的 FTP 协议则多用于互联网中。

3）FTP 客户端与服务器间的通信是基于传输层的 TCP 协议，而 TFTP 客户端与服务器之间通信是基于传输层 UDP 协议。

4）TFTP 只支持文件传输，也就是说，TFTP 不支持交互，没有庞大的命令集。

5）TFTP 操作非常简单，但功能有限。FTP 服务器的功能相对较多。

课堂同步

请下载常用的 TFTP 工具软件，并了解其使用操作。

10.5　动态主机分配协议

学习任务

（1）理解 DHCP 的应用及特点。
（2）理解 DHCP 的工作原理。
（3）具备配置和使用 DHCP 服务的能力。

动态主机配置协议（Dynamic Host Configuration Protocol，DHCP）提供了即插即用联网并Plug-And-Play Networking）的机制。这种机制允许一台计算机加入新的网络并获取 IP 地址，不需要手工参与配置。通过 DHCP，网络中的设备可以从 DHCP 服务器自动获取 IP 地址、子网掩码、默认网关、DNS 服务器地址等参数。

10.5.1 DHCP 概述

知识点

（1）DHCP 的概念及特点。
（2）DHCP 分配地址的方式。

（1）DHCP 的基本概念及特点

DHCP 是一个局域网的网络协议，基于 UDP 协议工作。网络管理员一般会对路由器、服务器，以及物理位置和逻辑位置均不发生变化的网络设备分配静态的 IP 地址。对于临时使用网络或移动办公的用户，可以采取 DHCP 动态分配 IP 地址的方式。动态获取 IP 地址可以减轻网络管理员的工作量，避免手工配置错误导致的 IP 地址冲突等问题。DHCP 分配的地址并不是永久的，而是在一段时间内租借给主机的。如果关闭或离开网络，该地址就可以返回地址池中，可再次分配给网络中的其他用户，这一点非常适合现在的移动用户办公和临时使用网络的情况。DHCP 采用 C/S 工作模式，DHCP 服务器负责 IP 地址等信息的分配，其主要特点如下。

1）整个配置过程自动实现，客户端无须配置。

2）所有配置信息由 DHCP 服务器统一管理，服务器不仅能够为客户端分配 IP 地址，还能够为客户端指定其他信息，如 DNS 服务器 IP 地址等。

3）通过 IP 地址租期管理提高 IP 地址的使用效率。

4）采用广播方式实现报文交互，报文一般不能跨网段。如果需要跨网段，就要使用 DHCP 中继代理来实现。

（2）DHCP 分配地址的方式

在 IP 网络中，每个连入 Internet 的设备都需要分配一个唯一的 IP 地址，DHCP 使网络管理员可以监控和分配 IP 地址。DHCP 使用了租约的概念，或称为计算机 IP 地址使用的有效期。DHCP 有 3 种分配 IP 地址的机制，具体如下。

1）自动分配方式

DHCP 服务器为连接到网络的某些相对固定的主机分配 IP 地址，该 IP 地址将长期由该主机使用。

2）手工分配方式

网络管理员为某些少数特定的主机绑定固定的 IP 地址，且地址不会过期。

3）动态分配方式

DHCP 服务器为每个 DHCP 客户端指定一个临时 IP 地址，同时为该 IP 地址规定一个租约期限，如果租约到期，客户端必须重新申请 IP 地址。每次申请的 IP 地址可能不相同，这也是客户端申请地址最常用的方法。

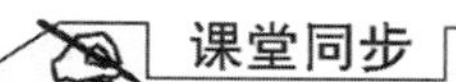

请谈谈 DHCP 在你身边的应用。

10.5.2 DHCP 工作原理

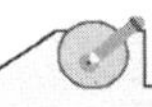

知识点

DHCP 的工作原理。

DHCP 采用客户端/服务器方式，用请求/应答方式工作。DHCP 服务器通过运行的 67 号端口进行数据传输，DHCP 客户端通过运行的 68 号端口进行数据传输。使用 DHCP 之前，需要事先配置一台 DHCP 服务器。DHCP 在提供服务时，需要 IP 地址的 DHCP 客户端在启动时就向 DHCP 服务器广播发现报文（DHCPDISCOVER），该报文的目的地址是 255.255.255.255。本地网络上所有主机都能收到此广播报文，但只有 DHCP 服务器才回答此广播报文。DHCP 服务器先在其数据库中查找该计算机的配置信息。若找到，则返回找到的信息。若找不到，则从服务器的 IP 地址池（Address Pool）中取一个地址分配给该计算机。DHCP 服务器的回答报文叫作提供报文（DHCPOFFER），表示分配了 IP 地址等信息。

如图 10-8 所示，DHCP 的工作过程如下。

（1）DHCP 服务器打开 UDP 端口 67，等待客户端发来的报文。

（2）DHCP 客户端从 UDP 端口 68 发送 DHCP 发现报文 DHCPDISCOVER。

（3）凡收到 DHCP 发现报文的 DHCP 服务器都发出 DHCP 提供报文 DHCPOFFER，因此，DHCP 客户端可能收到多个 DHCP 提供报文。

（4）DHCP 客户端从几个 DHCP 服务器中选择一个，并向所选择的 DHCP 服务器发送 DHCP 请求报文 DHCPREQUEST。

（5）被选择的 DHCP 服务器发送确认报文 DHCPACK，进入已绑定状态，即可开始使用得到的临时 IP 地址。DHCP 客户端现在要根据服务器提供的租约期 T 设置两个计时器 T1 和 T2，它们的超时时间分别是 0.5T 和 0.875T。当超时时间到达时，就要请求更新租约期。

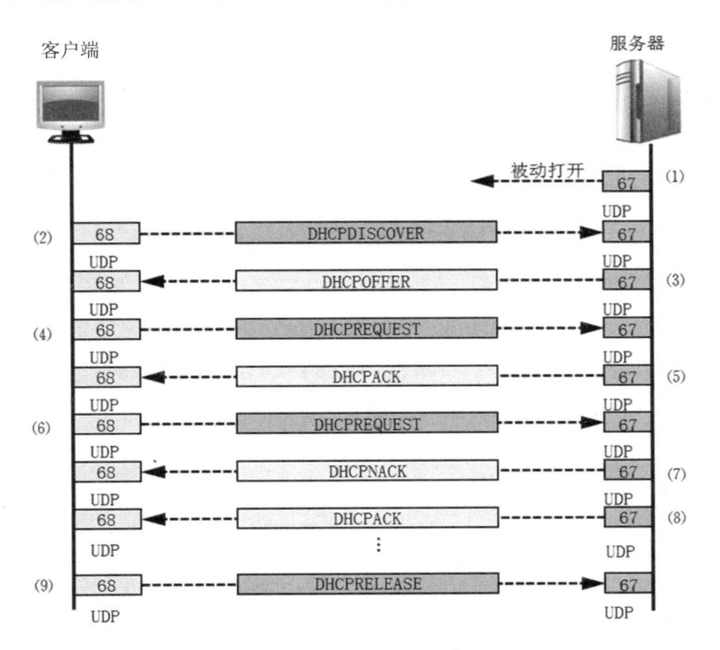

图 10-8　DHCP 的工作过程

（6）租约期过了一半（T1 时间到）时，DHCP 客户端发送请求报文 DHCPREQUEST，要求更新租用期。

（7）DHCP 服务器若同意，则发回确认报文 DHCPACK。DHCP 客户端得到了新的租约期，并重新设置计时器。

（8）DHCP 服务器若不同意，则发回否认报文 DHCPNACK。这时 DHCP 客户端必须立即停止使用原来的 IP 地址，并重新申请 IP 地址，回到步骤（2）。若 DHCP 服务器不响应步骤（6）的请求报文 DHCPREQUEST，则在租用期过了 87.5% 时，DHCP 客户端必须重新发送请求报文 DHCPREQUEST（重复本步骤），然后继续后面的步骤。

（9）DHCP 客户端可随时提前终止服务器所提供的租约期，这时只需向 DHCP 服务器发送释放报文 DHCPRELEASE 即可。

提 示

DHCP 租约的释放命令是“ipconfig /release”，即要求 DHCP 客户端释放获得的 IP 地址等信息；DHCP 租约的重新获取命令是“ipconfig /renew”，也就是 DHCP 客户端可以重新获取 IP 地址等信息。

课堂同步

单选题：某 DHCP 服务器的地址池范围为 192.168.96.101～192.168.96.200，该网段下某 Windows 工作站启动后，自动获取的 IP 地址是 169.254.220.168，这是因为（　　）。

A. DHCP 服务器不能正常工作

B. DHCP 服务器提供了保留的 IP 地址

C. DHCP 服务器的租约时间过长

D. 工作站接到了网段内其他 DHCP 服务器提供的 IP 地址

10.5.3 DHCP 中继代理

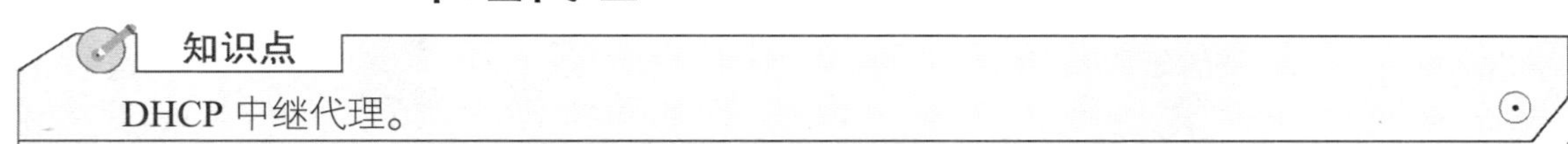

DHCP 中继代理（DHCP Relay）也叫 DHCP 中继，它具有转发 DHCP 信息的功能。并不是每个网络上都有 DHCP 服务器，这样会使 DHCP 服务器的数量太多，成本太高，且管理不方便。推荐的方式是，每个网络至少有一个 DHCP 中继代理（一般使用路由器），它配置了 DHCP 服务器的 IP 地址信息。当 DHCP 中继代理收到主机发送的发现报文后，就以单播方式向 DHCP 服务器转发此报文，并等待其回答。收到 DHCP 服务器回答的提供报文后，DHCP 中继代理再将此提供报文发回给主机，如图 10-9 所示。

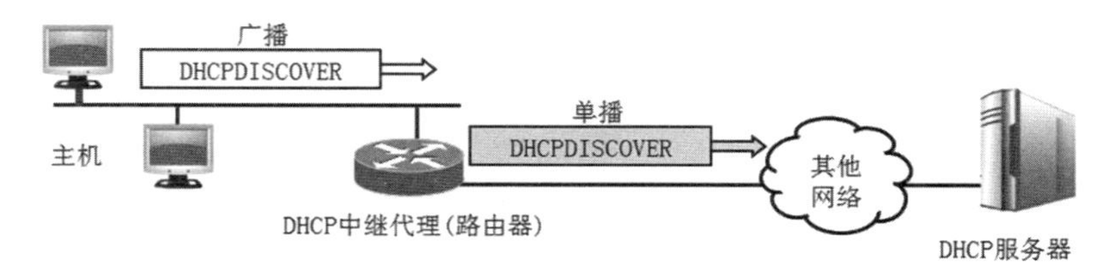

图 10-9　DHCP 中继的工作过程

DHCP 中继的工作过程如下。

（1）当 DHCP 客户端启动并进行 DHCP 初始化时，它会在本网络上广播请求配置报文。

（2）如果本地网络存在 DHCP 服务器，则可以直接进行 DHCP 配置，获得 IP 地址等信息。不需要设置 DHCP 中继。

（3）如果本地网络不存在 DHCP 服务器，则本地网络中具备 DHCP 中继功能的网络设备收到该广播报文，并进行适当的处理，以单播的形式转发给其他网络上的指定 DHCP 服务器。

（4）DHCP 服务器收到请求报文后，分配 IP 地址等信息并发送给客户端。

课堂同步

请动手配置无线路由器的 DHCP 服务功能，查看客户端获取的 IP 地址，并进行简单分析。

10.6 电子邮件

学习任务

（1）掌握电子邮件应用及其特点。
（2）理解电子邮件系统的组成。
（3）具备熟练使用电子邮件的能力。

电子邮件（E-mail）是指使用电子设备交换的邮件的方法，是互联网上使用最多且最受用户欢迎的一种应用。发件人通过电子邮件应用把邮件发送到收件人使用的邮件服务器，并放在收件人的邮箱中，收件人可随时登录自己使用的邮件服务器进行读取。电子邮件不仅使用方便，而且还具有传输迅速和费用低廉的优点。现在电子邮件不仅包含文本信息，还可以包含声音、图像、视频、应用程序等各类计算机文件。

10.6.1 电子邮件系统组成

知识点

（1）电子邮件地址。
（2）电子邮件系统组成：用户代理、邮件服务器、邮件协议。
（3）电子邮件的工作过程。

（1）电子邮件地址的格式

在电子邮件的信封上，与普通邮寄信件一样，最重要的就是收信人的地址。在 TCP/IP 网络中，电子邮件系统规定了电子邮件地址的格式：

① 信箱名@邮箱所在邮件服务器的域名。

② 符号“@”读作“at”，表示“在”的意思。例如，电子邮件地址 zhyp315@126.com，其中 zhyp315 这个邮箱名在 126.com 邮件服务器域名内是唯一的。邮箱名又称为用户名，是邮件服务器上唯一的名称。因为邮件服务器域名在 Internet 上是唯一的，所以电子邮件地址在

Internet 上也是唯一的。

（2）电子邮件系统的构成

电子邮件系统应由用户代理（User Agent，UA）、邮件服务器和邮件协议 3 部分组成，如图 10-10 所示。

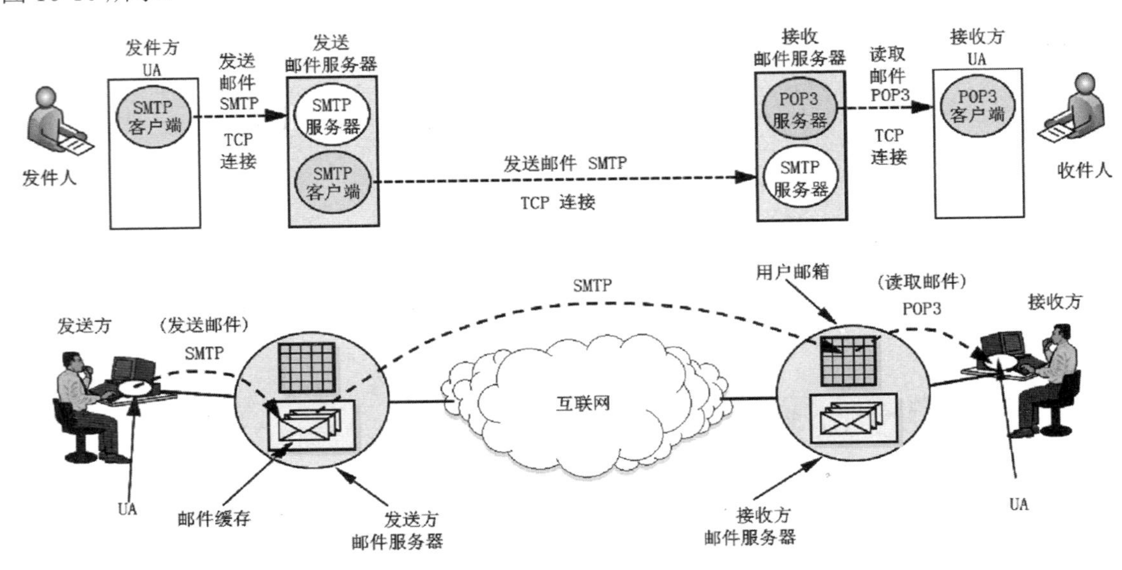

图 10-10　电子邮件的组成及工作过程

1）用户代理（UA），又称电子邮件客户端软件，是运行在用户计算机上的一个应用程序，提供了邮件的撰写、编辑、保存、发送等邮件管理服务，完成对收发电子邮件的环境及参数的设置，是用户使用电子邮件系统的应用程序。例如，Outlook Express 和 Foxmail 都是很受欢迎的电子邮件用户代理。

2）邮件服务器是电子邮件系统的核心，主要负责发送与接收电子邮件，并实现用户账号与用户邮箱的管理和维护功能。电子邮件服务器包括发送服务器和接收服务器两种。当发送端发送邮件时，首先将自己的邮件发给自己所使用的邮件服务器，其次发送邮件服务器将邮件发送给接收邮件服务器，最后接收端从自己的邮件服务器中读取邮件。

3）邮件协议包括发送邮件协议和邮件读取协议。发送邮件协议有简单邮件传输协议（Simple Mail Transfer Protocol，SMTP）和多用途互联网邮件扩展（Multipurpose Internet Mail Extensions，MIME）协议等。邮件读取协议通常有邮局协议（Post Office Protocol，POP）和互联网邮件访问协议（Internet Message Access Protocol，IMAP）等。现在使用的是 POP3，是邮局协议的第三个版本。IMAP 现在较新的版本是 IMAP4。

SMTP 是一个简单的基于文本的电子邮件传输协议，在互联网上用于邮件服务器之间交换邮件，端口号为 25。SMTP 所规定的就是在两个相互通信的 SMTP 进程之间应如何交换信息，由于 SMTP 采用了客户端/服务器方式，因此负责发送邮件的 SMTP 进程就是 SMTP 客户端，而负责接收邮件的服务器 SMTP 进程，就是 SMTP 服务器。SMTP 规定了 14 条命令和 21 种应答信息。每条命令由 4 个字母组成，而每一种应答信息一般只有一行信息，由 3 个数字的代码开始，后面加上（也可不加）很简单的说明。SMTP 通信需要经过建立连接、传送邮件和释放连接 3 个阶段。建立连接是发送邮件服务器的 SMTP 客户端和接收邮件服务器的 SMTP 服务端之间建立的。SMTP 不使用中间的邮件服务器。邮件发送完毕后，SMTP 释放 TCP 连接。因为 SMTP 只能传输文本邮件，因此，提出了 MIME 协议，增强了 SMTP 的传输功能，统一了编码规范，可以传送包括多媒体在内的多种数据。

POP 也采用客户端/服务器方式，在接收邮件的用户计算机上必须运行 POP 客户端程序，而在用户端所连接的 ISP 邮件服务器中，则运行 POP 服务器程序。POP3 的关键之处在于其能从远程邮箱中读取电子邮件，并将它存储在用户本地的计算机上，以便以后读取，端口号为 110。

IMAP 是通过互联网获取信息的一种协议，运行在 TCP 协议之上，使用端口号是 143。IMAP 像 POP3 一样提供了方便的邮件下载服务，让用户能进行离线阅读。IMAP 和 POP3 不同的是，IMAP 是将邮件保留在服务器上，而不是下载到本地。POP3 只要读取了邮件，就自动把服务器的邮件下载到本地，服务器邮件给予删除。IMAP 是联机协议，当用户计算机的 IMAP 客户端打开 IMAP 服务器邮箱时，用户看到的是邮件的首部，只有用户打开邮件，该邮件才从服务器传输到本地。而且 IMAP 还可以让用户在不同的地方使用不同的计算机随时上网阅读和处理自己的邮件。所以，现在的邮箱一般都采用 IMAP4 协议。但是 IMAP 的缺点是如果用户没有将邮件复制到自己的计算机上，则邮件便会一直存放在 IMAP 服务器上。因此，用户需要经常与 IMAP 服务器建立连接。

（3）电子邮件的工作过程

电子邮件的工作过程如图 10-10 所示，具体如下。

1）用户通过用户代理程序撰写、编辑邮件。在发送栏填入收件人的邮件地址。如果要抄送其他人，可在抄送栏填入其他电子邮件地址。

2）撰写完邮件后，用户代理将邮件通过 SMTP 协议传送到发送邮件服务器。用户主机的 SMTP 客户端通过端口 25 与发送邮件服务器的 SMTP 服务器建立 TCP 连接。利用这个连接将邮件传送到发送邮件服务器。传送完毕后，SMTP 释放 TCP 连接。

3）发送邮件服务器将邮件临时放入邮件发送缓存队列中，等待发送。

4）发送邮件服务器 SMTP 客户端与接收服务器的 SMTP 服务器建立 TCP 连接，然后把邮件缓存队列中的邮件依次发送出去。

5）接收邮件服务器收到邮件后，将收到的邮件保存到用户的邮箱中，等待收件人读取邮件。

6）收件人在方便的时候使用 POP3（或 IMAP4）协议从接收邮件服务器中读取电子邮件，通过用户代理程序进行阅览、保存及其他处理。

至此，就完成了电子邮件的发送与接收。

电子邮件的优点是快捷、廉价、不打断对方工作或休息；缺点是有时邮件发送很慢或甚至会丢失，垃圾邮件的过滤策略还需改善。

注意：有时单一的邮件服务器既可以是邮件发送服务器，也可以是邮件接收服务器。一个邮件服务器既可以作为客户端，也可以作为服务器。

课堂同步

请下载并安装 Foxmail 用户代理程序，了解其电子邮件的收发过程。

10.6.2 基于万维网的电子邮件

知识点

基于万维网的电子邮件的组成及特点。

专用邮件系统的缺点是，必须在计算机中安装专用邮件应用软件。随着万维网的发展，基于万维网的电子邮件服务（WebMail）是 Internet 上一种主要使用网页浏览器阅读和发送电子邮件的服务，互联网上的许多公司，如 QQ、网易、新浪等，都提供了 WebMail 服务，用户可以直接使用它们发送和接收邮件，如图 10-11 所示为一个具体的邮件发送/接收实例。

WebMail 的基本工作过程如图 10-11 所示。客户端通过 HTTP 协议把邮件发送到网易邮件服务器，网易邮件服务器和新浪邮件服务器建立 TCP 连接，通过 SMTP 协议将邮件发送到新浪邮件服务器。收件人在方便时通过 HTTP 协议读取电子邮件。

WebMail 扮演邮件用户代理的角色提供邮件收发、用户在线服务和系统服务管理等功能。WebMail 的界面友好，不需要专用邮件应用程序，只要能够上网即可。方便用户对电子邮件的发送和接收，应用得非常广泛。

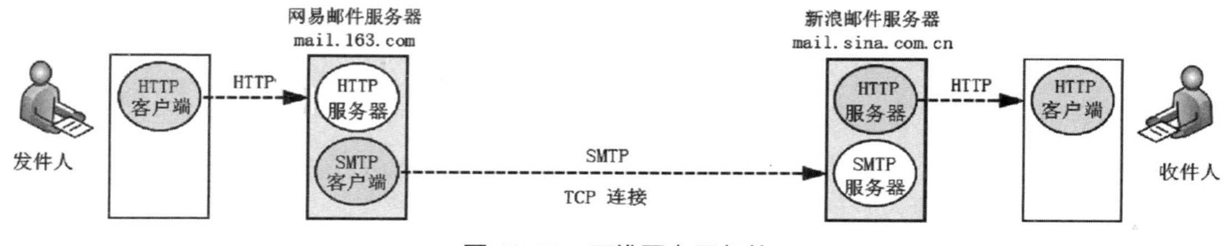

图 10-11 万维网电子邮件

课堂同步

请申请网易或新浪网站的电子邮箱，体验 WebMail 的功能。

10.7 工程实例——服务器的配置与管理

学习任务

（1）具备配置和使用 DNS 服务的能力。
（2）具备配置和使用 WWW 服务的能力。
（3）具备配置和使用 FTP 服务的能力。
（4）具备配置和使用 DHCP 服务的能力。
（5）具备分析和排除简单网络故障的能力。

技能点

（1）DNS 服务器配置与管理。
（2）Web 服务器配置与管理。
（3）FTP 服务器配置与管理。
（4）DHCP 服务器配置与管理。

某学校在建设校园网的过程中，要求在提供教育网络环境的同时，实现资源共享、信息交流、协同工作等基本功能。学校申请到的网络地址为 210.16.16.0/24。网络拓扑结构如图 10-12 所示，根据实际功能需求布设了 4 台服务器，具体如表 10-4 所示。

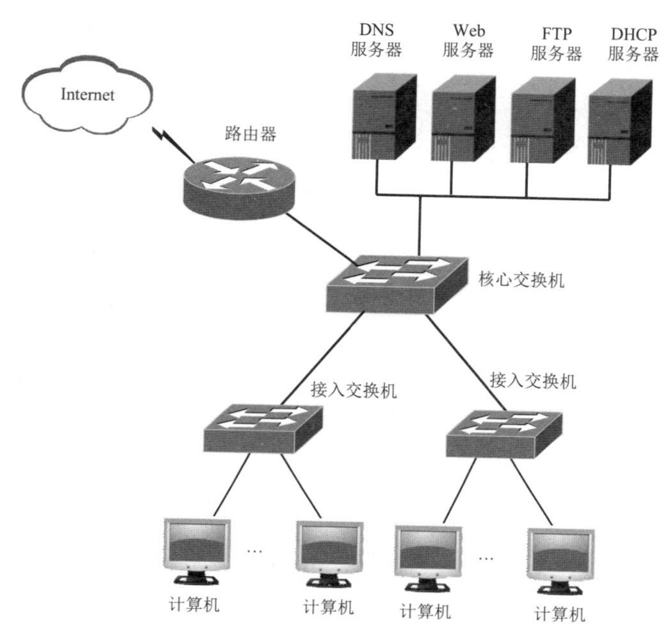

图 10-12 某学校校园网络拓扑结构

表 10-4 应用服务器规划

服务器类型	服务器名	服务器 IP 地址	功 能
DNS 服务器	dns.abc.com	210.16.16.1/24	管理 abc.com 域，并为本地 DNS 客户端提供 DNS 服务
Web 服务器	www.abc.com	210.16.16.2/24	提供 Web 服务
FTP 服务器	ftp.abc.com	210.16.16.3/24	提供文件传输服务
DHCP 服务器	—	210.16.16.4/24	为内网用户分配 IP 地址等信息

根据学校业务需求架设 Web 服务器 1 台，用于发布、宣传和学校的相关信息。架设 1 台 DNS 服务器，用于管理内部域，负责内部服务器域名的解析。假设 FTP 服务器用于校园内部网络文件传输，只有管理员具有写权限，其他用户只能读取，也就是只能下载。为了简化学生和职工用网的配置，局域网内需要架设 1 台 DHCP 服务器，用于分配 IP 地址等信息。

服务器操作系统采用 Windows Server 2012 操作系统，客户端操作系统采用 Windows 10 操作系统。

请参照《计算机网络基础与应用（实验指南）》的相关内容，完成网络应用服务器规划与配置。

实践练习

由于申请的 IP 地址不够用，请根据图 10-12 网络拓扑结构，在完成服务器规划与配置的基础上，运用私有 IP 地址 172.16.0.0/16 进行合理规划设计，并增加网络安全功能，继续优化和完善网络。

思考与练习

一、选择题

1. HTML 是指（　　）。

A. 超文本标记语言　　B. 超文本文件
C. 超媒体文件　　D. 超文本传输协议

2. Internet 中 URL 的含义是（　　）。

A. 统一资源定位符　　B. Internet 协议
C. 简单邮件传输协议　　D. 传输控制协议

3. 接入 Internet 并且支持 FTP 协议的两台主机，对于它们之间的文件传输，下列描述错误的是（　　）。

A. 使用 20 和 21 两个端口　　B. 可以上传和下载文件
C. 基于 C/S 模式　　D. 只能传输文本文件

4. 下列 URL 中，错误的是（　　）。

A. html://abc.edu.cn　　B. http://abc.com
C. ftp:// abc.net　　D. https://abc.com

5. 电子邮件地址的一般格式为（　　）。

A. 用户名@域名　　B. 域名@用户名
C. IP 地址@域名　　D. 域名@IP 地址

6. POP3 服务器用来（　　）邮件。

A. 接收　　B. 发送　　C. 接收和发送　　D. 以上均错

7. FTP 使用端口（　　）进行数据传输。

A. 20　　B. 21　　C. 23　　D. 25

8. 下列关于客户端/服务器模式的描述中正确的是（　　）。

A. 客户端主动请求，服务器被动等待
B. 客户端和服务器都主动请求
C. 客户端被动等待，服务器主动请求
D. 客户端和服务器都被动等待

9. 关于互联网中主机名和 IP 地址描述正确的是（　　）。

A. 一台主机只能有一个 IP 地址
B. 一个合法的公有 IP 地址在一个时刻只能分配给一台主机
C. 一台主机只能有一个主机名
D. IP 地址与主机名是一一对应的

10. 电子邮件系统是互联网上最重要的网络应用之一，电子邮件系统的核心是（　　）。

A. 用户代理　　B. 邮件服务器　　C. 邮件协议　　D. 邮件服务管理工具

11. 以下（　　）服务使用了 POP3 协议。

A. WWW　　B. E-mail　　C. FTP　　D. DHCP

12. 网页页面通常利用超文本方式进行组织，这些相互链接的页面（　　）。

A. 必须放置在用户主机上

B. 必须放置在同一主机上

C. 必须放置在不同主机上

D. 既可以放置在同一主机上，也可以放置在不同主机上

13. 下列关于 WWW 服务的描述中，错误的是（　　）。

A. WWW 服务采用的传输协议是 HTTP

B. WWW 服务采用的是客户端/服务器工作模式

C. WWW 服务通过 URL 定位系统中的资源

D. 用户访问外部服务器的资源，不需要知道服务器的 URL 地址

14. 将邮件从邮件服务器下载到本地主机的协议是（　　）。

A. SMTP 和 FTP　　B. SMTP 和 POP3

C. POP3 和 IMAP　　D. IMAP 和 SMTP

15. 用户已知 3 个域名服务器的 IP 地址和名字，分别是：202.130.82.97，dns.abc.edu.cn；130.25.98.3，dns.abc.com；195.100.28.7，dns.abc.net。则用户必须从 3 个中任选一个，作为本地计算机的 DNS 服务器地址的是（　　）。

A. dns.abc.edu.cn　　B. dns.abc.com

C. dns.abc.net　　D. 195.100.28.7

二、填空题

1. DNS 的端口是（　　　）。

2. DHCP 能够动态分配（　　　）等信息。

3. 以 HTML 和 HTTP 协议为基础的服务称为（　　　）服务。

4. TFTP 的含义是（　　　　　）。

5. 匿名 FTP 服务通常使用的账号名是（　　　　）。

6. 写出域名所代表的类型，com 代表（　　　　　），教育机构的顶级域名是（　　）。

三、简答题

1. 什么是 DNS？为什么互联网上需要 DNS？

2. 举例说明什么是 URL。

3. 简述 FTP 和 TFTP 的区别。

4. 画图说明电子邮件系统的组成。

5. 什么是超文本？什么是超链接？

6. 试用文本编辑器编写一个主体为“我的家乡”的万维网网页，请写出主要代码。

7. 体验 IP 地址与域名的相互关联性。通过网址查询 IP 地址，然后通过域名、IP 地址两种方式访问网页，理解 IP 地址和域名的关系和用途。任务步骤如下。

（1）确定要浏览的网站，如承德石油高等专科学校。

（2）确认网站网址，如“http://www.cdpc.edu.cn”。

（3）单击“开始”→“运行”→输入“cmd”→“确定”→输入“ping www.cdpc.edu.cn”，显示该网站的 IP 地址。

（4）在浏览器地址栏输入所显示网站的 IP 地址，浏览网页。

（5）在浏览器地址栏输入“http://www.cdpc.edu.cn”，浏览网页。

请描述操作结果。

单元 11 认识网络安全

导 学

“没有网络安全就没有国家安全，没有信息化就没有现代化”是习近平同志在全国网络安全与信息化领导小组第一次会议上的重要讲话，国家就已将网络安全提升至国家主权与安全的高度。网络安全已经成为国家安全的核心组成部分，并在经济和社会发展的关键环节和基础保障方面发挥着日益重要的作用。2017 年 6 月 1 日《中华人民共和国网络安全法》的正式实施及相关政策法规落地，对我国网络安全有着重大意义。网络安全正朝着智能化的方向发展，传统的安全边界日益模糊。

在网络给人们带来巨大便利的同时，也带来了一些不容忽视的问题，网络安全问题尤为突出。经常听到某某网站被黑客攻击了，某某计算机系统受到攻击造成客户数据丢失，目前又出现某某计算机病毒已扩散到各大洲等一系列问题。如何保护信息防止信息泄露？如何保证数据的真实性，以及如何保护系统不受网络攻击？这就是本单元的学习内容，让我们一起学习，了解网络安全的基础知识，树立正确的网络安全防范意识。

学习目标

【知识目标】

◇ 掌握网络安全的概念。
◇ 了解常用的网络安全技术。
◇ 了解加密技术基本知识。
◇ 理解防火墙的作用。
◇ 了解计算机病毒及防治。
◇ 了解网络安全相关法律法规。

【技能目标】

◇ 具备网络安全防范意识。
◇ 具备使用杀毒软件和防火墙软件进行网络安全防护的能力。
◇ 具备分析和排除网络故障的能力。

11.1 网络安全法律法规

学习任务

了解网络安全相关法律法规，树立网络安全防范意识。

知识点

（1）网络安全法。
（2）什么是网络犯罪。

网络安全不仅仅是一个技术问题，单凭技术因素确保网络安全是不可能的。保障网络安全无论对一个国家而言，还是对一个组织而言，都是一个复杂的系统工程，需要多管齐下，综合治理。网络安全技术、网络安全标准和网络安全立法共同支撑了网络安全架构。

所谓网络安全立法，就是针对国家安全的需要，国家、地方及相关部门制定与网络安全相关的法律法规，从法律层面上来规范人们的行为，使网络安全工作有法可依，使相关违法犯罪能得到处罚，促使组织和个人依法制作、发布、传播网络相关内容并有效使用网络，从而达到保障网络安全的目的。目前，我国已建立基本的网络安全法律法规体系，随着网络安全形势的发展，网络安全立法工作将进一步得到完善。

（1）网络安全相关法律法规

网络安全方面的法规已经写入《中华人民共和国宪法》《中华人民共和国商标法》《中华人民共和国专利法》《中华人民共和国保守国家秘密法》《中华人民共和国反不正当竞争法》和《中华人民共和国刑法》中。我国有关计算机网络安全的法律法规从 1994 年的《中华人民共和国计算机信息系统安全保护条例》开始，1999 年的《计算机信息系统安全保护等级划分准则》，2003 年的《关于加强信息安全保障工作的意见》，2005 年的《关于信息安全等级保护工作的实施意见》，2007 年的《信息安全等级保护管理办法》，2008 年的《信息安全技术 信息系统安全等级保护基本要求》等，到 2017 年 6 月 1 日正式实施的《中华人民共和国网络安全法》标志着我国信息安全进入了全新阶段，迈出了网络强国建设的坚实步伐。2019 年又正式发布了《信息安全技术 网络安全等级保护基本要求》《信息安全技术 网络安全等级保护测评要求》和《信息安全技术 网络安全等级保护安全设计技术要求》，并于 12 月 1 日正式实施，简称“等保 2.0”。它是贯彻落实《中华人民共和国网络安全法》和实现国家网络安全战略目标的基础。

（2）我国典型网络安全事件

计算机规模化犯罪始于 20 世纪 80 年代。随着网络应用范围的逐步扩大，其犯罪技巧日渐隐密、专业、破坏性强影响面广，防护难度逐渐加大，犯罪目的也向越来越邪恶的方向发展。网络病毒、黑客、电子欺诈和电子窃听，使得网络安全问题日益严重。

1）我国第一例计算机黑客刑事案件

世界上有关网络安全的事件很多，我国第一例计算机黑客刑事案件，是 1998 年 6 月 16 日上海某信息网的工作人员在例行检查时，发现网络遭到不速之客的袭击，7 月 13 日犯罪嫌疑人杨某被逮捕。经调查，此黑客先后侵入网络中的 8 台服务器，破译了网络中大部分工作人员和 500 多个合法用户的账号和密码，其中包括两台服务器上的超级用户的账号和密码。时年 22 岁的杨某是国内某著名高校数学研究所计算数学专业的研究生，具有相当高的计算机技术技能。据说，他进行计算机犯罪的历史可追溯到 1996 年。当时，杨某借助某高校校园网攻击了某科技网并获得成功。此后，杨某又利用为一家计算机公司工作的机会，进入上海某信息网络，仅非法使用时间就达 2000 多小时，造成这一网络直接经接损失高达人民币 1.6 万元。杨某是以“破坏计算机信息系统罪”被逮捕的。这是修订后的刑法实施以来，我国第一个以该罪名侦查批捕的刑事犯罪案件。

2）“熊猫烧香”病毒案

湖北省公安厅 2007 年 2 月 12 日宣布，制作传播计算机“熊猫烧香”病毒的李某（男，25 岁，武汉新洲区人）、雷某（男，25 岁，武汉新洲区人）等 6 名犯罪嫌疑人被抓获，这是中国破获的首例团伙作案制作计算机病毒大案。

2006 年年底，中国互联网上爆发“熊猫烧香”病毒及其变种，该病毒通过多种方式进行传播，并将感染的所有程序文件改成熊猫举着三根香的模样。该病毒还具有盗取用户游戏账号、QQ 账号等功能。“熊猫烧香”病毒的传播速度快、危害范围广，已有上百万个人用户、网吧，以及企业局域网用户遭受感染和破坏，引起社会各界高度关注。在“2006 年十大病毒”排行中，“熊猫烧香”病毒成为“毒王”。2007 年 1 月中旬，湖北省网监部门根据公安部公共信息网络安全监察局的部署，对“熊猫烧香”病毒的制作者开展调查。

经查，“熊猫烧香”病毒的制作者为湖北省武汉市的李某。据李某交代，其于 2006 年 10 月 16 日编写了“熊猫烧香”病毒并在网上广泛传播，并且还以自己出售和由他人代卖的方式，在网络上将该病毒销售给 120 余人，非法获利 10 万余元。经病毒购买者进一步传播，该病毒的各种变种在网上大面积传播，对互联网用户计算机安全造成了严重破坏。李某还于 2003 年编写了“武汉男生”病毒、于 2005 年编写了“武汉男生 2005”病毒及“QQ 尾巴”病毒。

2007 年 9 月 24 日，湖北省仙桃市人民法院公开开庭审理了此案。被告人李某犯破坏计算机信息系统罪，判处有期徒刑四年；被告人王某犯破坏计算机信息系统罪，判处有期徒刑两年六个月；被告人张某犯破坏计算机信息系统罪，判处有期徒刑两年；被告人雷某犯破坏计算机信息系统罪，判处有期徒刑一年。

（3）网络犯罪

什么是网络犯罪？网络犯罪就是指行为人运用计算机技术，借助于网络对计算机系统或信息进行攻击，破坏或利用网络进行其他犯罪的总称，既包括行为人运用其编程、加密、解码技术或工具在网络上实施的犯罪，也包括行为人利用软件指令、网络系统或产品加密等技术，以及法律上的漏洞在网络内外交互实施的犯罪，还包括行为人借助于其居于网络服务提供者特定地位或其他方法在网络系统实施的犯罪。网络犯罪的种类及特征如表 11-1 所示。

为了维护网络安全，国家制定了相应的法律法规，还制定了一些社会道德标准，需要大家一起遵纪守法，营造风清气正的网络环境。

表 11-1　网络犯罪的种类及特征

分类标准	特　点	常见形式
以网络作为生存空间	被动性质，引诱普通用户进入	网络赌博、网络色情、网络洗钱等
以网络作为犯罪工具	针对特定目标进行侵害，使用网络作为犯罪工具	网络诈骗、网络恐吓与诽谤、传播有害信息等
以网络作为犯罪客体	对网络或计算机信息系统进行破坏和攻击	网络入侵、传播网络病毒、网络窃密等

课堂同步

请谈谈畅游互联网时，什么可以做，什么不可以做。

11.2　网络安全概述

学习任务

（1）掌握网络安全的概念。
（2）了解常见的网络安全隐患。

11.2.1　网络安全概念

知识点

（1）网络安全的概念。
（2）网络安全的五大特性：可靠性、可用性、保密性、完整性、不可抵赖性。

广义上讲，网络安全是一门涉及计算机科学、网络技术、通信技术、密码技术、信息安全技术、应用数学、数论、信息论等多种学科的综合性科学。

ITU-T X.800 标准对“网络安全”（Network Security）进行了逻辑上的定义。

（1）安全攻击：是指损害机构所拥有信息的任何安全行为。

（2）安全机制：是指设计用于检测、预防安全攻击或恢复系统的机制。

（3）安全服务：是指采用一种或多种安全机制以抵御安全攻击、提高机构的数据处理系统安全和信息传输安全能力的服务。

在网络安全行业中，计算机网络安全是指保持网络中的硬件系统和软件系统正常运行，使它们不因自然和人为的因素而受到破坏、更改和泄露。主要包括物理安全、软件安全、信息安全和运行安全 4 个方面。

根据网络安全的定义，网络安全应具备 5 个特征，分别是可靠性、可用性、保密性、完整性和不可抵赖性。

（1）可靠性。可靠性是网络安全最基本的要求之一，是指系统在规定条件下和规定时间内完成规定功能的概率。如果网络不可靠，经常出问题，这个网络就是不安全的。网络的可靠性包括硬件可靠性、软件可靠性、人员可靠性和环境可靠性。其中，人员可靠性是网络可靠性中最重要的。有关资料表明，系统失效中，很大一部分是人为因素造成的。

（2）可用性。可用性是可被授权实体访问，并按需求使用的特性，即确保授权用户能够正常访问系统信息或资源。网络环境下拒绝服务、破坏网络和破坏有关系统的正常运行，都属于对可用性的攻击。

（3）保密性。保密性是指信息不被泄露给非授权用户、实体或工具，信息只能被授权用户使用。这是计算机网络中最基本的安全服务。对敏感用户信息的保密是人们研究最多的领域。保密性是在可靠性和可用性的基础上，保障网络中信息安全的重要手段。

（4）完整性。完整性是指信息在存储或传输时不被修改、破坏，不出现信息包的丢失、乱序等，即不能被未授权的用户篡改或伪造。

（5）不可抵赖性。不可抵赖性也称作不可否认性。不可抵赖性是面向通信双方信息真实的安全要求，防止发送端或接收端否认传输或接收过某信息。在电子商务中，这是一个非常重要的安全服务。常采用数字签名、认证、数据完备、鉴别等有效措施实现信息的不可抵赖性。

网络安全不仅仅是防范窃密活动，其可靠性、可用性、完整性和不可抵赖性应作为与保密性同等重要的安全目标并得以保障，从观念上、政策上和技术上，全面规划和实施网络安全。实施网络安全的主要任务是采取措施（技术手段及有效管理）让这些网络信息资源免遭威胁，或者将威胁带来的后果降到最低，以此维护网络的正常运作。

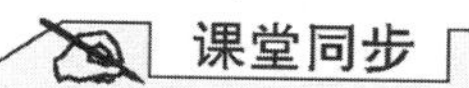

课堂同步

通过学习，请谈谈你对网络安全的理解。

11.2.2　网络安全威胁与对策

知识点

（1）常见的网络安全威胁。
（2）基本的网络防护策略。

（1）常见的网络安全威胁

与网络安全有关的新名词逐渐为大众所知，如黑客（Hacker）、破解者（Cracker）、信息恐怖分子（Infoterrorist）、网络间谍（Cyberspy）等，有些名字甚至成为传媒及娱乐界的热门题材。凡此种种，似乎都传递出一个信息——网络是不安全的。影响网络安全的因素很多，既有自然因素，也有人为因素，其中人为因素危害更大。总的来说，网络面临的安全威胁主要来自以下几个方面。

1）黑客的攻击

目前，世界上有很多个黑客网站，这些站点都介绍一些攻击方法和攻击软件的使用方法，以及系统的一些漏洞，因而使系统、站点遭受攻击的可能性变大。尤其是现在还缺乏针对网络犯罪的确有实效的反击和跟踪手段，使得黑客攻击的隐蔽性好、杀伤力强，是网络安全的主要威胁。黑客技术逐渐被越来越多的人掌握和开发，因此，系统或站点遭受攻击的可能性就变大了。

2）网络的缺陷

互联网的共享性和开放性使网上信息安全存在先天不足，因为其赖以生存的 TCP/IP 协议族，缺乏相应的安全机制，而且互联网最初的设计考虑是该网不会因局部故障而影响信息的传输，基本没有考虑安全问题，因此它在安全可靠、服务质量、带宽和方便性等方面存在着先天的薄弱性。

3）软件的漏洞或“后门”

随着软件系统规模的不断增大，系统中的安全漏洞或“后门”也不可避免地存在，如我们常用的操作系统，无论是 Windows 还是 UNIX 几乎都存在或多或少的安全漏洞，众多的各类服务器、浏览器、一些桌面软件等都曾被发现存在安全隐患。新发现的安全漏洞每年都要增加 1 倍，开发人员不断用最新的补丁修补这些漏洞，而且每年都会发现安全漏洞的新类型。大家熟悉的“尼姆达”“零日漏洞”等病毒都是利用微软系统的漏洞给企业造成了损失。可以说，任何一个软件系统都可能会因为程序员的一个疏忽、设计的一个缺陷等原因而存在漏洞，这也是网络安全的主要威胁之一。

4）恶意程序攻击

恶意程序主要包括计算机病毒、蠕虫、特洛伊木马、逻辑炸弹和流氓软件。

计算机病毒（Computer Virus）是一种“传染”其他程序的程序，“传染”是通过修改其他程序来把自身或其变种复制进去完成的。病毒无法自行启动，需要激活。

蠕虫（Worm）类似于病毒，是通过网络的通信功能将自身从一个节点发送到另一个节点并启动运行的程序。无须将自身附加到现有的程序中，可以独立运行并传播，自我传播的网络蠕虫可以迅速造成 Internet 大面积感染。

特洛伊木马（Trojan Horse）是一种在表面功能掩护下执行非授权功能的程序。例如，一个伪造成编辑器软件的特洛伊木马程序，在用户编辑一个机密文件时，偷偷将该文件内容通过网络发送给攻击者，以窃取机密信息。计算机病毒有时也以特洛伊木马的形式出现。

逻辑炸弹（Logic Bomb）是一种当运行环境满足某种特定条件时执行其他特殊功能的程序。例如，一个编辑程序，平时运行得很好，但当系统时间为 13 日又为星期五时，它会删除系统中的文件，这种程序就是一种逻辑炸弹。

流氓软件（Rogue Software）是介于病毒和正规软件之间的软件。如果计算机中有流氓软件，可能会出现以下几种情况：用户使用计算机上网时，会有窗口不断跳出；计算机浏览器被莫名修改，增加了许多工作条；当用户打开网页时，网页会变成不相干的奇怪画面，甚至是色情广告。

5）拒绝服务攻击

拒绝服务（Denial of Service，DoS）攻击是一种很难防范的主动攻击。攻击者通过发送巨量的恶意报文，使目标系统或网络崩溃，阻止系统为合法用户提供正常服务。攻击者甚至还可以利用系统漏洞，事先非法控制互联网上成百上千的主机，这些主机被称为“僵尸”，攻击者控制这些僵尸主机同时向某个目标系统发起猛烈的攻击，这就是分布式拒绝服务（Distributed Denial of Service，DDoS）。

6）管理的欠缺

严格管理网络系统的企业、机构及用户是防范攻击的重要措施。事实上，在网络管理中，常常会出现安全意识淡薄、安全制度不健全、岗位职责混乱、审计不力、设备选型不当和人事管理漏洞等问题，这种人为造成的安全漏洞也会威胁到整个网络的安全。

7）企业网络内部

企业网络内部用户的误操作、资源滥用和恶意行为，即使是完善的防火墙也难以抵御。防火墙无法防止来自网络内部的攻击，也无法对网络内部的滥用做出反应。企业内部网络用户拥有系统的访问权，而且更容易知道系统的安全状况，以及掌握系统提供服务类型、服务软件版本、安全措施、系统管理员的技术管理水平。因此，相对于外部用户而言，其更容易规避安保制度，利用系统安全防御措施的漏洞或管理体系的弱点，从内部发起攻击来破坏信息系统的安全，是网络系统安全的主要威胁。

8）社会工程学攻击

利用人类弱点或习惯的常见方法之一便是社会工程学攻击。社会工程学攻击一般是指某事或某人影响某个人群的行为的能力。在计算机和网络方面，社会工程学攻击代表用来欺骗内部用户执行特定操作或暴露机密信息的一种技术。通过采用这些技术，攻击者可以利用没有设防的合法用户来获取内部资源或私密信息的访问权。社会工程学攻击中最常用的 3 种技术为假托、网络钓鱼和电话钓鱼。

除上述常见的网络安全威胁，还有间谍软件、跟踪 Cookies、广告软件、垃圾邮件等。

上述常见网络安全威胁分为被动攻击和主动攻击两大类。被动攻击是指攻击者从网络上窃听他人的通信内容。通常把这类攻击称为截获。在被动攻击中，攻击者只是观察和分析某一个协议数据单元 PDU，以便了解所交换的数据的某种性质，但不干扰信息流。这种被动攻击又称流量分析。

主动攻击是指攻击者对传输中的数据流进行各种处理。主要包括篡改（攻击者故意篡改网络上传送的报文）、中断（攻击者有意中断他人在网络上的通信）、伪造（攻击者伪造信息在网络上发送）、恶意程序（计算机病毒、计算机蠕虫、特洛伊木马、逻辑炸弹、后门入侵、流氓软件等）、消息重放和拒绝服务等。

（2）基本网络防护策略

安全威胁无法彻底消除或预防。要将风险降至最低，人们必须认识到一点，没有任何一款安全产品可以为个人或单位提供绝对的安全保护。要获得更高的安全，需要结合应用多种产品和服务、制定完备的安全策略并严格实施。没有一成不变的安全防护策略，也没有一劳永逸的防护体系。

安全策略是对防护规则的正式声明，用户在访问网络资源时必须遵守这些规则。它可能像办公室日常管理制度一样，对用户使用网络的每个方面都做了详细规定。在考虑如何保护、监控、测试和改进网络等涉及网络安全问题的时候，制定安全策略应成为工作的核心。安全策略中应包含以下内容：物理安全策略和访问控制策略（网络身份验证策略、密码策略、制定白名单、远程访问策略）、升级维护策略和事件处理规范等。

1）物理安全策略。物理安全策略主要的目的是，保护计算机系统、网络服务器、网络互联设备等硬件实体和通信链路免受自然灾害、人为破坏和搭线攻击，确保计算机系统有一个良好的电磁兼容工作环境，建立完备的安全管理制度，防止非法进入计算机控制室和各种偷窃、破坏活动的发生。

2）访问控制策略。访问控制策略是网络安全防范和保护的主要策略。它的主要任务是保证网络资源不被非法使用和访问。它是维护网络系统安全、保护网络资源的重要手段。各种安全策略必须相互配合才能起到真正的保护作用。常用的访问控制策略有以下几种。

① 网络身份验证策略：指定合法用户对网络资源进行授权使用，并可验证用户程序的授权。另外，还包括对配线间和重要网络资源（如服务器、交换机、路由器和接入点等）的访问控制。

② 密码策略：确保密码符合复杂度要求，并定期更换密码。

③ 制定白名单：确定可以接受的网络应用程序和会话。当然，也可以制定黑名单，加以防范。

④ 远程访问策略：明确远程用户访问网络的方式，以及通过远程连接可以访问的内容及权限。

3）升级维护策略：指定网络操作系统、网络设备和用户终端程序的更新规范。

4）事件处理规范：描述处理安全事件的方法。

制定安全策略后，网络中的所有用户都必须支持和遵守该策略。这样，安全策略才能真正发挥作用。常用的网络安全防护技术包括病毒防护、数据加密、防火墙、漏洞检测、入侵检测等。

课堂同步

请举例说明你遇到过哪些网络安全威胁，又是如何处理的。

11.3　加密与认证

学习任务

（1）理解加密技术的基本概念。

（2）了解对称加密技术和非对称加密技术。

（3）了解认证技术。

密码技术是保障信息安全的核心技术之一。密码技术在古代就已经得到应用，但仅限于外交和军事等重要领域。随着现代计算机技术的飞速发展，密码技术正在不断地向更多其他领域渗透，它是集数学、计算机科学、电子与通信等诸多学科于一身的交叉学科。

11.3.1　加密技术基本概念

知识点

明文、密文、加密、解密和密钥。

加密是指改变数据的表现形式。加密技术中常用的术语包括明文、密文、加密、解密和密钥。

（1）明文是指信息的原始形式（通常记为M）。

（2）密文是指明文经过变换加密后的形式（通常记为C）。

（3）加密是将明文变成密文的过程，加密由加密算法实现（通常记为E）。

（4）解密是将密文还原成明文的过程，解密由解密算法实现（通常记为D）。

（5）密钥是为了有效控制加密和解密算法的实现，在加密和解密过程中，通信双方协商的一组二进制代码（通常记为K）。

算法一般是公开的，任何人都可以获得并使用，但密钥一般不公开。数据加密和解密过程如图11-1所示。

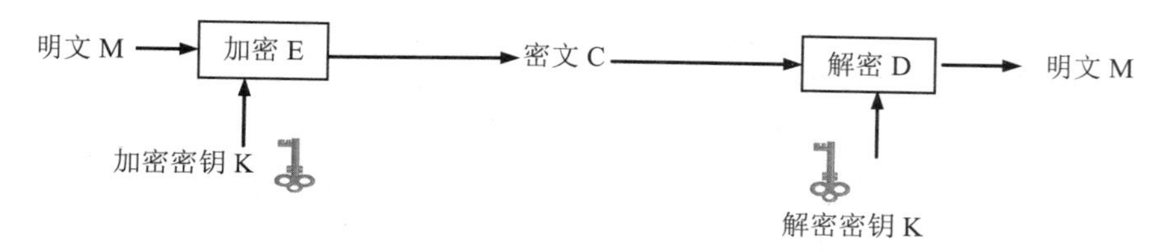

图 11-1　加密和解密

加密算法很多。例如，将表示明文中每个字母的字节按位取反，也是一种算法。但算法太过简单，保密性较差，容易被破解。

随着密码技术的发展，出现了多种数据加密的算法和技术，可分为对称加密算法和非对称加密算法（也称公开密钥算法）。

课堂同步

请谈谈你对数据加密技术的理解。

11.3.2　对称加密算法

知识点

对称加密。

对称加密算法又称密钥加密算法。其特点是加密明文和解读密文时使用的是同一把钥匙，即加密密钥可以作为解密密钥，如图 11-2 所示。采用对称加密完成通信的前提是发送端和接收端需要持有相同的钥匙。加密后的密文在网络上传送，不用为泄密担心。对称密钥加密技术使用简单、快捷，密钥较短。但是，通信双方需要各自都持有钥匙，发送端需要使用安全的方式将密钥的副本发送给接收端，必须保证密钥的安全性。这也是密钥加密算法的缺点。

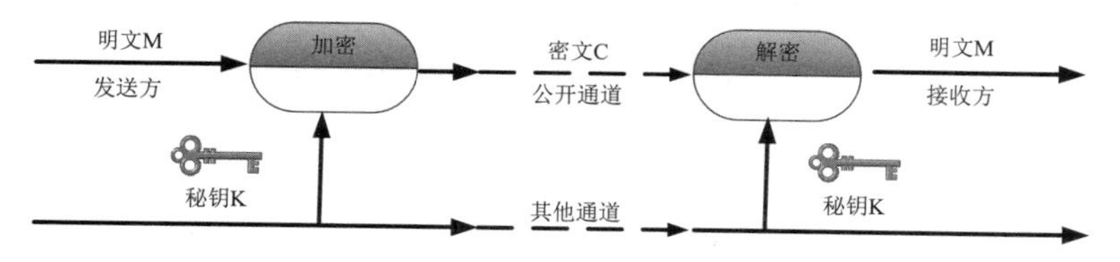

图 11-2　对称加密技术

常用的对称加密算法有代换密码法、转换密码法、变位密码法和一次性密码薄加密法等。

课堂同步

单选题：对称加密技术的安全性主要取决于（　　）。

A. 密文的保密性　　B. 解密算法的保密性

C. 加密算法的保密性　　D. 密钥的保密性

11.3.3　非对称加密算法

知识点

非对称加密。

非对称加密法也称公开密钥法，是近代密码学新兴的一个领域。公开密钥法的特色是完成一次加、解密操作时，需要使用一对钥匙。这一对钥匙为公钥和私钥，用公钥加密明文后形成的密文，必须用私钥解密才能恢复明文；反之，用私钥加密后形成的密文必须用公钥解密，如图 11-3 所示。也就是说非对称加密有两个不同的钥匙，分别为公钥和私钥，私钥用户自行保存，公钥不需要保密。公钥加密算法和公钥通常是公开的，很难从一个密钥推出另一个密钥。

假如用户 A 需要传送数据给用户 B，用户 A 将要发送的数据明文使用用户 B 的公钥 PK 加密后传给用户 B，用户 B 收到后再用自己的私有钥匙 SK 解密，将其还原为明文，如图 11-3 所示。由于用户 B 的公钥是众所周知的，所以任何人都可以用公钥加密发送数据给用户 B，加密后的数据只有用户 B 才能解读，因为只有用户 B 持有可以解密的私钥。

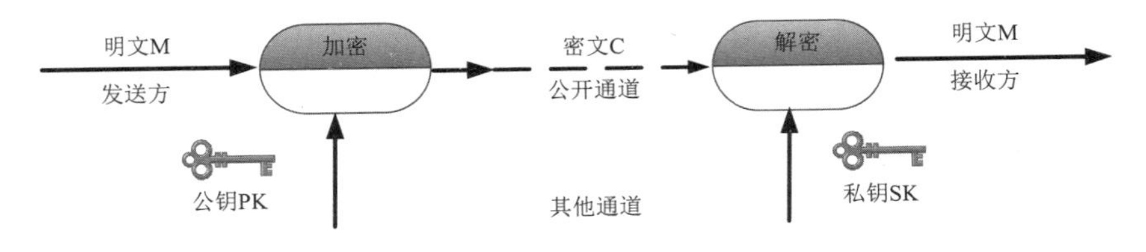

图 11-3　非对称加密技术

非对称加密技术虽然可以避免钥匙共享带来的问题，但使用时需要的计算量较大。

常用的非对称加密算法有 DES（数据加密标准，Data Encryption）、RSA 公开密钥算法（Ron Rivest，Adi shamir 和 Leonard Adleman 三个人姓氏开头字母组成的）、IDEA（国际数据加密算法，International Data Encryption Algorithrn）、Hash-MD5 加密算法、量子加密系统等。

课堂同步

单选题：如果发送端使用的加密密钥和接收端使用的解密密钥不相同，从其中一个密钥难以推断出另一个密钥，这种系统称为（　　）。

A. 常规加密系统　　B. 单密钥加密系统

C. 私钥加密系统　　D. 公钥加密系统

11.3.4　认证技术

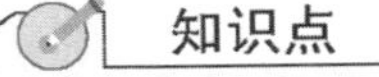

知识点

认证技术：消息认证、身份认证、数字签名。

认证是证实实体身份的过程，对传输内容进行审计、确认，是保证计算机网络系统安全的重要措施之一。目前，常用的认证技术主要有消息认证、身份认证及数字签名。

（1）消息认证

消息认证是接收者检验收到的消息是否真实的一种方法。目的是防止传输和存储的消息被篡改，包括消息的信源和信宿的身份认证、消息内容是否曾受到篡改（消息完整性认证）、消息的序号和时间性认证等。

（2）身份认证

身份认证是在计算机网络中确认操作者身份真实、合法、唯一的一种方法。身份认证技术可以防止非法用户进入系统进行非法操作。身份认证分为密码机制（如密码、账号等）、个人持证（如磁卡、智能卡等）、个人特征（如指纹、虹膜、手掌、面相和声音等）。

（3）数字签名

数字签名就是通过一个单向函数对要传送的报文进行处理而得到验证用户认证报文来源并核实报文是否发生变化的一个二进制代码串，通过这些字符串来代替书写签名或印章。数字签名与手写签名类似，不同之处是手写签名是模拟的，因人不同而不同，数字签名仅是由“0”和“1”组成的一串代码，因消息不同而不同。数字签名必须保证以下 3 点。

① 报文鉴别。接收者能够核实发送者报文的内容（证明来源）。

② 报文的完整性。接收者不能伪造对报文的签名（防伪造）。

③ 不可否认性。发送者事后不能抵赖对报文的签名（防否认）。

现在已有多种实现各种数字签名的方法，但采用公钥算法更容易实现。

课堂同步

单选题：在认证过程中，如果明文由 A 发送到 B，那么对明文进行签名的密钥是（　　）。

A. A 的私钥　　B. A 的公钥

C. B 的公钥　　D. B 的私钥

11.4 防火墙技术

学习任务

（1）防火墙技术的基本概念。

（2）了解包过滤技术和访问控制技术。

（3）了解防火墙的种类及不足。

防火墙是实现网络和信息系统安全的重要基础设施。防火墙技术是建立在现代通信网络技术和信息安全技术基础上的应用性安全技术，越来越多的应用于局域网和 Internet 网络连接。

11.4.1 防火墙概述

知识点

（1）防火墙的概念。

（2）防火墙的作用。

（3）防火墙的分类。

（1）防火墙的概念

在古代，防火墙是为了防止火灾的发生和蔓延，在房屋之间砌起一道砖墙，用来阻挡火势蔓延到其他房屋。在计算机网络中，防火墙是一种高级访问控制设施，是在被保护网和外网之间执行访问控制策略的一系列部件的组合，是不同网络安全域间通信流的通道，能根据有关安全策略控制（允许、拒绝、监视、记录）进出网络的访问行为，从而保证内部网络安全。典型的防火墙体系结构如图 11-4 所示。防火墙是网络的第一道防线，本质上是一种保护装置，在两个网之间构筑了一个保护层。所有进出的信息都必须经过此保护层，并在此接受检查，只有授权的通信才允许通过，从而使被保护网和外部网在一定意义下隔离，防止非法入侵和破坏行为。防火墙内的网络称为“可信的网络”，外部的互联网称为“不可信的网络”。防火墙可用来解决内联网和外联网的安全问题。

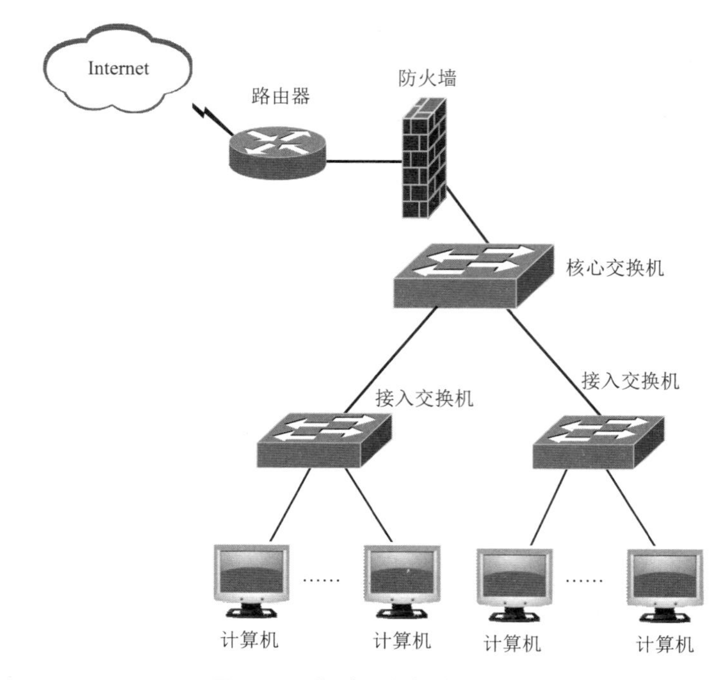

图 11-4 典型的防火墙体系结构

防火墙的典型操作有两个，即阻止和允许。“阻止”就是过滤某种类型的通信量通过防火墙（从外部网络到内部网络，或反过来）。“允许”的功能与“阻止”恰好相反。防火墙必须能够识别各种类型的通信量。不过在大多数情况下防火墙的主要功能是“阻止”。阻止和允许功能具体表现在以下几个方面。

1）过滤进出网络的数据。

2）管理进出网络的访问行为。

3）防止侵入者接近网络中其他防御设施或内部网络。

4）有效阻止破坏者对计算机网络系统的破坏。

（2）防火墙的作用

防火墙是由软件、硬件构成的系统，是一种特殊编程的路由器，用来在两个网络之间实施访问控制策略。它通过控制和监测网络之间的信息交换和访问行为来实现对网络安全的有效管理，其安全作用主要表现在以下几个方面。

1）防火墙是网络安全的屏障，防火墙能过滤不安全的服务，从而降低网络风险。防火墙可看作检查点，所有进出的信息都必须穿过它，为网络安全起把关作用，有效地阻挡外来的攻击，保护网络中脆弱的服务。

2）防火墙可以强化网络安全策略。以防火墙为中心的安全方案配置能将所有安全软件（如密码、加密、身份认证、审计等）集中配置在防火墙上。

3）对网络传输和访问进行监控和审计。所有传输的信息都必须穿过防火墙，防火墙能够记录所有经过的访问并进行日志记录，同时能提供网络使用情况统计数据。当发现可疑行为时，防火墙能进行相应的报警，并提供网络是否受到监测或攻击的详细信息。

4）防止内部信息外泄。利用防火墙对内部网络的划分，可实现内部重点网段的隔离，从而避免局部重点网段或敏感网络安全问题对全局网络造成影响。

（3）防火墙的不足

防火墙并非万能的，影响网络安全的因素很多，对于以下情况它无能为力。

1）不能防范绕过防火墙的攻击。

2）一般的防火墙不能防止受到病毒感染的软件或文件的传输。

3）不能防止数据驱动式攻击。当有些表面看来无害的数据被邮寄或复制到 Internet 主机上并被执行而发起攻击时，就会发生数据驱动式攻击。例如，一种数据驱动式攻击可能使某台主机修改与安全性有关的文件，从而使入侵者下一次可以更容易地入侵该系统。

4）难以防范来自内部的攻击。俗话说“家贼难防”，内部人员的攻击根本就不经过防火墙。

5）防火墙不能防范全部威胁。防火墙被用来防范已知的威胁，如果是一个很好的防火墙设计方案，它可以防范新的威胁，但没有一个防火墙能够自动防御所有的威胁。

提 示

防火墙只是网络安全策略的一部分，而不是解决所有网络安全问题的灵丹妙药。网络安全策略的制定非常重要，在没有全面的安全策略的情况下设立 Internet 防火墙，就如同在一顶帐篷上安装一个防盗门一样，没有一点效果。

（4）防火墙的分类

防火墙可以按照不同的方式来进行分类，具体有以下几种。

1）按软件、硬件形式分为软件防火墙、硬件防火墙和芯片级防火墙。

2）按防火墙技术分为包过滤型防火墙和应用代理型防火墙。

3）按防火墙的结构分为单一主机防火墙、路由集成式防火墙和分布式防火墙。

4）按防火墙应用部署的位置分为边界防火墙、个人防火墙和混合防火墙。

5）按防火墙的传输性能分为百兆级防火墙和千兆级防火墙。

6）按防火墙的使用方法分为网络层防火墙、物理层防火墙和链路层防火墙。

7）根据防火墙在网络协议栈中的过滤层次不同，把防火墙分为包过滤防火墙、电路级网关防火墙和应用级网关防火墙。这也是网络防火墙最常用的分类方法。

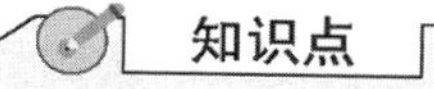

课堂同步

请上网查询我国的防火墙设备的生产厂商，并列举主要品牌。

11.4.2　防火墙的主要技术

知识点

（1）包过滤技术。

（2）代理服务技术。

（1）包过滤技术

包过滤技术（Packet Filtering）是指在网络中对数据包实施有选择的通过，选择的依据是系统内设置的过滤规则，只有满足过滤规则的数据包才能被转发到相应的网络接口，其余数据包则从数据流中被删除。包过滤技术是一种简单、有效的安全控制技术，它通过在网络间相互连接的设备上加载允许或禁止某些特定的源地址、目的地址、TCP 端口号的数据包等规则，对通过设备的数据包进行检查，从而限制数据包进出内部网络。

包过滤技术是防火墙中最常用的技术。对一个存在危险的网络，这种方法可以阻塞某些主机或网络连入内部网络，也可以限制内部人员对一些危险站点的访问。

包过滤技术作为防火墙应用有 3 种实现方式，一是在路由器上设置包过滤规则；二是在工作站上使用软件进行包过滤；三是在防火墙上启动和设置包过滤功能。

（2）代理服务器技术

代理服务器技术又称应用层网关技术，是运行于内部网络与外部网络之间的主机（这个主机称为代理服务器）之上的一种应用。代理服务器在外部网络向内部网络申请服务时发挥了中间转接和隔离内外网的作用，又称代理防火墙，其原理是在网关计算机上应用代理程序运行时由两部分构成，一部分是应用网关同内部网用户计算机建立连接；另一部分是代替原来的客户端与服务器建立连接。通过代理服务，内部网用户可以通过应用网关安全地使用 Internet 服务，而对于非法用户的请求将予以拒绝。当用户需要访问代理服务器另一侧主机时，对符合安全规则的连接，代理服务器将代替主机响应，并重新向主机发出一个相同的请求。当此连接请求得到回应并建立起连接，内部主机同外部主机之间将通过代理程序映射相应连接来实现通信。

代理服务器技术与包过滤技术的不同之处在于，内部网和外部网之间不存在直接连接，是通过代理服务器转接通信的，同时提供审计和日志服务。

课堂同步

请熟悉 Windows 自带的防火墙的功能，也可下载相关个人防火墙软件进行简单的操作和配置。

11.5 入侵检测技术

学习任务

（1）理解入侵检测技术的基本概念。

（2）了解入侵检测。

知识点

（1）IDS 的基本概念。

（2）代理服务技术。

在一部分黑客攻击中，黑客能轻易地绕过防火墙而攻击网站服务器。这就使人们认识到，仅靠防火墙远远不能将所有“不速之客”拒之门外，还必须借助于一个“补救”环节——入侵检测系统。防火墙试图在入侵行为发生之前阻止所有可疑的通信。入侵检测系统（IDS，

Intrusion Detection System）能够在入侵已经开始，但还没有造成危害或在造成更大危害前，及时检测到入侵，以便尽快阻止入侵，把危害降低到最小。

（1）入侵检测技术的概念

入侵检测技术是一种主动保护自己免受攻击的网络安全技术。入侵检测系统是指对入侵行为进行自动检测、监控和分析的软硬件的组合系统。入侵检测系统（Intrusion Detection System，IDS）依照一定的安全策略，对网络、系统的运行状况进行监视，尽可能发现各种攻击企图、攻击行为或攻击结果，以保证网络系统资源的机密性、完整性和可用性。

假如说防火墙是一幢大楼的门禁系统，那入侵检测系统就是这幢大楼里的监视系统。门禁系统可以防止小偷进入大楼，但不能保证小偷 100%地被拒之门外，更不能防止大楼内部个别人员的不良企图。而一旦小偷爬窗进入大楼，或内部人员有越界行为，门禁系统就就失去防护作用了，这时，只有实时监视系统才能发现情况并发出警告。入侵检测系统不仅针对外来的入侵者，同时也针对内部的入侵行为。作为分层安全中日益被普遍采用的成分，入侵检测系统能有效地提升黑客进入网络系统的门槛。

（2）入侵检测系统的功能

入侵检测系统被认为是防火墙之后的“第二道安全闸门”，在不影响网络性能的情况下，能够对网络进行检测，从而提供对内部攻击、外部攻击和误操作的实时保护。其功能主要包括以下几个方面。

① 对网络流量的跟踪与分析。

② 对已知攻击特征的识别。

③ 对异常行为的分析、统计与响应。

④ 特征库在线升级。

⑤ 数据文件的完整性检验。

⑥ 自定义特征的响应功能。

⑦ 系统漏洞的预报警功能。

（3）入侵检测系统的组成

IETF（国际互联网工程任务组）将一个入侵检测系统分为以下 4 个组件。

① 事件产生器。其作用是从整个计算环境中获得事件，并向系统的其他部分提供此事件。

② 事件分析器。它经过分析得到数据，并产生分析结果。

③ 响应单元。它是对分析结果做出反应的功能单元，可以做出切断连接、改变文件属性等强烈反应，也可以只是简单的报警。

④ 事件数据库。它是存放各种中间数据和最终数据的场所的统称，它可以是复杂的数据库，也可以是简单的文本文件。

（4）常见的入侵检测方法

常见的入侵检测方法包括特征检测和异常检测。特征检测是对已知攻击或入侵方式做出确定的描述，形成响应的事件描述。

随着网络攻击技术的不断提高和网络安全漏洞的不断发现，传统防火墙技术加传统入侵检测方法，已经无法应对一些新的安全威胁。在这种情况下，入侵防御系统（Intrusion Prevention System，IPS）技术应运而生。IPS 技术可以深度感知并检测流经的数据流量，对恶意报文进行丢弃以阻断攻击，对滥用报文进行限流以保护网络带宽资源。

课堂同步

请上网查询国产 IDS 或 IPS 的厂商，并列举主要品牌。

11.6 计算机病毒与防范

学习任务

（1）理解计算机病毒的概念及特征。

（2）了解计算机病毒的防范措施。

随着 Internet 的迅速发展、网络应用的日益广泛和深入，Internet 软件和应用也成为病毒攻击的目标，同时病毒的数量和破坏力也越来越大，而且病毒的“产业化”和“流程化”等特点越来越明显。Internet 的迅速发展和广泛应用，给病毒增加了新的传播途径，网络将逐渐成为病毒的第一传播途径。

11.6.1 计算机病毒的概念

知识点

（1）计算机病毒的概念。

（2）计算机病毒的特征。

计算机病毒是指进入计算机数据处理系统中的一段程序或一组指令，它们能在计算机内自我繁殖或扩散，从而危及计算机系统或网络的正常工作，造成种种不良后果，最终使计算机系统或网络发生故障甚至瘫痪。这种现象与自然界病毒在生物体内部繁殖、生物体之间相互传染，最终引起生物体致病的过程极为相似，所以人们形象地称之为“计算机病毒”。计算机病毒是人为编制的一组程序或指令集合。病毒一旦进入计算机并得以执行，就会对计算机的某些资源进行破坏，再搜寻其他符合传染条件的程序或存储介质，达到自我繁殖的目的。计算机病毒具有以下特征。

（1）传染性

计算机病毒的传染性是指病毒具有把自身复制到其他程序的能力。这是计算机病毒的最基本特征，而且传染速度很快。

（2）破坏性

病毒的破坏程度取决于病毒生产者的主观愿望和他的存储技术水平。病毒的破坏性一般表现为对计算机数据信息的直接破坏、干扰系统的运行、占用磁盘空间、抢占系统资源、干扰输入/输出设备，以及非法使用网络资源等。任何病毒只要侵入系统都会对系统及应用程序产生不同程度的影响，较轻的会降低计算机的工作效率、占用系统资源；严重的可能导致系统崩溃。

（3）潜伏性

大部分病毒感染后不会马上发作，而是隐藏在系统中，像定时炸弹一样，在满足特定条件时才激活。

（4）可触发性

当满足某种特定条件时病毒就会启动，可用于启动病毒的条件较多，如特定日期或特定时刻（如“黑色星期五”、4 月 26 日 CIH 病毒），输入特定字符（如 AIDS 病毒、一旦输入“A、I、D、S”就会触发），某种特定端口（如冲击波病毒向某网段的计算机 135 端口发布攻击代码）等。

（5）隐蔽性

计算机病毒具有很强的隐蔽性，病毒的代码非常短小，一般附在正常程序之中，或隐藏在磁盘隐蔽的地方。有的病毒感染系统之后，计算机仍能正常工作，用户觉察不到。例如，小球病毒隐藏在系统引导区中；CIH 病毒把自己分成几个部分，隐藏在文件的空闲字节里，不改变文件长度，有的隐藏在邮件或网页中。

（6）寄生性

计算机病毒一般寄生在其他程序中，当执行这个程序时，病毒代码就会被执行，起到破坏作用。

（7）非授权性

一般正常程序是由用户调用，再由系统分配资源，完成用户交给的任务，而病毒具有正常程序的一切特征，它隐藏在正常程序中，当用户调用正常程序时，病毒会提取系统的控制权，先于正常程序执行。

（8）不可预见性

对于不同种类的病毒，其代码千差万别，并且病毒的制作技术也在不断提高，许多病毒对于反病毒软件是超前的。因此，从病毒的检测来看，病毒具有不可预见性，这就要求人们不断提高对病毒的认识，增强防范意识。

计算机病毒一般通过硬盘、移动存储设备和网络途径进行传播。计算机病毒的危害主要有以下几个方面。

（1）计算机病毒通过“自我复制”传染给其他程序，抢占系统网络资源，造成网络阻塞或系统瘫痪。

（2）破坏文件或数据，造成用户数据丢失或毁损。

（3）破坏操作系统等软件或计算机主板等硬件，造成计算机无法启动。

课堂同步

单选题：下列关于计算机病毒的描述中，错误的是（　　）。

A. 计算机病毒就是一段程序　　B. 计算机病毒具有自我复制的能力

C. 计算机病毒一般隐蔽性比较强　　D. 计算机病毒一旦感染，就无法消除

11.6.2 计算机病毒的防范

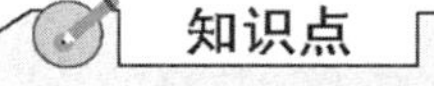

计算机病毒的防范措施。

防止病毒侵入要比病毒入侵后再去发现和消除它更简单有效。所以，病毒的防范措施重点在于预防病毒、避免病毒的入侵。计算机病毒的防范是指通过建立合理的计算机病毒防范体系和制度，及时发现计算机病毒，并采取有效措施来阻止计算机病毒的传播和破坏，恢复受影响的计算机系统和数据。为了将病毒拒之门外，就要做好以下预防措施。

（1）树立病毒防范意识。从思想上重视计算机病毒可能会给计算机安全运行带来的危害。

（2）安装正版的杀毒软件和防火墙，并及时升级病毒特征库。

（3）及时更新操作系统补丁程序，及时升级应用程序。从根源上杜绝黑客利用系统漏洞攻击用户计算机的可能性。

（4）把好入口关。在使用移动硬盘、U 盘，以及从网络上下载的程序之前必须使用杀毒工具进行扫描杀毒，确认无病毒后再使用。对于公共场合的计算机，如学校的机房、网吧等，建议安装还原卡，每次启动计算机时还原成安装时的初始状态。

（5）不要随便登录不明网站、黑客网站或色情网站，不要随便打开 QQ、MSN 等聊天工具上发来的不明链接信息或可疑文件。

（6）养成经常备份重要数据的习惯。要定期与不定期地对磁盘文件进行备份，特别是一些比较重要的数据资料，以便在感染病毒导致系统崩溃时最大限度地恢复数据，尽量减少可能造成的损失。

（7）养成使用计算机的良好习惯，应该定期查毒、杀毒，一旦发现感染了病毒，要及时清除。要学习和掌握一些必备的相关知识，这样才能及时发现新病毒并采取相应措施，在关键时刻减少病毒对自己的计算机造成的危害。

（8）合理地分配用户访问权限。病毒的作用范围在一定程度上与用户对网络的使用权限有关。用户的权限越大，病毒的破坏范围和破坏性也就越大。

网络反病毒技术通常包括预防病毒、检测病毒和杀毒 3 种。

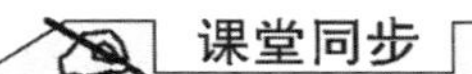

请谈谈你的计算机是否遭受过病毒侵袭，如果有，你是如何处理的。今后应如何防范计算机病毒？

11.7 云安全简介

学习任务

了解云安全的基本概念。

知识点

云安全。

（1）云安全简介

云计算（Cloud Computing）是一种基于互联网的计算方式，通过这种方式，共享的软、硬件资源和信息可以按需求提供给用户，主要是基于互联网的相关服务的增加、使用和交付模式，通过互联网来提供动态易扩展的虚拟化的资源。“云”是网络、互联网的一种比喻说法。过去往往用“云”来表示电信网，后来也用来表示互联网和底层抽象的基础设施。狭义云计算是指 IT 基础设施的交付和使用模式，指通过网络以按需或按申请资源量的方式获得所需资源；广义云计算是指服务的交付和使用模式，指通过网络以按需扩展的方式获得所需服务。

云计算的应用使得用户无须投入大量的人力和物力建设自己的网络，就可以获得需要的服务，仅需要支付一定的租赁费用即可，有些厂家还提供一些免费的云服务。云计算的美好前景让大家向往，然而影响云计算发展的首要关键无疑是安全问题，即云安全。

云安全（Cloud Security）计划是网络时代信息安全的最新体现，它融合了并行处理、网格计算、未知病毒行为判断等技术和概念，通过网状的大量客户端对网络中软件行为的异常监测，来获取互联网中木马、恶意程序的最新信息，并传送到云服务器进行自动分析和处理，再把病毒和木马的解决方案分发到每一个客户端。

云安全是继云计算和云存储之后，云技术的又一个重要工作，是传统 IT 领域安全概念在云计算时代的延伸，已经在反病毒软件中取得了广泛的应用，并取得良好的效果。在云安全技术中识别和查杀病毒，不再仅仅依靠本地磁盘中的病毒库，而是依靠庞大的网络服务，实时进行采集、分析和处理。整个云化网络就是一个巨大的“杀毒软件”，参与者越多，每个参与者就越安全，云网络也就越安全。

（2）网络安全未来的发展方向

网络安全是一个很大的领域。有志于这一领域的读者可在以下几个方向做进一步的研究。

1）椭圆曲线密码（Elliptic Curve Cryptography，ECC）与高级加密标准（Advanced Encryption Standard，AES）。这一系统现在已广泛用于电子护照中，也是下一代金融系统使用的加密系统。

2）移动安全（Mobile Security）。移动通信带来的广泛应用（如移动支付）对网络安全提出了更高的要求。

3）量子密码（Quantum Cryptography）。量子计算机的到来将使目前正在使用的许多密码技术无效，后量子密码学（Post-Quantum Cryptography）的研究方兴未艾。

课堂同步

上网查询云安全、量子密码、ECC、AES 和移动安全等资料，看是否符合自己的兴趣爱好，为自己的职业生涯规划奠定基础。

思考与练习

一、选择题

1. 假设使用一种加密算法，它的加密方法很简单：将每一个字母加 5，即 a 加密成 f，b 加密成 g。这种算法的密钥就是 5，那么它属于（　　）。

   A. 非对称加密技术　　B. 分组密码技术

   C. 公钥密码技术　　D. 变换加密

2. 下面有关对称密钥加密技术的描述中，哪个更准确？（　　）。

   A. 对称密钥加密技术又称秘密密钥加密技术，接收端和发送端使用相同的密钥

   B. 对称密钥加密技术又称公开密钥加密，接收端和发送端使用的密钥互不相同

   C. 对称密钥加密技术又称秘密密钥加密技术，接收端和发送端使用不同的密钥

D. 对称密钥加密技术又称公开密钥加密，接收端和发送端使用相同的密钥

3. 防火墙（Firewall）是指（　　）。

A. 防止一切用户进入的硬件设备

B. 一种高级访问控制设备，是在被保护网和外网之间执行访问控制策略的一系列部件的组合

C. 记录所有访问信息的服务器

D. 处理出入主机的邮件服务器

4. 下列选项中不能用于计算机病毒检测的是（　　）。

A. 自身校验　　B. 关键字检测

C. 判断文件的长度或大小　　D. 加密可执行新程序

5. 以下对于计算机病毒概念的描述中，正确的是（　　）。

A. 计算机病毒只在单机上运行　　B. 计算机病毒是一个程序

C. 计算机病毒不一定具有恶意性　　D. 计算机病毒是一个文件

6. 计算机病毒的具有（　　）的特征。

A. 隐蔽性　　B. 潜伏性、传染性

C. 破坏性　　D. 可触发性

E. 以上都正确

7. 下列选项中，属于被动攻击的是（　　）。

A. 拒绝服务攻击　　B. 消息篡改

C. 恶意程序攻击　　D. 电子邮件监听

8. 在认证过程中，如果明文 A 发送到 B，那么对明文进行签名的密钥是（　　）。

A. A 的私钥　　B. A 的公钥

C. B 的私钥　　D. B 的公钥

9. 下列关于公钥密码体制的描述中，错误的是（　　）。

A. 私钥不需要保密　　B. 加密和解密使用不同的钥匙

C. 公钥不需要保密　　D. 常用于数字签名和认证等方面

10. 为了确定信息在网络传输中是否被他人篡改，一般采用的技术是（　　）。

A. 防火墙技术　　B. 数据库技术

C. 文件交换技术　　D. 消息认证技术

11. 下列关于防火墙技术的描述中，错误的是（　　）。

A. 防火墙可以阻止内部人员对外部的攻击

B. 防火墙技术分为数据包过滤技术和代理服务技术

C. 防火墙可以控制外部用户对内部系统的访问

D. 防火墙可以对用户如何使用特定服务进行控制

12. 若每次打开 Word 编辑文档时，计算机都会把文档传送到另一台 FTP 服务器。那么，可以怀疑计算机被黑客植入了（　　）。

A. 特洛伊木马　　B. 病毒

C. FTP 匿名访问　　D. 钓鱼程序

二、简答题

1. 简述网络安全的概念。
2. 常见的网络安全威胁有哪些？
3. 简述防火墙的作用和不足。
4. 简述非对称加密技术。
5. 什么是计算机病毒？病毒有哪些特征？

单元 12 认识网络新技术

导 学

在计算机信息技术飞速发展的大背景下，“互联网+”和“智能+”正在加速产业数字化，催生了一批新技术、新产品和新模式，引发了全球数字经济浪潮。对于大多数人来说，SDN 技术、5G、下一代网络（NGN）、Wi-Fi 6、云计算、大数据与人工智能这些名词或多或少都通过一些媒介接触过，以它们为代表的新一代网络新技术及应用层出不穷、蓬勃发展，正在潜移默化地改变着传统产业形态和人们的生活方式。什么是 SDN 技术？5G 时代能为人们的生活带来多大改变？下一代网络（NGN）及 Wi-Fi 6 相对于现行标准有哪些改进？云计算、物联网与人们的生活有多近？作为网络初学者，有必要了解一些新技术、新产品和新模式，为今后的职业生涯规划奠定基础。本单元让我们一起了解来新一代网络技术。

学习目标

【知识目标】

◇ 了解网络信息技术的基本概念。

◇ 了解新一代网络技术的应用场景。

【技能目标】

◇ 能够简单分析和应用新一代网络技术。

◇ 能够将新型网络技术的思想应用到日常工作和生活中。

12.1　SDN 技术简介

学习任务

（1）了解 SDN 技术的定义。

（2）了解 SDN 技术的应用场景。

知识点

（1）SDN 的基本概念。

（2）SDN 技术特征。

传统 IT 架构中的网络是由各个节点单独控制的，属于纯分布式，它的优点是不会因某一点的故障而导致全网中断。缺点是各个节点利用协议获得的信息各自为战，缺乏全局调度能力。

随着业务量不断增大、业务需求的不断更新，不断地重新修改相应网络节点设备（如交换机、路由器、防火墙）上的配置是一件非常烦琐的事情，且网络协议限制了转发规则（如路由协议只能按 IP 地址来转发），使得管理员无法直接按照自己的意志来控制转发。

传统 IT 架构的网络也有部分软件编程，但这部分往往都是由设计者去决定，而不是使用者，无法让管理员随心所欲地实现自己想要的功能。例如，针对路由器上的编程和配置是相当复杂的，而 SDN 提供给管理员的是一套接口，通过这些接口，他可以实现自己想要的功能，而无须关心 SDN 内部是怎么实现的。

（1）SDN 技术的定义及设计思想

软件定义网络（Software Defined Network，SDN），起源于 2006 年美国斯坦福大学 Clean State 课题研究组提出的一种新型网络创新架构，是网络虚拟化的一种实现方式。其核心技术 OpenFlow 通过将网络设备的控制面与数据面分离开来，从而实现了网络流量的灵活控制，使网络作为管道变得更加智能，为核心网络及应用的创新提供了良好的平台。与此同时，广义的 SDN 概念还延伸出了软件定义安全、软件定义存储等。可以说，SDN 是一个新技术浪潮，席卷了整个产业。

SDN 技术可理解为是一种网络设计理念，或者说是一种颠覆性的设计思想。只要网络中的硬件设备可以通过软件集中式地管理，可编程操作，并且将控制层面与转发层面分离，就可以认为这个网络是一个 SDN 网络。所以说，SDN 并不是一项具体的技术，也不是一个具体的协议，而是一种思想或者说是一个框架。一般认为 SDN 应该具有以下特征。

1）控制层面与转发层面分离，属于核心属性。

2）具备开放的可编程接口，属于核心属性。

3）集中化的网络控制。

4）网络业务的自动化应用程序控制。

（2）SDN 技术的特点

SDN 的功能就是将网络设备上的控制权分离出来，由统一的控制器集中管理，不再依赖底层网络设备（交换机、路由器、防火墙），这样的做法从结构理念上屏蔽了来自底层网络设备的差异。对于用户层面来讲，具备了完全开放性控制权，可以自定义任何想要实现的网络路由和传输规则策略，从而更加灵活和智能。

在 SDN 时代，网络工程师进行网络运维及运维人员部署网络的方式，需要从人为配置慢慢变成采用脚本语言、编程语言等方式对网络进行“自动化”部署，从而更快更好地响应业务需求。从技术角度来讲，SDN 具有以下特点。

1）网络业务快速创新

SDN 具备可编程性和开放性，可以快速开发新的网络业务并加速业务创新。不像传统网络那样，一个新的大型业务上线需要经过需求提出、讨论和定义开发商开发标准协议，然后在网络上升级所有的网络设备等过程，经过数年才能完成一个新业务。SDN 使新业务的上线周期从几年缩减至几个月甚至更快。

2）简化网络

SDN 的网络架构简化了网络，消除了很多 IETF 协议。IETF 协议的去除，意味着学习成本下降、运行维护成本下降、业务部署速度大幅提升。

3）网络设备白牌化

基于 SDN 架构，如果标准化了控制器和转发器之间的接口，如 OpenFlow 协议逐渐成熟，使得垂直集成和水平集成成为可能。垂直集成是一个厂家供应全部软件、硬件及服务的集成。水平集成则是把系统水平分工，每个厂家都完成产品的一个部件，由集成商把他们集成起来销售。这样有利于系统各个部分的独立演进和更新，加速进化，促进竞争，促使各个部件的采购价格下降。

4）业务自动化

SDN 网络架构下，整个网络归属于控制器控制，网络业务自动化是必然选择，不需要另外的系统进行配置分解。在 SDN 网络架构下，SDN 控制器可以自动完成网络业务部署，提供各种网络服务，屏蔽网络内部细节，提供网络业务自动化功能。

5）网络路径流量优化

通常，传统网络的路径选择依据是通过路由协议计算出的“最优”路径，但结果可能会导致“最优”路径上流量拥塞，其他非“最优”路径空闲。当采用 SDN 网络架构时，SDN 控制器可以根据网络流量状态智能地调整网络流量路径，从而提升网络利用率。

课后学习

有兴趣的读者可以查阅 SDN 相关资料进一步学习。

12.2 下一代网络 NGN 简介

学习任务

（1）了解 NGN 的广义概念和狭义概念。

（2）了解 NGN 的设计思想。

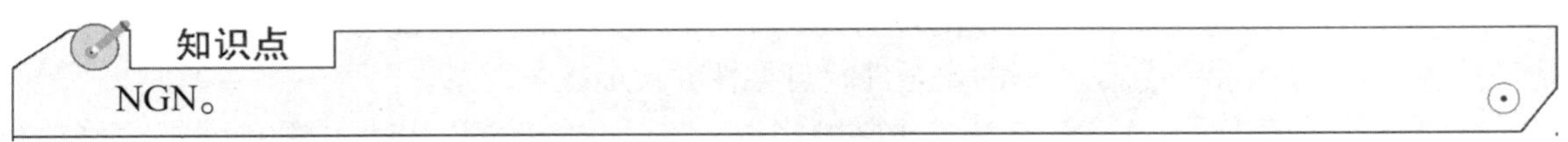

下一代网络（Next Generation Network，NGN），又称次世代网络，是一个广义的概念，是指下一代融合网，泛指不同于目前一代的，大量采用新技术，以 IP 为中心，同时支持语音、数据和多媒体业务的融合网络，代表了未来电信网络发展的主流趋势。下一代网络包含下一代传送网、下一代接入网、下一代交换网、下一代互联网和下一代移动网。

狭义来说，下一代网络特指以软件定义的交换设备为控制核心，能够实现语音、数据和多媒体业务的、开放的分层体系架构。在这种分层体系架构下，能够实现业务控制与呼叫控制分离，呼叫控制与接入彼此分离，各种功能部件之间采用标准的协议进行互通，能够兼容各业务网（PSTN、IP 网、移动网等）技术，提供丰富的用户接入手段，支持标准的业务开发接口，并采用统一的分组网进行传送。

NGN 的主要思想是以统一管理的方式在一个统一的网络平台上提供多媒体业务，通过对现有的市内固定电话、移动电话网络进行整合，增加多媒体数据服务及其他增值型服务。

可以说 NGN 的出现是电信发展史上十分重要的一个标志，代表了新一代电信网络时代的到来，是对通信网络、计算机网络进行的一种融合和延伸。

从网络架构上来看，如图 12-1 所示，NGN 在垂直方向从上往下依次包括业务层、承载层、传送层；从网络功能层次上来看，在水平方向应覆盖骨干网、城域网和接入网乃至用户驻地网。

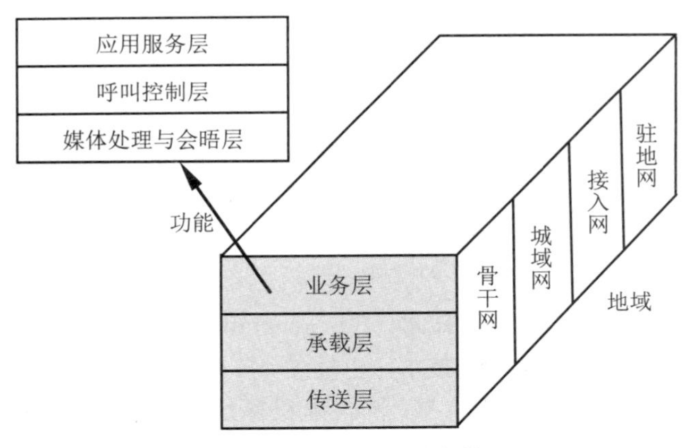

图 12-1　NGN 总体架构

NGN 具有以下 3 大特征。

1）将传统交换机的功能模块分离成独立的网络部件，各个部件可以按相应的功能划分，各自独立发展。部件间的协议接口基于相应的标准。部件化使得原有的电信网络逐步走向开放，运营商可以根据业务需要自由组合各部分功能产品来组建网络。部件间协议接口的标准化可以实现各种异构网的互通。

2）下一代网络是业务驱动的网络，应实现业务控制与呼叫控制分离、呼叫控制与承载分离。分离的目标是使业务真正独立于网络，以便灵活有效地实现各种业务。用户可以自行配置和定义自己的业务特征和接入方式，而不必关心承载业务的网络形式及终端类型。同时能够支持固定电话用户和移动电话用户，使得提供的业务和应用有较大的灵活性。

3）下一代网络是基于统一协议的分组的网络。能利用多种宽带能力和有服务质量保证的传送技术，使 NGN 能够提供通信的安全性、可靠性并保证服务质量。

从终端的角度来看，NGN 支持多种类型终端，包括传统的固定电话、智能终端、移动终端、PC 机等。其中，固定电话主要通过网关设备与 NGN 网络相连，移动终端和智能终端则直接接入 NGN 网络。

课后学习

有兴趣的读者可以查阅 NGN 相关资料进一步学习。

12.3 5G 技术简介

学习任务

（1）了解 5G 网络的技术特点。

（2）了解 5G 技术的应用场景。

知识点

5G 技术。

2015 年 10 月在瑞士日内瓦举办的 2015 年无线电通信全会上，国际电联无线电通信部门（ITU-R）正式批准了 3 项有利于推进未来 5G 研究进程的决议，并正式确定了 5G 的法定名称是“IMT-2020”。

2019 年 4 月，韩国宣布该国已经实现了 5G 商用，成为全球第一个实现 5G 商用的国家。

2019 年 6 月 6 日，中国 5G 商用牌照发放仪式在工信部举行。工信部向中国电信、中国移动、中国联通、中国广电发放 5G 商用牌照，标志着中国正式进入 5G 商用时代。那么，什么是 5G 技术呢？

（1）5G 网络的基本概念

第五代移动通信技术（5G 或 5G 技术，5th generation mobile networks 或 5th generation wireless systems）是新一代蜂窝移动通信技术，也是继 4G（TD-LTE、FDD-LTE）、3G（UMTS、LTE）和 2G（GSM）系统之后的延伸。5G 的性能目标是高数据速率、减少延迟、节省能源、降低成本、提高系统容量和大规模设备连接。

与早期的 2G、3G 和 4G 移动网络一样，5G 网络是数字蜂窝网络，在这种网络中，电信供应商网络覆盖的服务区域被划分为许多被称为蜂窝的小地理区域，如图 12-2 所示。蜂窝中的所有 5G 无线设备均通过无线电波与蜂窝中的本地天线阵和低功率自动收发器（发射机和接收机）进行通信。本地天线通过高带宽光纤或无线回程连接与电话网络和互联网连接。与现有的手机一样，当用户从一个蜂窝穿越到另一个蜂窝时，他们的移动设备将自动“切换”到新蜂窝中的覆盖区域。

（2）5G 网络的特点

1G 实现了移动通话；2G 实现了短信、数字语音和手机上网；3G 带来了基于图片的移动互联网；而 4G 则推动了移动互联网的发展；5G 网络则被视为未来物联网、车联网等“万物互联”的基础。同时，5G 的普及将使得虚拟现实和增强现实这些技术成为主流。4G 网络是专为手机制定的，没有为物联网进行优化。5G 技术为物联网提供了超大带宽。与 4G 相比，5G 网络可以支持 100 倍以上的设备。从技术特点来看，5G 具有明显优势。

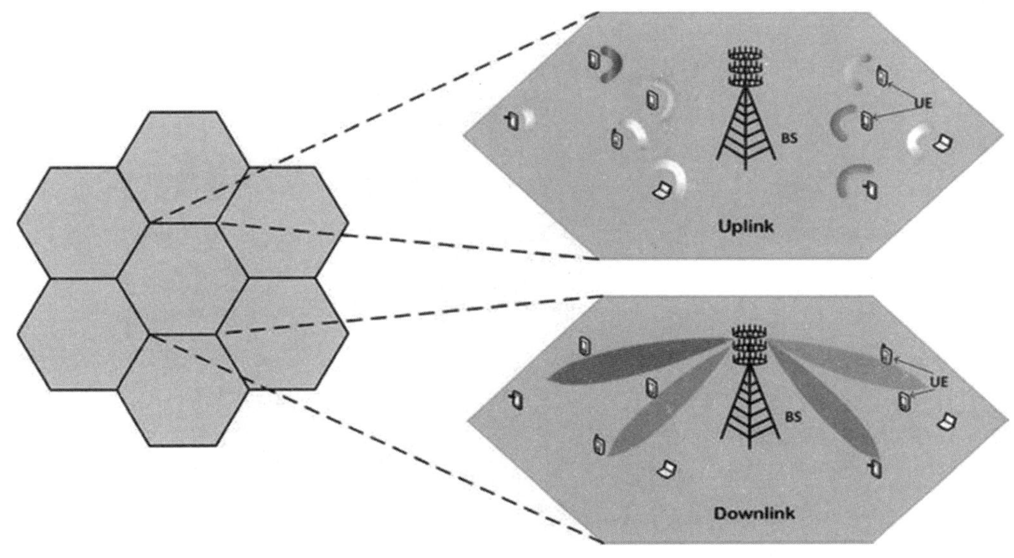

图 12-2　5G 蜂窝传输路径

1）5G 网络传输主要有 3 大特点：极高的速率、极大的容量、极低的时延。

① 极高的速率：相对于 4G 网络，传输速率提升 10~100 倍，峰值传输速率可达 10Gb/s。4G 最快下载速度大约是 150MB/s，但 5G 最快下载速度则达到了 10GB/s。下载一部 8G 高清电影，同时将从 3G 时代 70 分钟、4G 时代 7 分钟，降至 5G 时代短短的 6 秒钟。

② 极大的容量：主流厂商预计，5G 网络容量将是 4G 的 100~1000 倍。连接设备密度增加 10~100 倍，流量密度提升 1000 倍，频谱效率提升 5~10 倍，能够在 500km/h 的速度下保证用户体验。

③ 极低的时延：端到端时延达到 ms 级。在 3G 网络中，时延约为 100ms；4G 网络的时延为 20～30ms；而 5G 网络的时延可缩短到 1ms，足以支撑汽车自动驾驶功能。

2）5G 网络应用具有以下特点：万物互联、开放架构、无限接入。

5G 的到来不仅是为解决基础通信的问题，更是为解决人与人、人与物、物与物之间的互联。5G 的目标是提供无限的信息接入，并且能够让任何人和物随时随地共享数据，使个人、企业和社会受益。

5G 采用了万物互联的开放式的、软件可定义的架构。在此架构上有不同的虚拟网络，适应成千上万的 5G 应用场景，5G 除了人与人之间的通信，还将以物联网为平台，以用户为中心，构建全方位的信息生态系统，提供各种可能和跨界整合。

通俗理解就是说，5G 最大的不同是将真正帮助整个社会构建“万物互联”。比如，无人车辆驾驶、云计算、可穿戴设备、智能家居、远程医疗、海量物联网等。等到 5G 发展到足够成熟的阶段，就能够实现真正意义上的物/物互联、人/物互联。新的技术革命人工智能、新的智能硬件平台 VR、新的出行技术无人车辆驾驶、新的场景万物互联等颠覆性应用，在 5G 的助力下，才可蓬勃展开。

（3）5G 网络的应用场景

5G 网络的应用场景得益于 5G 网络的种种优势，将在智能家居、智慧办公、远程教育、智慧农业、智能制造、智慧医疗、智能交通，以及军事等方面得到较大的应用，并产生深远的影响，如图 12-3 所示。

图 12-3　5G 网络应用场景

同时，5G 技术的其他优势还包括大幅减少了下载时间，可以在 1 秒钟内下载超过 10 部高清电影。为远程医疗、会诊提供了技术保障。随着 5G 技术的广泛应用将开辟许多新的应用领域，以前的移动数据传输标准对这些领域来说还不够快。5G 网络的速度和较低的延时性首次满足了远程呈现，甚至是远程手术的要求。

课后学习

有兴趣的读者可以查阅 5G 相关资料进一步学习。

12.4　Wi-Fi 6 简介

学习任务

了解 Wi-Fi 6 的改进。

知识点

Wi-Fi 4，Wi-Fi 5，Wi-Fi 6。

Wi-Fi 可以看作是 IEEE 802.11 的统称，从 1999 年发展至今一共经历了五代。到了 2018 年第六代的 IEEE 802.11 ax 发布时，命名规则改为 Wi-Fi 6，这样更简单易记。之前的 802.11n 也就改名为 Wi-Fi 4，第五代的 802.11ac 改名为 Wi-Fi 5。

要了解 Wi-Fi 6 相比于前代版本有哪些改进，首先要知道 Wi-Fi 6 对比 Wi-Fi 4 和

Wi-Fi 5 有哪些不同，如表 12-1 所示。

表 12-1　Wi-Fi 4、Wi-Fi 5、Wi-Fi 6 参数对比

	Wi-Fi 4	Wi-Fi 5		Wi-Fi 6
协议	802.11n	802.11ac		802.11ax
		Wave1	Wave2	
发布年份	2009	2013	2016	2018
频段	2.4 GHz、5 GHz	5 GHz		2.4 GHz、5 GHz
最大频宽	40 MHz	80 HMz	160 MHz	160 MHz
最高调制	64 QAM	256 QAM		1024 QAM
单流带宽	150 Mb/s	433 Mb/s	867 Mb/s	1200 Mb/s
最大带宽	600 Mb/s	3466 Mb/s	6933 Mb/s	9.6 Gb/s
最大空间流	4×4	8×8		8×8
MU-MIMO	N/A	N/A	下行	上行、下行
OFDMA	N/A	N/A	N/A	上行、下行

Wi-Fi 4（802.11n）发布于 2009 年，率先支持 40MHz 频宽与 MIMO，理论带宽从 11a/g 的 54Mb/s 一下提升到了 600Mb/s（单流带宽为 150Mb/s），并且同时支持 2.4G 与 5G 两个频段，支持 64 正交振幅调制（Quadrature Amplitude Modulation，QAM），当时是非常出色的数据。

2013 年，发布了第一版的 Wi-Fi 5（Wave1），其频宽提升至 80MHz，单流带宽提升至 433Mb/s。到了 2016 年的第二版 Wi-Fi 5（Wave2）将频宽翻倍到 160MHz，支持 256 QAM，单流带宽提升至 867Mb/s。不过，由于 Wi-Fi 5 只支持 5G 频段，所以在很多路由器上都要与 Wi-Fi 4 的 2.4G 共存。这就是市场上出现了很多双频路由器的原因。

2018 年，推出了 Wi-Fi 6 版本，对比前两代版本，Wi-Fi 6 有了以下的进步：支持 1024QAM，单流带宽提升至 1200Mb/s；同时支持 2.4G 和 5G 频段；支持完整版的多用户—多输入多输出（Multi-User Multiple-Input Multiple-Output，MU-MIMO），能够同时支持 8 个终端上行/下行；支持正交频分多址（Orthogonal Frequency Division Multiple Access，OFDMA）黑科技；理论吞吐量最高可达 9.6Gb/s。总体而言，相对于前代版本，Wi-Fi 6 具有高速率、高接入数、低时延、低能耗 4 个优势。

改进了 Wi-Fi 5 所采用的正交频分复用技术（Orthogonal Frequency Division Multiplexing，OFDM），Wi-Fi 6 借用了蜂窝网络采用的 OFDMA 技术，可以实现多个设备同时传输，不用排队和等待，也不用互相争抢带宽，可以显著地提升传输效率，也可以降低延迟。如图 12-4 所示，OFDMA 技术在频域上将无线信道划分为多个子信道，不同类型的用户数据分布在各个子信道单元中，而非使用整个信道。这样就能够在同一时间内为多个用户单元进行数据并行传输，从任务分配的角度降低了排队延时。

可见，Wi-Fi 6 新技术的核心并不单纯是提升了单个设备的峰值速率，而且还更关注密集用户使用场景下的多用户高速率并发传输和平均吞吐率，更多的是为了整个无线生态服务。

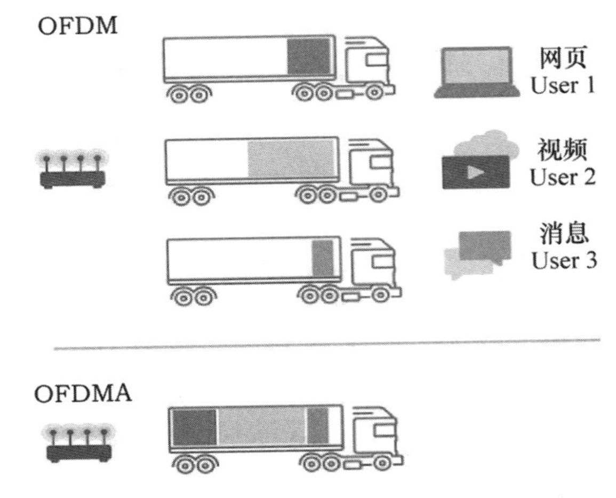

图 12-4　OFDMA 与 OFDM 工作模式区别

提 示

（1）Wi-Fi 是非国际型组织 Wi-Fi 联盟的一个标记。Wi-Fi 联盟对通过其互操作性测试的产品就发给“Wi-Fi 认证”的注册商标。Wi-Fi 的写法不统一，如 WiFi、Wifi、Wi-fi 等写法都能在文献中见到。

（2）作为当下最热门的两个无线上网技术的 Wi-Fi 6 和 5G 是什么关系呢？5G 网络的特点就在于采用了 24～52GHz 的超高频频谱，频率越高穿墙能力就越弱，这个和当时 4G 网络刚铺开时很多地方信号差的道理是一样的。所以，在室外靠 5G，在室内靠 Wi-Fi 6，“5G 主外、Wi-Fi 6 主内”是今后的发展趋势。

课堂同步

有兴趣的读者可以查阅 Wi-Fi 6 相关资料进一步学习。

12.5　云计算技术简介

学习任务

（1）了解云计算的概念。
（2）了解云计算的基本特征和应用。

知识点

（1）云计算的概念。
（2）私有云和公有云。
（3）云计算服务形式：SaaS、PaaS、IaaS。

（1）云计算的概念

云计算（Cloud Computing）是分布式计算的一种，它将计算任务分布在大量计算机构成的资源池上，使各种应用系统能够根据需要获取计算力、存储空间和各种软件服务。

早期的云计算可以理解为简单的分布式计算，解决任务分发，并进行计算结果的合并。所以，云计算又被称为网格计算。通过这项技术，可以在很短的时间内调用大量的资源完成数据的处理，从而提供强大的网络服务。

现阶段所提的云服务已经不单单是一种分布式计算，而是将分布式计算、效用计算、负载均衡、并行计算、网络存储、热备份冗杂和虚拟化等计算机技术混合演进并跃升的结果。

从部署类型来看，目前具有 4 类主流的云计算模式。

1）私有云。私有云即云资源只给单独的单位或组织用户使用。而云端的所有权、日程管理和操作的主体可能是本单位，也可能是第三方机构，还可能是二者的联合。例如，一些地市的政务云就属于私有云，所有权归属政府机构，日常管理和维护权限归属第三方机构。

2）公有云。公有云的云端资源开放给社会公众使用。云端的所有权、日常管理和操作的主体可以是一个商业组织、学术机构、政府部门或它们其中的几个联合。比如，常见的百度云、阿里云、腾讯云等。

3）社区云。社区云的云端资源专门给固定的几个单位内的用户使用，而这些单位对云端具有相同的诉求（如安全要求、云端使命、规章制度、合规性要求等）。

4）混合云。混合云由两个或两个以上不同类型的云（私有云、社区云、公有云）组成，它们各自独立，但用标准的或专有的技术将它们组合起来，而这些技术能实现云之间的数据和应用程序的平滑流转。混合云由多个相同类型的云组合在一起，属于多云的一种。

私有云和公共云构成的混合云是目前最流行的，当私有云资源短暂性需求过大时，自动租赁公共云资源来补充私有云资源不足。例如，网店在节假日期间点击量和数据处理量巨大，这时就会临时使用公共云资源来应急。

（2）云计算的基本特征

云计算的优势在于高灵活性、可扩展性和高性价比等，与传统的网络应用模式相比，其具有以下优势与特点。

1）按需自服务。用户可以在需要时自动配置计算资源，包括对服务器和网络存储的需求，无须与服务提供商的人员进行交互。

2）广泛的网络接入。通过不同类型的网络提供，支持各种标准接入手段，包括各种客户端平台（如移动电话、笔记本电脑或平板电脑等），也包括其他传统的或基于云的服务。

3）虚拟化的资源池。提供商的计算资源汇集到资源池中，按照用户实际用量或需求，将不同的物理和虚拟资源动态地分配给不同的用户使用。资源类型包括虚拟 CPU、内存、存储设备、网络带宽及安全防护等。即使是私有的“云”往往也趋向将资源虚拟“池”化来为组织的不同部门提供服务。

4）快速可扩展的架构。云平台的资源可以快速、弹性地供应，对于用户来说可以随时按需求购买相应的资源，资源扩展起来较传统的模式更为便捷。与此同时，对于供应商来说，当总体资源量无法满足需求时，也可以利用软件将新扩充的硬件资源便捷地扩充到已有的业务之中。

5）高灵活性和高性价比。当前市场上的软硬件资源大都支持虚拟化。例如，硬件（计算资源、存储资源）、操作系统及软件开发等。针对虚拟化的资源由系统统一进行调配和管理。与此同时，云计算具备很强的兼容性，从大型服务器到廉价的 PC 机，从不同类型的设备到不同厂家的产品，都可以虚拟到云平台中。

（3）云计算的服务形式

1）软件即服务（Software-as-a-Service，SaaS）

消费者使用应用程序，但并不掌控操作系统、硬件或运作的网络基础架构。SaaS 是一种服务观念的基础，软件服务供应商以租赁的概念提供客户服务而非购买，比较常见的模式是提供一组账号密码。例如，微软的 Microsoft CRM 与 Salesforce.com。

2）平台即服务（Platform-as-a-Service，PaaS）

消费者使用主机操作应用程序。消费者掌控运作应用程序的环境（也拥有主机部分掌控权），但并不掌控操作系统、硬件或运作的网络基础架构。例如，谷歌的 Google AppEngine。

3）基础架构即服务（Infrastructure-as-a-Service，IaaS）

消费者使用“基础计算资源”，如处理能力、存储空间、网络组件或中间件。消费者能掌控操作系统、存储空间、已部署的应用程序及网络组件，但并不掌控云基础架构。例如，亚马逊的 AWS、Rackspace。

（4）云计算技术的应用

云计算技术已经普遍应用于目前的互联网服务中，最为常见的就是网络搜索引擎和网络邮箱。

大家最为熟悉的搜索引擎莫过于谷歌和百度了，只要能连接上网，就可以通过云端搜索相应的资源。而常见的电子邮件也是如此，在以前，收发邮件是一个很慢的过程，比较烦琐。而在云计算技术和网络技术的发展下，电子邮件的收发变得十分迅捷。除此之外，云计算技术已经融入现今的社会生活，如云存储、政务云、旅游云、教育云等。

课后学习

有兴趣的读者可以查阅云计算相关资料进一步学习。

12.6 大数据技术与人工智能简介

学习任务

（1）了解大数据的基本概念。
（2）了解人工智能的基本概念。

12.6.1 大数据技术

知识点

大数据技术。

进入 Web 2.0 时代后，每天产生的数据资源呈爆发式增长，人们从信息的被动接收者变为了主动创造者。互联网（社交、搜索、电商）、移动互联网（微博）、物联网（传感器、智慧地球）、车联网、GPS、医学影像、安全监控、金融（银行、股市、保险）、电信（通话、短信、位置）都在疯狂地产生着数据。“大数据”（Big Data）一词越来越多地被提及。究竟什么是大数据，大数据技术对人们的生活到底有什么影响呢？

从概念上来讲，大数据是指无法在一定时间范围内用常规软件工具进行捕捉、管理和处理的数据集合，是需要新处理模式才能具有更强的决策力、洞察发现力和流程优化能力的海量的、高增长率和多样化的信息资产。

那所谓的大数据到底有多“大”呢？全球每秒钟发送 290 万封电子邮件，每天会有 2.88 万小时的视频上传到 YouTube，Twitter 上每天发布数亿条消息。而每月网民在 Facebook 上要花费数万亿分钟，发送和接收的数据高达 EB 级。Google 上每天需要处理的数据在 PB 规模。大数据具有 4 个显著的特点，根据英文缩写可以归纳为“4V”。

（1）数据量大（Volume）。大数据的基本单位是 PB 或 EB，部分甚至达到了 ZB 级别。大数据计量单位间的换算如下：

1GB=1024MB，1TB=1024GB，1PB=1024TB，1EB=1024PB

1ZB=1024EB，1YB=1024ZB，1NB=1024YB，1DB=1024NB

（2）速度快、时效性强（Velocity）。大数据处理技术有速度快、时效性强等特点。

（3）类型多（Variety）。数据类型包括了以数据库数据为主的结构化数据，以及以办公文档、文本、图片、XML、HTML、各类报表、图像和音频/视频信息等为主的非结构化数据。

（4）价值密度低（Value）。由于数据量庞大，而隐藏在数据中的价值密度较低，需要通过相应的算法来准确地提取有价值的数据。

想要驾驭这庞大的数据、提取数据内的价值，就要清楚地认识大数据技术涉及的 4 个方面。

（1）大数据采集。大数据采集就是对各种来源的结构化和非结构化海量数据所进行的采集。

（2）大数据预处理。大数据预处理指的是在进行数据分析之前，先对采集到的原始数据进行诸如“清洗、填补、平滑、合并、规格化、一致性检验”等一系列操作，旨在提高数据质量，为后期分析工作奠定基础。

（3）大数据存储。大数据存储是指用存储器，以数据库的形式，存储采集到的数据的过程。

（4）大数据分析。大数据分析是指从可视化分析、数据挖掘算法、预测性分析、语义引擎、数据质量管理等方面，对杂乱无章的数据进行萃取、提炼和分析的过程。

庞大数据如果闲置是毫无用处的，而对大数据进行处理后所获取的信息却是无价的。对于大数据技术的研究也会围绕着这 4 个方面去展开，通过数据挖掘其中价值并加以利用才是大数据技术的根本。

在医疗方面，与云计算技术相结合的医疗大数据，为病理分析及治疗方案的确定提供数据分析和预测，从而为医生的决策提供辅助支持。在石油勘探领域，通过大数据技术对地层数据的采样分析，为科学勘探提供了技术支撑。在智慧城市、智慧交通领域，利用大数据技术对交通等数据的分析和预测，可以有效地缓解道路拥堵，科学地规划城市发展。

与此同时，大数据技术通常会与人工智能技术有机地结合，在海量数据经验的保证下，可以帮助计算机做出更优化的预测。

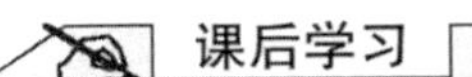

课后学习

有兴趣的读者可以查阅大数据相关资料进一步学习。

12.6.2 人工智能技术

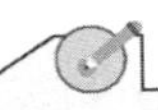

知识点

人工智能。

人工智能（Artificial Intelligence，AI）是研究、开发用于模拟、延伸和扩展人的智能的理论、方法、技术，以及应用系统的一门新的技术科学。

人工智能包括的技术十分广泛，它由不同的领域组成，如机器学习、计算机视觉等。总的来说，人工智能研究的一个主要目标是使机器能够胜任一些通常需要人类智能才能完成的复杂工作。但不同的时代、不同的人对这种“复杂工作”的理解是不同的。

当前国际上普遍认为人工智能有3类：弱人工智能、强人工智能、超级人工智能。

（1）弱人工智能。弱人工智能可以代替人力处理某一领域的工作。目前，全球的人工智能水平大部分处于这一阶段。就像超越人类围棋水平的阿尔法狗，虽然已经超越了人类在围棋界的最高水平，不过在其他领域还是差得很远。所以，尚属于弱人工智能。

（2）强人工智能。强人工智能拥有和人类一样的智能水平，可以代替一般人完成生活中的大部分工作。这也是所有人工智能企业目前想要实现的目标。实现强人工智能之后，机器人大量替代人类工作、进入生活就成为现实。

（3）超级人工智能。当人工智能发展到强人工智能阶段的时候，人工智能就会像人类一样可以通过各种采集器、网络进行学习。每天它自身会进行多次升级迭代。到那时，人工智能的智能水平会完全超越人类。这种非常接近于人的智能，需要脑科学的突破，国际上普遍认为这个阶段要到2050年前后才能实现。

从制造、家居、金融贸易、医疗、零售，到交通、安防、教育、物流等，数千种人工智能应用已深入到各行各业。从你常用手机摄影的 AI 相机、购物网站的个性化推荐、人脸识别，到游戏中设定人机角色、聊天机器人、智能家居，延伸到自动车辆驾驶、预测感知程序、医学辅助分析等各个领域都有着人工智能的身影。通过计算机技术，辅以相关的感知手段，对现有数据进行学习和理解，进而对未知做出预测和处理，已经成为人工智能改变世界的常规手段。

课后学习

有兴趣的读者可以查阅人工智能相关资料进一步学习。

12.7 物联网技术简介

学习任务

（1）了解物联网的基本概念。
（2）了解物联网的应用。

知识点

物联网。

物联网的概念起源于射频识别（Radio Frequency Identification，RFID），射频识别是指对所有物品进行标识并利用网络进行数据交换，进而实现智能识别和管理。最简单的例子就是食堂的饭卡。经过不断扩充、延展和完善，现代物联网技术已经彻底改变了人们的生活方式，大大提高了人们的生活质量和工作效率。

物联网（Internet of Things，IoT）是指通过装置在物体上的各种信息传感设备，如 RFID 装置、红外感应器、全球定位系统、激光扫描器等，赋予物体智能，并通过接口与互联网相连而形成一个物品与物品相连的巨大的分布式协同网络。

物联网是新一代信息技术的重要组成部分，其实质就是“物—物相连的互联网”。物联网的核心和基础仍然是互联网，是在互联网基础上延伸和扩展的网络，其用户端延伸和扩展到了任何物品与物品之间，进行信息交换和通信。物联网具有以下 3 个基本特点。

（1）全面感知：利用 RFID、传感器、二维码及其他各种感知设备随时随地地采集各种动态对象，全面感知世界。

（2）可靠的传送：利用以太网、无线网、移动网将感知到的信息进行实时传送。

（3）智能控制：对物体实现智能化的控制和管理，真正达到了人与物的沟通。

这 3 个基本特点构成了物联网产业的关键要素，感知是基础和前提，传输是平台和支撑，控制则是目的，是物联网的标志和体现。

物联网具有广泛的应用场景和领域，已经延伸到了社会的方方面面。在工业、农业、交通、安保、物流、环境等基础设施中的应用，有效地推动了这些方面的智能化发展，从而提高了行业的效益和效率。而在家居、医疗健康、教育、金融与服务业、旅游业等与生活息息相关的领域的应用，无时无刻不在改变着人们的生活方式和生活质量。

课后学习

有兴趣的读者可以查阅物联网相关资料进一步学习。

思考与练习

一、选择题

1. SDN 是以下哪个英语的缩写（　　）。

A. Software Driven Network　　B. Software Defined Network

C. Software Driven Networking　　D. Software Defined Networking

2. 5G 网络峰值传输速率可以达到（　　）。

A. 1Gb/s　　B. 10Gb/s　　C. 100Mb/s　　D. 100Gb/s

3. （多选）5G 可以与哪些行业深度结合，从而带来“万物互联”的新机遇？（　　）。

A. 教育　　B. 工业　　C. 服务　　D. 交通

4. 全球第一个 5G 商用的国家是（　　）。

A. 中国　　B. 美国　　C. 荷兰　　D. 韩国

5. 物联网的核心和基础是（　　）。

A. RFID　　B. 计算机技术　　C. 人工智能　　D. 互联网

6. 云计算是对（　　）技术的发展和运用。

A. 并行计算　　B. 网格计算　　C. 分布式计算　　D. 以上都是

7. Wi-Fi 6 对应的 IEEE 标准是（　　）。

A. 802.11a　　B. 802.11n　　C. 802.11ac　　D. 802.11ax

二、简答题

1. 简述 5G 通信的优势。
2. 简要说明 NGN 的定义和特点。
3. 简述什么是云计算技术。
4. 简述什么是 SDN 网络。
5. 简述大数据和人工智能的应用领域。

思考与练习参考答案

单元一　认识计算机网络

一、选择题

1.D　2.A　3.C　4.B　5.B　6.A　7.A　8.A　9.B　10.B

二、填空题

1. 资源共享　2. LAN　WAN　3. 资源子网　4. ARPANET

三、简答题（略）

单元二　认识网络数据通信

一、选择题

1.C　2.C　3.C　4.A　5.B　6.A　7.B　8.C　9.B　10.C　11.C　12.A

二、填空题

1. 信号传输速率　数据传输速率　2. 同步传输模式　3. 10^{-7}　2×10^{-7}
4. 数据报　5. 分组

三、名词解释（略）

四、简答题（略）

单元三　计算机网络体系结构

一、选择题

1. A　2. A　3. A　4. B　5. A　6. A　7. C　8. A　9. B　10. A　11. D　12. A　13. B　14. D

二、填空题

1. 7　4　2. 位　帧　分组（或包）　3. 语法、语义、时序　4. 机械特性 电气特性 功能特性 规程特性

三、简答题（略）

单元四　网络传输介质与综合布线基础

一、选择题

1. A　2. C　3. D　4. B　5. C　6. BC　7. D　8. D　9. D　10. A　11. C　12. B

二、填空题

1. 单模光纤　多模光纤　距离　2. TP（或非屏蔽双绞线）　STP（或屏蔽双绞线）
3. 光纤

三、简答题（略）

四、应用题

【问题 1】建筑群子系统　垂直干线子系统　水平配线子系统　工作区子系统
【问题 2】光纤　光纤或双绞线　双绞线
【问题 3】（1）白橙　（2）橙　（3）白绿　（4）蓝　（5）白蓝　（6）绿　（7）白棕　（8）棕

单元五　局域网基础

一、选择题

1. A　2. A　3. A　4. A　5. D　6. B　7. D　8. C　9. C　10. C　11. D　12. D　13. D　14. B　15. D　16. B

二、填空题

1. 数据链路层　物理层　2. MAC　LLC　3. IEEE　以太网（或局域网）　令牌环（或 Token Ring）无线局域网　4. 48　5. ipconfig（或 ipconfig /all）　6. 1518　7. 12

三、简答题（略）

单元六　组建局域网

一、选择题

1. B　2. A　3. C　4. A　5. B　6. C　7. B　8. A　9. D　10. A　11. A　12. B　13. A　14. B　15. C

二、填空题

1. Hub Switch　2. 所有端口　3. 所有端口　每个端口　4. VLAN　5. 无线局域网

三、简答题（略）

四、应用题

采用“千兆骨干（1000Base-T），百兆桌面（100Base-T）”的原则，设计和规划该局域网。网络拓扑结构图如下。

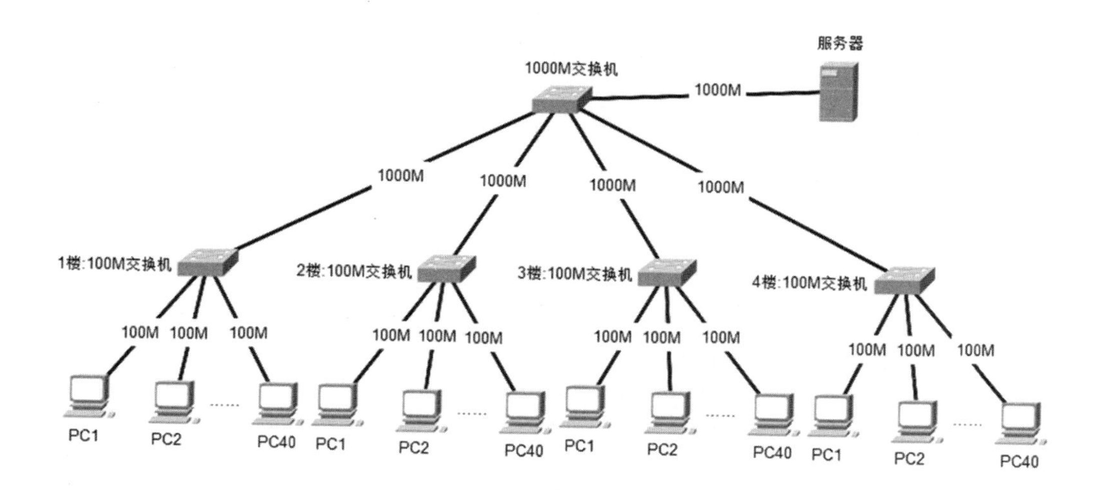

单元七　Internet 基础

一、选择题

1.B　2.A　3.C　4.A　5.C　6.C　7.C　8.D　9.A　10.D　11.D　12.C　13.B　14.A　15.A　16.C　17.C　18.D　19.D

二、填空题

1. IP　2. 网络接口层 网络层 传输层 应用层　3. 210.198.45.48　210.198.45.63　4. 128　5. 255.255.255.0　6. 211.116.18.11　7. 网络 主机　8. ping　9. 网络或子网 主机　10. tracert

三、简答题（略）

四、应用题

（1）需要划分至少 4 个子网，实际借主机位 2 位，可划分 $2^2=4$ 个子网，每个子网拥有主机数为 $2^6-2=62$ 个。

（2）255.255.255.192

（3）和（4）参考答案见下表。

每个子网的网络地址、广播地址和可用 IP 地址范围

部门	网络地址/网络前缀	广播地址	IP 地址范围
工程部（子网 1）	198.168.161.0/26	198.168.161.63	198.168.161.1～198.168.161.62
市场部（子网 2）	198.168.161.64/26	198.168.161.127	198.168.161.65～198.168.161.126
财务部（子网 3）	198.168.161.128/26	198.168.161.191	198.168.161.129～198.168.161.190
办公室（子网 4）	198.168.161.192/26	198.168.161.255	198.168.161.193～198.168.161.254

IP 地址	98.187.222.145
子网掩码	255.240.0.0
地址类别	A 类
网络地址	98.176.0.0
直接广播地址	98.191.255.255
有限广播地址	255.255.255.255
子网内最小的可用 IP 地址	98.176.0.1
子网内最大的可用 IP 地址	98.191.255.254
子网内容纳的可用主机数目	$2^{20}-2$

单元八　网络互联和广域网

一、选择题

1. C　2. A　3. C　4. B　5. D　6. C　7. B　8. （1）E　（2）B　（3）B　9. A　10. C

二、填空题

1. 路由器　2. 静态路由　3. ADSL　4. 30. 0. 0. 7

三、简答题（略）

单元九　Internet 传输协议

一、选择题

1. C　2. A　3. D　4. D　5. A　B　6. D　7. D　8. D

二、填空题

1. TCP　UDP　2. 80　23　3. 连接建立　连接释放

三、简答题（略）

单元十　Internet 应用

一、选择题

1. A　2. A　3. D　4. A　5. A　6. A　7. B　8. A　9. B　10. B　11. B　12. D　13. D　14. C　15. D

二、填空题

1. 53　2. IP 地址　3. WWW　4. 简单文件传输协议　5. anonymous　6. 商业组织　edu

三、简答题（略）

单元十一　认识网络安全

一、选择题

1. D　2. A　3. B　4. D　5. B　6. E　7. D　8. A　9. A　10. D　11. D　12. A

二、简答题（略）

单元十二　认识网络新技术

一、选择题

1. B　2. B　3. ABCD　4. D　5. D　6. D　7. D

二、简答题（略）

参 考 文 献

[1] 教育部职业教育与成人教育司. 高等职业学校专业教学标准（计算机类）［M］. 北京：中央广播电视大学出版社，2019.

[2] 郑阳平. 计算机网络技术基础与应用［M］. 北京：化学工业出版社，2014.

[3] 谢希仁. 计算机网络［M］. 7 版. 北京：电子工业出版社，2017.

[4] 夏笠芹，等. Windows Server 2012 R2 网络组建项目化教程［M］. 大连：大连理工大学出版社，2018.

[5] 王路群. 计算机网络基础及应用［M］. 北京：电子工业出版社，2012.

[6] 华为技术有限公司. HCNA 网络技术学习指南［M］. 北京：人民邮电出版社，2015.

[7] 臧海娟，等. 计算机网络技术教程［M］. 北京：科学出版社，2013.

[8] 李志球. 计算机网络基础［M］. 3 版. 北京：电子工业出版社，2010.

[9] 徐红，等. 计算机网络技术基础［M］. 2 版. 北京：高等教育出版社，2018.

[10] 周舸. 计算机网络技术基础［M］. 北京：人民邮电大学出版社，2012.

[11] 阚宝朋. 计算机网络技术基础［M］. 北京：高等教育出版社，2015.

[12] 王公儒. 综合布线工程实用技术［M］.2 版. 北京：中国铁道出版社，2015.

[13] 谢希仁. 计算机网络［M］. 3 版. 大连：大连理工大学出版社，1989.

[14] 思科公司. 思科网络技术学院教程［M］. 北京：人民邮电出版社，2016.

[15] 熊桂喜，等译. 计算机网络［M］. 3 版. 北京：清华大学出版社，2004.

[16] 严云洋. 全国计算机等级考试考纲・考点・考题透解与模拟（2010 版）：三级网络技术［M］. 北京：清华大学出版社，2010.